城市空间形态对城市效率的作用机制及空间治理研究

刘 勇 著

中国财经出版传媒集团
中国财政经济出版社

图书在版编目（CIP）数据

城市空间形态对城市效率的作用机制及空间治理研究／刘勇著. --北京：中国财政经济出版社，2020.10

ISBN 978-7-5095-9974-7

Ⅰ.①城… Ⅱ.①刘… Ⅲ.①城市空间－空间形态－关系－城市地理学－研究 Ⅳ.①TU984.11 ②C912.81

中国版本图书馆 CIP 数据核字（2020）第 151970 号

责任编辑：彭　波　　责任印制：史大鹏

封面设计：卜建辰　　责任校对：徐艳丽

中国财政经济出版社 出版

URL：http：//www.cfeph.cn

E-mail：cfeph@cfeph.cn

社址：北京市海淀区阜成路甲 28 号　邮政编码：100142

营销中心电话：010-88191522

天猫网店：中国财政经济出版社旗舰店

网址：https：//zgczjjcbs.tmall.com

北京财经印刷厂印刷　各地新华书店经销

成品尺寸：170mm×240mm　16 开　14.75 印张　240 000 字

2020 年 10 月第 1 版　2020 年 10 月北京第 1 次印刷

定价：68.00 元

ISBN 978-7-5095-9974-7

（图书出现印装问题，本社负责调换，电话：010-88190548）

本社质量投诉电话：010-88190744

打击盗版举报热线：010-88191661　QQ：2242791300

资助说明

感谢四川大学“中央高校基本科研业务费专项资金资助”（YJ201855）。

前　　言

城市化的快速发展使形态各异的城市得以呈现，与之相伴的典型特征之一就是城市效率的差异，因此，我们不禁要思考，在既有生态环境以及社会经济等条件的约束下，什么样的城市形态才能最大限度地促进城市效率的提升呢？正是基于这样的思考，本书以城市的空间形态与城市效率为研究主线，致力于解剖两者之间的关联机制，并提出有针对性的提升城市效率以及优化城市空间形态的治理措施。

本书从缓解城市碳排放压力、促进城市合理规划与建设以及丰富可持续城市理论方面着手，在基于文献回顾与分析的基础上，对城市空间形态的内涵、演变及测量进行分析，重点包括城市经济发展与形态演变、城市政策变迁与形态演变、城市开发区规划建设与形态演变。关于城市空间形态的测量方面，主要是通过卫星遥感影像数据，并综合社会、经济统计数据设计城市空间指标，综合评价城市形态，然后从三个方面衡量城市效率，包括城市经济效率、城市社会效率和城市生态效率。对城市空间形态与城市效率的作用机制进行分析，也是从这三个方面展开。并且，从土地利用方式变化、交通路网扩张和各类资源要素与空间形态的互动机制方面，解剖城市空间形态与城市效率的作用机制，提出优化城市形态与提升城市效率的空间治理体系。

本书的显著特色在于：为了有效衡量城市空间形态，采用了跨学科的研究方法。除了采用广泛使用的“评价指标”设计法以及收集社会、经济方面的统计数据以外，还基于“地理信息系统”和

“卫星遥感影像”数据，全面衡量城市的空间形态。相信本书的研究方法和结论能够在合理规划城市空间形态以及促进城市效率的提升方面起到有益的作用。

作者

2020年6月

目　　录

第一章

导　　论

本章从分析城市空间形态及其空间治理体系的研究意义着手，首先指出合理规划城市空间形态在缓解城市碳排放压力、促进城市合理规划与建设，以及丰富可持续城市理论方面的现实和理论意义。其次指出所采用的跨学科研究内容和研究方法，特别是将运用遥感影像提取空间形态数据，并与计量经济学模型相结合。本章还从城市的空间形态和城市的综合效率两个方面，进行了文献分析，最后指出了本书可能的创新。

第一节 研究意义

城市空间形态是城市社会与经济发展的重要载体，其外在表现形式即为城市形态。城市形态的特征及演化受多种因素的影响并反作用于城市社会、经济与环境的和谐发展，特定时期的城市形态与城市的社会、经济与环境具有较高的协同互动机理（何子张、邱国潮、杨哲，2007）。正因为如此，城市形态的研究是对特定历史条件和自然地理环境中，诸多城市形态特征的共同规律的分析，并根据经济、社会与生态环境的协调发展，探求最优的城市形态。特别是在城市空间快速发展的背景下，迫切要求丰富对城市形态的研究，发现城市形态演变的客观规律，发掘最优的城市形态（牟凤云，2007）。并且，针对城市空间蔓延导致的弊端，如土地资源的浪费，基础设施维护成本的增加，城市中心区的衰败，开敞空间与绿地的丧失，居民出行成本增高以及种族、贫富隔离等（Chris and Jay，2006；George，2001；Ewing，1994），为此，紧凑型城市形态便成为城市可持续发展的“理性形态”。紧凑型城市强调资源节约与生态环境的友好。除此以外，针对蔓延型城市形态，既有研究还提出了区域城市形态、填充式发展形态和城市增长边界等，众说纷纭。

那么，到底什么样的城市形态才能对涉及城市经济、社会、环境等综合内容的城市效率有促进作用呢？有哪些政策可以优化城市形态，进而提升城市效率呢？对这些问题的研究，具有显著的理论与现实意义，表现在以下几个方面。

一、缓解城市的碳排放压力

城市化过程是导致气候变化的最显著人类活动之一，全世界的大城市所消耗的能源占全球总消耗能源的75%，而温室气体的排放总量更是占全球总量的80%。特别是在中国，城市化率由1978年的17.4%增加到2008年的44.9%，设市城市从193个发展到661个，建制镇从2173个发展到19369个，城镇人口达到5.9亿，到2020年，中国的城市化率，预计将达到58%～60%，与中国快速城市化相伴随的是城市自然生态环境污染的严重，不但影响城市居民的身心健康以及城市经济和社会的健康可持续发展，也使我国在气候变化谈判和国际贸易中面临着巨大的压力。2014年，中美联合发布《中美气候变化联合声明》，承诺在2030年左右，二氧化碳的总排放量达到峰值，且将努力早日达到峰值。2015年，我国向联合国提交的《强化应对气候变化行动——中国国家自主贡献》中，承诺到2030年单位国内生产总值二氧化碳排放比2005年下降60%～65%，所面临的“碳减排”压力十分巨大。同时，不同的城市形态会导致不同的环境效果，以及化石能源的消耗与温室气体的排放。

因此，针对城市形态与城市效率，包括城市二氧化碳排放效率等综合效率的关联机制与调控政策的研究，将有利于发掘在快速城市化过程中，所体现出的城市碳排放效率及其特征，及其与城市空间形态的相互作用机理，并据此制定调控政策，提高城市的碳排放效率，缓解我国快速城市化进程中的“碳压力”。

二、促进城市规划与建设

2008年，世界自然基金会启动低碳城市发展项目，我国的上海市和保定市入选试点城市，应对能源危机和气候变化所带来的问题。同时，我国政府也投入了大量资金开展低碳城市的规划与建设，这将有助于利用低碳技术在城市发展的公共政策上做出调整，跨入以“低排放、高能效、高效率”为特征的“低碳城市”发展模式，而城市空间形态的变革与调整，将是其中重要的环节之一。

因此，在全球气候变化和我国建设低碳城市的背景下，研究城市空间形态与城市效率的关系，以确定什么类型的城市形态有利于低碳城市的建设，并且具有较高的二氧化碳排放效率，同时，还能够提升城市的综合效率，这些研究结论将有利于促进低碳和可持续型城市的规划与建设。

三、丰富可持续城市理论

众多的研究都对可持续型城市进行了有益的探索和研究，并取得了显著的研究成果，但总体而言，这些研究成果大多以发达国家的城市为研究对象，涉及发展中国家城市的实证研究相对较少。并且，由于发达国家的城市在发展模式、产业与能源消费结构、人口素质与生活方式、土地利用、环境管理体制等方面与发展中国家的城市均存在明显的差异，因此，这些研究成果不可能直接满足我国城市在经济快速增长时期对可持续型城市的技术和政策需求。为此，以我国主要城市为研究对象，解剖城市形态与城市效率的关联机制的实证研究，得出具有中国特色的研究结论，将有利于丰富可持续型城市的理论研究。

第二节 研究内容和方法

一、研究内容

以城市的空间形态与城市效率为研究主线，致力于解剖二者之间的关联机制，并提出针对性的提升城市效率、优化城市空间形态的治理措施。

首先，从分析研究意义着手，包括缓解城市的碳排放压力，促进城市的合理规划与建设，以及丰富可持续城市理论进行阐述。在基于文献回顾与分析的基础上，对城市空间形态的内涵、演变及测量进行分析，重点包括城市经济发展与形态演变；城市政策变迁与形态演变；城市开发区规划建设与形态演变。

关于城市空间形态的测量方面，主要是通过遥感影像的获取，设计城市空间指标，综合评价城市形态。紧接着，从三个方面衡量城市效率，包括经济效率、社会效率和生态效率。

其次，对城市空间形态与城市效率的作用机理进行分析。从三个方面展开：（1）城市空间形态与城市环境效率；（2）城市空间形态与城市经济效率；（3）城市空间形态与城市社会效率。再从土地利用方式变化、交通路网扩张和各类资源要素与空间形态的互动机制方面，解剖城市空间形态与城市效率的作用机理。

最后，提出优化城市形态与提升效率的空间治理体系。研究内容框架如图1-1所示。

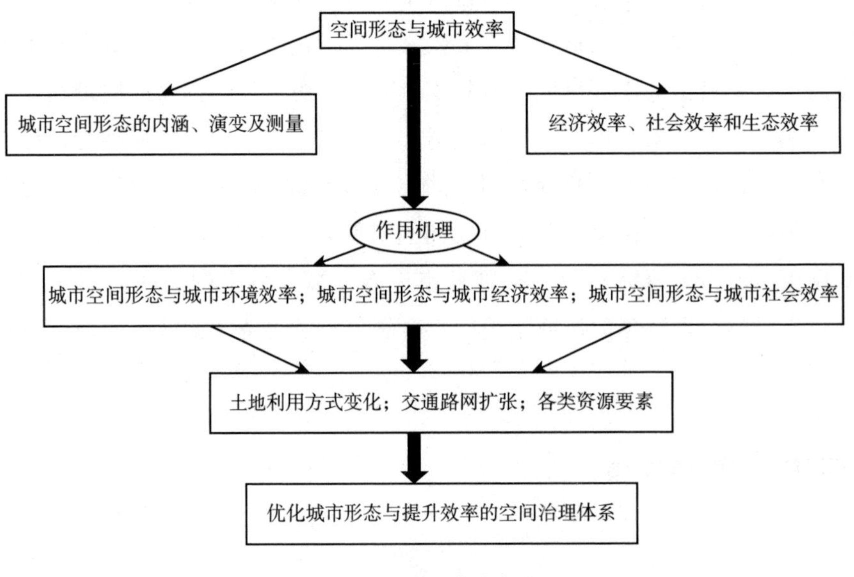

图1-1 研究内容框架

二、研究方法

为了有效衡量城市的空间形态，本书采用了跨学科的研究方法。除了采用广泛使用的“评价指标”设计法以外，还基于地理信息系统（Geographic Information System，GIS）和卫星遥感影像数据，以全面衡量城市的空间形态（见图1-2）。

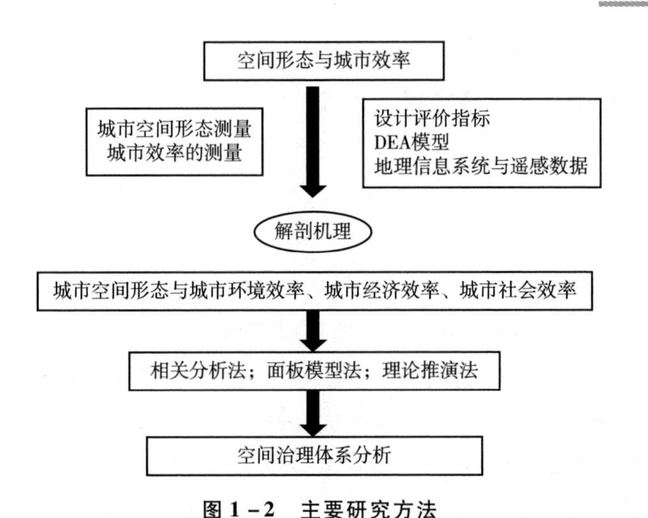

图1－2　主要研究方法

地理信息系统又被称为地学信息系统，是一种衡量空间信息的系统，在计算机系统的支持下，对地球表层（包括大气层）空间中的有关地理分布数据，进行采集、储存、运算和分析。该系统是综合性的学科，结合了地理学、地图学、计算机科学等，已经被广泛地运用在不同的学科领域，包括经济学。该系统可以对城市空间信息进行分析和处理，对城市空间存在的现象和发生的事件进行成图和分析，并能够实现独特的视觉化效果和地理分析功能，以及数据库操作，包括查询和统计分析等。

卫星遥感影像数据来源于遥感卫星在太空探测地球地表物体对电磁波的反射，及其发射的电磁波，从而提取该物体信息，完成远距离识别物体。将这些电磁波转换识别得到可视的遥感图像，即为卫星影像。这些卫星影像可以客观真实地反映出特定区域的空间结构，基于对这些影像的解译，可以提取城市空间形态的有效数据，并与计量经济学模型结合分析。

在完成了城市形态和效率的计算之后，为了有效解剖城市空间形态与城市效率的相互作用机理，采用面板模型分析法，以及相关分析法对各类数据进行分析，同时综合运用理论推演法，对数量模型的结果进行分析。

第三节　文献评述

本节从城市形态的内涵和衡量、城市效率，以及城市形态与城市效率的相互作用机理这三个方面，对现有的文献进行分析，同时，也为城市空间形态和城市效率的测量指标设计奠定理论基础。

一、城市形态

1. 城市形态的内涵

“形态”源于希腊语，包括形式的构成逻辑，用于研究生物的不同形式中的本质，例如用来探究植物的外形在其生长过程中，与其内在结构的关联机理。随着该概念的不断推广，逐渐渗透到社会、自然科学的多个领域。同时，随着对该概念本身的深入研究，进而有学者认为“形态”可溯源自西方古典哲学和西方经验主义哲学（谷凯，2001），蕴含着从局部到整体的解析过程，复杂的整体被视为由特定的简单元素所组成。同时，还强调客观事物的动态演变过程，从事物存在的时间意义上的特征，历史的溯源方法可洞悉该事物包括过去、现在和将来在内的相对完整的演变关系与特征，其中还涵盖分析历史形成过程中伴随的系统动力因素与相互作用机理。这种哲学思维的根源也成就了大多数形态研究理论所遵循的由整体到局部的分析手段（蒋正良、李兵营，2008）。在城市研究领域，城市形态意指城市的各个组成要素之间的空间布局方式，体现出城市的物质实体形状和非物质的文化内涵，这两方面的特征，以及这些特征的演变过程的综合体现，因此，广义的城市形态不但包括城市空间结构组合的物态特征，还包括了体现城市各要素相互关系的抽象结构。城市形态还体现出逻辑的内涵属性与表现的外延特征共同组成其研究的整体观（赵和生，1999），还有学者（林炳耀，1998）认为城市形态是城市自然环境景观、城市发展的动力系统、城市固有的结构与功能要素、城市管理者，这些不同的主体之间相互作用的结果，城市形态是城市系统的重要组成部分，一旦形成，便对城市空间形态本身以及其动态演化产生影响。

2. 城市形态的研究内容

将“形态”与城市的结合，最早诞生在地理学科对城市空间结构的研究（牟凤云、张增祥，2009），可远溯到古希腊时期的米列都城模式。研究重点包括：地表群落的形态与地形、地理环境和交通规划、城市基础设施规划等。时至20世纪初期，城市形态逐渐成为普遍的研究议题，但仍局限于地理学科的研究范围。这些研究集中在对城市“理想形态”的分析，通过对城市形态发展的社会文化结构、经济结构、政策结构进行探讨，试图寻找最优的城市形态，同时还包括对人的价值和需求等的研究，在20世纪中后期，对城市形态的研究进入到新阶段，突破了以群落形态及其历史演变的静态研究，对城市内部元素的构成进行深入解剖，进而探讨城市形态与内部城市结构，以及城市经济体制、城市功能之间的关联机制。具体包括：（1）对城市理想形态的分析，包括神秘主义宇宙模式、理性主义机器模式、自然主义机体模式等。（2）对城市历史角度的分析，以芒福德（Mumford）、贝纳沃罗（Benevolo）为代表，从政治、经济、文化、城市规划等方面综合研究从古至今的城市，描述西方城市形态演变的全过程，并对引起城市形态演变的原因进行了分析。（3）类型学角度的研究，主要代表是罗西（Aldo Rossi）的建筑类型学、类似性城市和克里尔兄弟的城市形态框架。罗西致力于城市建筑理论的研究，构建了理性主义类型学和类似性城市等理论体系。克里尔兄弟的城市形态的理论则包括城市形态的基本要素、城市各构成要素间的相互作用机理。研究方法除了类型学之外，还有拓扑学，包括雅各布（Jacobs）通过对人的行为观察来研究城市活力，林奇（Lynch）和拉波波特（Rapoport）对人的认知分析，以及亚历山大（Alexander）从人的活动与场所情感对应的图式研究。（4）新城市主义。旨在对未来城市形态进行分析，主要代表包括杜安伊（Duany）、普拉特（Plater）、卡尔索尔普（Calthorpe），力倡传统邻里模式和公交主导模式。从城镇内部社区层面和整个大城市区域层面，共同体现新城市主义紧凑、步行、复合的特征。特别值得关注的是我国城市形态的研究，亦呈现出丰富的研究内容。刘晓芳，韦希（2009），武进（1990）和胡俊（1995）系统地研究中国城市形态的演变、特征、动因等，房国坤等（2009）则从城市化背景着手，以具体城市为案例，对城市形态的演变进行了分析，还有针对城市形态的层次、轴向发展、城市文化特色等方面的研究，以及对城市空间发展的深层结构和形态特征进行的探讨（段进，1999），转型期城市形态演化的空间政策研究（刘雨平，2008）。在具体的城市形态方面，李翔宇和张晓春（1999）在分析水域和城市形态形成关系的基础上，提出了“跨水域”城市形态。陈玮（2001）则提出“山地”城市形态渐进式和跳跃式的演变阶段。顾朝林（1999）总结出城市形态的空间扩张趋势，从圈层式向分散组团形态、轴向发展形态乃至最后形成带形的发展规律。

3. 城市形态的定量评价研究

城市形态的定量评价以城市空间紧凑度的测量方法为代表，集中了大量的研究，如空间形态特征测度法和多指标综合统计测度法等。其中，空间形态特征测度法是在不同空间方向上，基于规则几何图形的差异特征，度量城市空间形态紧凑度，具体包括 Richardson 紧凑度法、Gibbs 紧凑度法、Cole 紧凑度法和城市布局紧凑度法等（林炳格，1998；方创琳、祁魏锋，2007）。多指标综合统计测度法是广泛使用的评价方法。针对城市形态的综合评价指标，高斯特等（Galster et al.，2001）在研究城市蔓延时，基于变异系数设计了建设用地集中度指标。还有研究选择城市规模、密度、均衡分布程度和集聚度等指标，运用 Gini 系数、Moranps 和 Gearyps 等设计指标对城市紧凑度进行评价（Tsai，2005）。在众多的评价指标中，颇具代表性的评价指标，包括紧凑度、集中度、复杂性、分散度和密度，并对全球的主要城市进行了实证研究（Huang et al.，2007），与此类似的是高斯特等（2001）的研究成果，认为城市形态的重要特征之一便是城市在空间形态上的“集中度”，进而采用各个分散区块的中心与城市中心地区的平均直线距离来衡量，并认为“开放空间率”是城市形态的衡量指标之一。同时有些研究（Tang and Wang，2007）基于建筑空间、城市道路、绿地等指标对城市形态进行了分析，还有（Zhang，2005）采用重力模型分析了城市空间的可达性，迈克米伦（McMillan，2007）则从交通的视角，设计了城市形态的评价指标，包括交通安全度等。更为详细的评价指标体系，包括街道的循环度、密度、土地混合使用率和可达性等，旨在揭示城市形态对城市经济增长的影响（Song，2005）。另外，从城市景观的视角，有研究（Zhou，2000）提出了面积加权平均斑块分维数，作为城市“形状”的测量指标，而施瓦兹（Schwartz，2010）的研究表明，在欧洲，城市形态的众多评价指标具有高度的相关性，但在世界范围内，却呈现出明显的差别。余瑞林、王新生、刘承良（2008）以国家资源环境数据库的数据为基础，运用分形维、形状指数和紧凑度等计算指标，综合地理信息系统分析技术，计算了 1990 年和 2000 年武汉市城市圈城市空间形态。王剑锋（2004）以当前的城市空间形态研究的缺陷为出发点，其目的是为现有的城市形态研究方法和城市设计理论提供关于城市空间形态定量化的技术指标。

由此可见，城市形态的定量评价指标众说纷纭，并没有统一的标准，并受制于数据的可获得性和特定研究的需要。

二、城市效率

城市效率是一个综合概念，涵盖城市系统的多个方面，既有研究从不同的层面对城市效率进行了颇有成效的研究。

1. 城市生态效率

经济系统中的任何活动，无论是产品和服务的生产，还是消费，都要依赖于自然环境：原材料是从自然环境中提取出来的；土地被用作经济活动的场所和废弃污物的排放，自然环境成为排放池和缓冲器。同时，自然环境还为人类社会提供居住的场所，提供优美的风景等。这样，自然环境以（非生产的）产品或服务的形式，向经济和社会系统提供了各种各样的输入物，这些对于经济和社会系统的维系都是不可缺少的，因此，为了实现可持续发展，就必须考虑经济和社会系统，如何以最少的由自然环境所提供的产品和服务，取得最大的经济增长和社会福利，即生态效率。生态效率最初的含义是“增加的价值与增加的环境影响的比值”（Schahegger，Sturm，1990）。后来在世界可持续发展工商业联合会的大力提倡下，众多研究机构提出了多种定义，主要包括以下几种：生态效率是生态资源满足人类需求的效率（OECD，1998）；以最少的自然界投入创造更多的福利（EEA）；通过更有效率的生产方式提高资源的可持续性（EFG－IFC）；用更少的能源和自然资源提供更多的产品和服务（AG-DEH）。另外，一些学者认为：生态效率可以理解为生态改进和经济发展的结合，使得可持续发展内容中的环境和经济两方面紧密联系（Lehni，1998），即用更少的资源，创造更多的价值（Stigson，2001），并寻求在一个统一的范围内，把生产的经济效率和物质效率与可持续发展的目标和社会公正概念相结合（Hoffren，2001）。在上述定义中，以世界可持续发展工商业联合会（WBCSD，2000）的界定认可度最高，该定义认为“通过提供具有价格优势的服务和商品，在满足人类高质量生活需求的同时，将整个生命周期中对环境的影响降到至少与地球的估计承载力一致的水平上”。尽管对生态效率的定义各有不同，但都度量了一个“产出”和“投入”的关系（Schaltegger，Burritt，2000），期望达到“产出”最大化与“投入”最小化（Sehaltegger，Burritt，2000），只是根据不同的情况，各种定义对具体的投入要素和产出要素的指标确定有所不同。

2. 城市物质代谢效率

随着我国城市化进程的加速发展，城市面临着日益严峻的环境污染与生态破坏压力，使构建健康和可持续型城市成为必然的选择，城市是一个新陈代谢系统（黄贤金等，2006），不断地输入各种物质和能源（Huang et al.，2003），以维系城市福利的增加和城市经济的发展，并排出各种代谢产物（Kennedy et al.，2007）。伴随着物质和能量的投入、消耗和排泄，必然会涉及相关“投入”所带来的“产出”，衡量这种“投入—产出”比值的“城市物质代谢效率”（urban materialmetabolism efficiency）便相伴而生，作为与城市生态效率密切相关的概念，它涉及城市的资源、环境、经济发展和社会福利等多种指标，是一个综合的概念（Vogtländer et al.，2002）。从国内外的研究实践而言，美国和加拿大最早对城市物质代谢以及效率进行了研究，比利时、荷兰、瑞士、德国等是欧洲诸国中研究城市物质代谢的先行者，此外，还有针对悉尼的物质代谢变化趋势进行的研究（段宁，2004）。针对我国城市物质代谢的研究主要包括：香港、台北、澳门、深圳等城市（Newcombe et al.，1978；Warren-Rhodes et al.，2001；Huang et al.，1998；Lei et al.，2008；颜文洪等，2003）。还有学者从“城市生命体”的角度对城市物质代谢机理进行了分析（Tjallingiib et al.，1995；Newman et al.，1996），研究的视角不断扩展，涉及交通、人口、生活方式以及城市规划等方面。同时，对城市物质代谢效率的影响因素也进行了有益的探索（Gordon et al.，1989；Costanza et al.，1997；Newman，et al.，1991；Miller et al.，1998）。从国内外的研究方法而言，主要采用物质核算法、货币核算法和能量核算法。其中，物质核算法（Fischer-Kowalski，1998）在核算单位方面难以有效统一，并且在物质集成技术方面有待完善。货币核算法对城市有机系统中部分功能的核算是以居民的支付意愿进行的，带有较强的主观性（Costanza，1997）。能量核算法则是联系了城市的经济系统与生态系统（Hall，1986），能够有效提供城市物质代谢核算的统一量度标准（Odum，2001），该分析方法受到越来越多的重视。除此以外，对城市生态效率进行定量分析，建立“效率评价指标体系”是常见的分析手段（Zhang et al.，2006；Zhang et al.，2007），包括建立三维空间模型来分别表示“资源效率”“环境效率”和“经济效率”（张妍等，2007），并辅以生产可能性曲线来分析“福利指标”和“生态指标”的组合情况，根据无差异曲线分析“福利指标”和“生态指标”间的和谐度，还有将代谢效率分为资源效率和环境效率，并运用因子分析法加以验证，进而得出总体的效率，还有人尝试结合热动力模型与“投入—产出”表进行分析（Aumnad Phdungsilp，2003），以及采用 SWOT 分析方法（Neil Dewar et al.，2006）来分析城市能量代谢效率。

3. 城市经济效率

既有文献对城市的经济效率进行了颇为深入的研究。俞立平、周曙东、王艾敏（2006）选取固定资产投资总额和地方财政预算内收入等指标，运用数据包络分析法对我国城市经济效率进行了实证分析，并分别计算了城市的纯技术效率、规模效率等。城市的经济效率受到多个因素的影响，因此王家庭（2012）分析了环境约束条件下中国城市经济效率，数据区间是 2005～2008 年，运用面板数据模型进行了实证分析。孙久文、李姗姗、张和侦（2015）从“城市病”的视角，分析了对城市经济效率损失的影响，以及城市经济效率演进的人口城市化中介机制（戴永安、张曙霄，2010）。麦瑞（Mera，1973）分析了城市集聚与城市的经济效率，还有针对各个区域的城市经济效率进行的研究。刘兆德、陈国忠（1998）应用城市整体效率指标，对山东省的城市效率进行了定量分析，得出了全省城市效率所呈现出的特点和地域分异规律。张步艰（1995）对浙江省城市的经济效率进行了分析，还有韩民春、朱森林（2016）对湖北省城市经济效率的测评。

4. 城市社会效率

城市的社会效率是一个复合概念，包括城市的诸多方面，既有的研究主要是从城市社会的某一个方面进行的研究。王业强（2012）基于中国地级以上城市的数据，对城市的社会效率进行了比较研究。冯婧、江孝君、杨青山（2018）以我国 27 个城市群为研究对象，运用耦合协调及数据包络分析模型，对城市群经济社会协调水平及效率进行了实证分析。赵永军（2015）则提出以智慧城市建设提高社会服务效率。叶文辉（2004）从城市社会的公共产品供给的市场化视角，对城市的公共服务效率进行了实证分析。还有尹鹏、刘继生、陈才（2015）针对东北地区资源型城市，利用数据包络分析模型和障碍度模型，测度了 21 个资源型城市基本公共服务效率及其障碍因子。

三、城市形态与城市效率

城市形态与城市效率之间的关联机制吸引着众多学者对此进行研究，有着明显的跨学科特征，并体现出以实证数据分析为主导的研究范式。郭腾云、董冠鹏（2009）以特大城市的空间紧凑度为指标，分析了城市的数据包络效率，研究结论证明随着城市空间紧凑度的增强，城市各种要素的配置效率和利用效率都会得到有效改善，进而从整体上提高城市效率，然而，城市空间的紧凑度变化与城市技术效率的变化不存在互动关系。费移山、王建国（2004）以香港城市发展为例，分析了高密度城市形态与城市交通效率之间的关系。同时，何扬（2014）研究了城市规模与形态对城市经济效率的影响，并以中国城市的截面数据进行了实证分析。杨滔（2016）则从理论和宏观的视角分析了城市空间形态的效率。更为具体的是刘勇（2010）的研究，设计出评价指标体系对城市空间形态与城市物质代谢效率的相关性进行了实证分析。

此外，还有从城市空间形态的不同侧面分析与城市效率的关联机制的研究，例如，毛韬（2013）基于空间分析视角的城市交通网络效率评价，徐鹏（2004）提出的城市形态与城市可持续发展问题，兰肖雄（2012）基于扩展效率与城市空间形态结合的城市蔓延综合研究，李兰、陈晓键（2013）针对基于形态的城市绿地绩效进行的研究。

第四节 可能的创新

一、遥感影像提取空间数据

城市空间形态的衡量方法有很多，大量的文献采用统计年鉴中的经济和社会数据对城市的空间形态进行衡量，特别常见的是城市产业的集中度、城市人口密度等。这些研究方法在一定程度上可以有效衡量城市的空间形态，但也存在局限性，如统计数据的缺失等。

基于卫星遥感影像，从城市的空间全貌着手，提取空间结构数据，不但具有客观、全面等优点，还有效地克服了数据的缺失，能够很好地衡量城市的空间结构。将解译的空间数据与计量经济模型相结合，使经济学模型具有了客观的空间形态特征，拓展了空间邻近矩阵等空间计量分析方法，使空间经济学的分析显示出跨学科的特点，具有更多的城市空间结构特征。

二、城市效率的综合分析

在研究的内容方面，本书对我国 30 个主要城市（省会和直辖市，拉萨市和台北市除外）的综合城市效率进行了大跨度的分析。

其中，对城市效率的分析，包括城市的经济效率、社会效率和生态效率，以及这些效率与城市空间结构具有的互动机理。由于对城市空间结构的定量分析方面具有不同于既有研究的特征，因而本书在分析城市效率与城市空间结构的互动机理方面，揭示了新的特征，进而使城市空间治理体系的构建具有新的内容。

第二章

城市空间形态的内涵、演变及测量

第一节

城市空间形态的内涵

城市的空间形态是构成城市复杂系统不可或缺的一部分，是城市自然环境生态系统、城市社会发展系统、城市经济支撑系统等相互作用的结果，是城市发展演变进程中所表现出来的空间结构状态及主要特征，包括城市的各种物质设施、居住的空间、城市的经济组织布局和公共交通等。这种空间分布模式受到多种因素的综合影响，是城市自然生态环境、城市功能与结构、人为规划管理以及城市的发展等多因素共同博弈、共同演化的结果。

城市形态概念的渊源可以追溯到西方古典哲学的思维，强调从系统局部到系统整体的解析过程，复杂的系统整体被视为由特定的个体元素共同构成，从局部个体到整体系统的分析思路，可以有效地分析城市局部与城市整体的相互作用机理。同时，这种哲学思维还强调动态的演变过程，强调城市作为一种客观存在所具有的时间上的动态联系，运用时间序列的方法可以理解城市形态的过去、现在和未来的可能存在的演变关系和其中的显著特征。

自从这种思维诞生以来，一直是西方自然科学思想的主要内容，而“形态”作为一种广泛使用的概念，在历史学和生物学领域也有非常多的运用。在城市形态或者城市形态学（urban form）的研究中，斯卢特（Schlter，1899）、索尔（Sauer，1925）以及康泽恩（Conzen，1960）的贡献是基础性的，具有奠基意义。其中，索尔在研究城市形态时，强调了城市的景观形态，并认为基于形态思维的研究方法是一个系统而且综合的框架，该理论框架由归纳和描述形态的构成元素和个体组成，并且，这些组成不是一成不变的，而是在动态发展的过程中不断演变，包括既有因素的淘汰和新因素的不断纳入，进而在综合层面使得特定的形态不断演变。城市形态最为广泛使用的领域是在城市建筑和规划管理之中，而广义的城市形态并不仅仅局限在这些领域，还包括城市的社会构成、自然环境和经济空间布局等内容。

不同的学者从不同角度与层面对这一概念有不同的分析，基于我们的研究对象和技术特征等实际情况，将城市形态视为在各种城市活动（其中包括政治、社会、经济和规划过程）作用力下的城市空间环境演变而呈现出的空间布局特征。城市形态可归纳为两个层面：广义上，城市形态是指在特定时间内，受到自然环境、政治、经济和社会等多种因素共同作用，城市发展所形成的空间形态特征，包含物质形态和非物质形态；狭义上，城市形态是指城市实体所体现出的具象的形态特征（朱宁、任云英、高琦，2016）（见图2－1）。

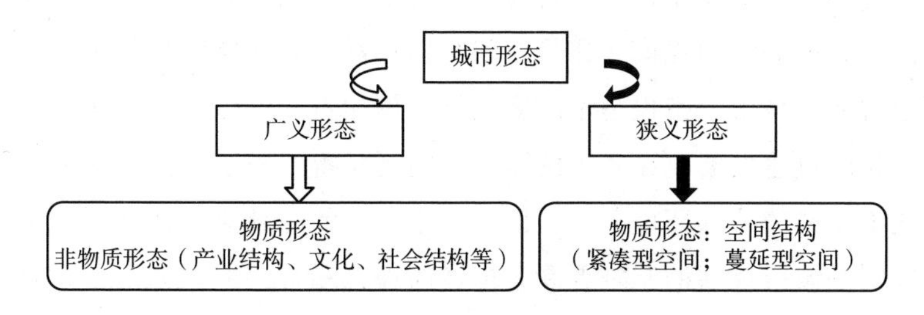

图2－1　城市形态的广义与狭义内涵

但不论在哪个层面，城市形态与人类活动存在着必然联系。例如20世纪50年代，城市蔓延现象开始在美国和欧洲某些地区出现，人们将其作为城市形态的一种特定模式进行了深入研究，普遍将其与非连续郊区发展、线性发展、跳跃式发展和分散式发展等发展模式相挂钩（Ewing，2008）。与之相对应的，紧凑城市的概念应运而生，丹茨格（Dantzig，1975）提出可以通过城市紧凑的方式来缓解城市的无序扩张，借此保护自然资源和维持生态平衡。欧洲共同体委员会将紧凑城市定义为是强调高密度、混合土地利用、社会和文化多样性的城市发展模式（CEC，1990）。紧凑城市为解决城市的诸多问题提供了新的视角，如可以成为炎热干旱地区解决环境约束的办法、可以借此增加步行和公交车的利用次数以改善环境等（Bouchair，Tebbouche and Hammouni，2013）。然而，戈登和理查德森（Gordon and Richardson，1997）认为，城市蔓延能够被作为一种温和手段以满足消费者偏好。尤因（Ewing，2015）对此进行总结，表示城市蔓延从一开始就被赋予了消极的意义，但是事实上不论是城市蔓延还是紧凑，均会产生成本和收益，城市形态本身并无好坏之分，需结合自身情况进行深入探讨。

因此，城市形态是在复杂的社会、经济、自然等背景下形成的特定的城市空间结构，是城市的一种客观属性，是选择城市空间结构蔓延还是城市空间结构紧凑的发展模式，需具体结合所在区域的实际情况。由此可见，本书是基于城市形态的狭义定义来分析与城市效率的关系。

第二节 城市空间形态的演变

城市的形态是不断变化的。封建社会时期的城市形态和现代社会的城市形态，无论是城市的空间规模，还是空间结构，都有着非常明显的区别。即使在同一社会时期，城市形态也是不断变化的。例如自 20 世纪 90 年代以来，随着我国城市化的快速发展，在我国的城市空间规模得以急剧扩张、蔓延重组过程之中，城市发展的外部环境条件，以及城市自身的内部驱动力都发生了显著的变化，特别是城市规划的制定者和管理者的理念和行为方式的演变导致了城市空间规模的不断扩大。在“土地财政”和“房地产经济”的拉动下，城市土地和空间资源成为地方政府提升 GDP 的重要渠道，并且通过行政力量对其进行直接干预。在这样的发展背景下，我国城市空间形态的发展和演变，虽然是受到多种因素的影响，但主导的力量和趋势，已经表现为强烈的政府意志主导。尽管如此，城市演变的基础和载体仍然是城市所在的地理环境，而城市的交通运输体系，就如同城市扩张的血管，对城市空间的演变起着牵动力的作用，以 GDP 为导向的城市经济发展是城市形态演变的内生的原动力，特定社会阶段的技术条件是推动力，特定时期的社会文化是城市形态演变的“调味盐”。由此可见，城市形态是多种因素的综合，这些因素共同交织在一起，相互博弈，相互影响，最终演绎出一条城市形态的演变路径。

一、城市经济发展与形态演变

城市经济的发展是促进城市空间形态演变的原生动力。产业经济结构是城市经济发展的基础，整个城市经济系统的发展是基于城市产业经济结构的不断演变，不断重组而铸就的。城市产业经济结构的主要变化体现在城市支柱产业的变化。城市的主导产业，体现出规模大、人员多等特征，并对城市的地理空间条件有所要求。并且，这样的主导产业周边，会因为产业经济的联系而形成与此主导产业相关的产业前向、产业后向的产业共生体系。这种共生体系在空间形态上会表现出产业的扎堆或者产业的集聚，进而对城市空间形态产生影响，并推动着城市形态的不断演变。例如在我国快速城市化的过程中，城市土地利用类型的空间结构表现为：土地置换和“退二进三”等产业经济调整，使得城市中心的工业用地类型大量退出，让位于第三产业，大量的建筑和交通网络因此而改变或者新建，进而导致中心城区功能得到加强，并逐渐向城市中央商务区演进，而原来在市中心的工业外迁，并在城市的外围重新集聚形成新的所谓开发区或者工业区，最终导致了城市空间形态的变化。

因此，城市经济发展是城市空间形态演变的根本内在动力，从城市的最初诞生到城市空间形态的不断发展，其中的快速城市化进程到城市的郊区化现象，以及逆城市化等，这些与城市形态密切相关的现象，其背后的动力都与特定的城市经济发展程度密切相关。

二、城市政策变迁与形态演变

城市政策与制度是影响城市空间规模和形态的非常重要的因素，也是政府直接作用于城市形态演变的主要方式和手段。城市的政策是多方面的，但与城市形态演变直接关联的主要包括：城市土地制度、居民户籍管理制度与居民住房制度。

城市土地制度的变化与城市经济的改革密切相关，并且直接作用于城市形态的变化。例如我国 20 世纪 90 年代在全国全面推进国有经济的战略性重组，采取的主要手段是“关闭”“破产”“兼并”“产权转让”等方式，对城市经济系统进行了大刀阔斧的改革，而这一系列改革政策的实施，前提是需要将这些经济实体所占有的存量土地资产进行变现。将这些土地置换后进行商业开发，由此产生的收益成为这些经济实体异地建设、设备技术更新以及下岗职工安置费用的主要来源。土地利用方式进行了改变，进而直接导致城市形态的演变，中心城区“退二进三”的步伐加快，城市进一步向郊区蔓延。

与城市国有企业改革同期全面启动的另外一项城市政策是城市住房制度的改革。这一政策的变化直接使得城市空间形态发生剧烈变化，主要是由于城市房地产业以及与此伴随的交通路网、商业配套网点空间变迁而导致。城市住宅的建设大致可以分为两个部分：中心城区的危旧房改造与城市郊区的新住宅建设。在土地价值的差异和经济收入差距不断扩大的背景下，城市住宅的不同类型（高层、别墅等）大量涌现，城市居住空间出现了明显的分异现象，进而导致城市形态也发生了变化。与此同时，城市形态的变化还来自既有城市中心空间形态的变化。随着城市经济的快速发展，城市财政能力的增大和城市投资渠道的多元化，各地城市都掀起了旧城改建的高潮，包括对棚户区的改造、城市基础设施的建设，体现为城市中心道路的拓宽、城市骨干路网的完善，以及地铁等快速轨道交通的迅速扩张，这些都对城市空间规模的扩大和城市的郊区化产生了非常显著的影响。

三、城市开发区规划建设与形态演变

作为城市化和城市工业发展的空间形式，我国开发区的建设和推广，对我国城市形态的演变起到非常大的作用，有必要将其单独列出加以解剖和分析。我国的开发区名目众多，几乎在各个城市都设有不同级别的各类开发区：国家级开发区，各省市、区设立的开发区等，开发区成为城市工业发展的主要空间载体。通常而言，开发区的土地开发规模较大，而且开发区的资金投入较多，在政府的主导之下，其建设速度相当快，各类开发区能在短时间内集聚起大量的当地农村剩余劳动力和外来务工人口，进而在空间景观上形成了区域景观由农村形态向城市形态的快速演变，出现在原来中心城区的周围，星罗棋布，与原中心城区遥相呼应，随着规模的逐渐扩展，往往会与原有城区连接成一片，带来所在城市空间结构的快速扩展和演变。

在开发区建设的初级阶段，由于通常在城郊区，相对比较独立，对所在城市的整体形态影响不大，只是更多地对原有中心城区的依赖，包括物资的供应和人员的转移等。开发区在成长期和成熟期之后，如果继续有发展的动力，便会从最初的简单的工业集聚园向着“科、工、贸、商、住”等多功能的复合形态方向转化，特别是集聚了大量的劳动力和人力资源以后，相关的配套逐渐完善，进而演变成为初具规模的新城区，并逐渐与原有的中心城区连接成一片。这种开发区的高速扩张，改变了我国大多数城市传统的团块状结构，进而带动城市空间由同心圆式蔓延转向轴向式生长，促进城市空间形态的演变模式的转变，进而又促使整个大都市区和城市群的空间形态的演变。事实上，自20世纪90年代以来，我国东部地区的开发区，特别是办得比较成功的开发区，都是遵循了这样的演变路径。开发区已成为城市工业增加值的主要贡献者，随着产业的逐渐壮大，带动城市的发展和人口的集聚，使城市空间形态由团块状向点轴式发展。开发区周边，会建住宅小区，包括高档住宅、写字楼和酒店等配套设施，区域的生活和工作质量得到改善，进而使开发区的功能由单一工业向工业、商业、居住等综合功能区演变，并发展为城市的新区，带动城市形态向组团状演变。

从我国城市形态演变的动力与机制来看，城市形态的演变动力与机制既有外在原因也有内在因素，本质是内外相互矛盾运动的结果（熊国平，2006）。城市形态的演变是一个动态过程，经历了“集中—分散—集中”等阶段，并且集聚与分散不是单独进行的，而是相互包含的演变过程（郭韬，2013）。主要演变机制可以总结为：在城市初具雏形时，人口开始大量涌入城市，政策、经济、基础设施等要素在城市内不断得到完善，而城市的空间规模也不断扩大，城市紧凑度与城市密度逐渐提升；随着经济的进一步发展，城市密度越来越高，城市的功能要素会因为追逐更佳的发展空间而产生重新分配组合，向外扩散是最常见的疏导方式，城市在总体上就表现出扩散态势；随着城市的动态发展，城市扩散阶段结束后会逐渐形成新的城市边界，在城市内部又开始新一轮的要素集聚，城市又进入集聚发展阶段。这一历程得到了诸多学者的支持，本质来讲是城市形态不断地适应功能变化要求的演变过程，功能与形态的适应协调是城市形态演变的主要机制（武进，1990）。而城市作为人类社会生活空间的重要载体，人们的经济、政治与文化等一系列活动都将反映和作用在城市之上，对城市的面貌有着深刻的影响，这也慢慢引发了城市形态演变动力的研究。当前，国内外都对此进行了深入挖掘，学者从城市发展、交通建设、城市功能、城市规划以及政策引导等角度着手，结合实证分析探究城市形态的演变动力与规律。通过分析可以发现，国外学者认为“信息化”“全球化”与“经济技术”与城市形态的演变密切相关（Kunzmann and Wegener，1991；Bass，

1998)，体现了城市形态在演变层面具有时代性和动态性。而国内学者们则普遍认为“政策力”“经济力”和“社会力”是促进城市形态演变的主要动力（张庭伟，2001；房国坤、王咏、姚士谋，2009），在各方面的动力推动作用下，城市形态不断地演变。

城市形态的演变是一个复杂的巨系统，涉及多方面的利益相关者的权衡与博弈，共同呈现在特定时期和特定地理环境特征的城市空间里，体现出复杂角力的共同效果，以上只是分析了其中的主要原因，并不是所有的城市都是这些原因，也不是意味着只是这些原因，对于特定的具体城市，其原因需要有针对性地进行分析。

第三节 城市空间形态的测量

既有研究文献表明经济学和管理学范畴内，城市形态的度量方法主要包括形态测度和指标测度两种方法（郭韬，2013）。不同研究因其目的不同，选择的城市形态指标也不尽相同。形态测度法是基于城市的二维平面图进行测度的一种方法，其包括外部城市形态测度和内部形态测度。城市外部形态测度常用的城市形态特征变量包括：形状率（form ratio）、紧凑度（compactness ratio）、伸延率（elongation ratio）、放射状指数（radial shape index）、圆率（circularity ratio）、椭圆率指数（ellipticity index）、城市布局分散/紧凑系数等（余浩，2017）。城市内部形态测度主要借鉴景观生态学中的方法，最常用的特征变量有土地斑块面积大小，包括斑面积加权平均斑块形状指数、最大斑块指数等、斑块的密度大小、城市的分维系数等（刘勇，2010；杨立国、向清成、刘小兰，2009）。其中，应用最普遍的是分形维数，因为它反映了城市系统对于空间的填充能力。Czamanski 等（2000）便是基于分形概念，利用网格法计算了特拉维夫市的分形维数。综合来看，形态测度方法大多是根据城市的外部轮廓和内部“分维”特征进行衡量分类，属于“图解式测度法”。此外，由于城市形态问题的复杂性，通过构建多维指标体系的方式来揭示城市形态的内部结构特征也是非常流行和常用的方法。Glaster 等（2001）通过构建八个纬度的指标体系，包括居住密度、建设用地的集聚性、集中度、连续性、混和利用土地多样性、相对于中心商务区的中心度等指标，对城市的形态特征进行了定量研究。郑童（2014）选用城市用地的数量、城市人口密度和城市足迹三个指标，衡量了中国资源型城市的城市形态是否存在蔓延趋势。但通过对不同的研究对比发现，同一城市在不同的指标体系下得到的结果是有差异的，甚至是极端的差距。例如，Gordon 和 Richardson（1997）发现洛杉矶有着较高的平均密度，因此将洛杉矶归为具有紧凑型城市形态的城市，而 Ewing 等（2003）的研究则指出，洛杉矶的紧凑度仅是在美国众多的大都市城市中接近中等水平。

由此可见，城市形态的测量指标选择并没有统一标准，许多测量指标的设定都是为了满足特定研究的需要。例如，有采用城市密度、城市交通、城市用地、产业和能耗作为城市形态的评价指标，分析城市形态对城市雾霾的影响（张纯，2014）。Ewing（2008）研究城市形态对居民能源使用量的影响时，选择人口密度、平均面积、街道可达度等作为城市形态指标。尽管如此，随着城市空间测算技术逐渐发展，也有相当一部分城市形态研究指标着重从定量刻画城市集中程度和边界的复杂程度方面，对城市形态进行衡量，例如，Huang 等（2007）采用紧凑度、向心性、复杂性、多孔性和密度共 5 个指标进行全球城市形态的对比研究，与此相类似的研究是余瑞林等（2008），计算城市的分维、紧凑度和形状指数等指标进行城市形态特征及演变规律分析，还包括赵银兵（2012）选择成都市主城区的长轴、短轴、延伸率和紧凑度等指标，获取其演变特征并进行驱动机制分析。基于空间测量而言，城市形态均可以概括性地理解为蔓延型或紧凑型的城市发展模式。因此，根据既有研究评价城市形态的常用指标，再结合数据可获得性和准确性，选择两个表示城市形态的主要指标“城市紧凑度”和“城市伸延率”来衡量城市的空间形态。

一、影像获取及处理

空间数据是空间信息技术的基础，城市紧凑度及伸延率的计算均需要对城市用地进行精准解译。选取 2007 年和 2010 年的 Lansat TM 和 2013 年的 Lansat OLI 遥感影像图作为数据，进行空间信息处理（数据来源：http：//glovis.usgs. gov/），具体的成像时间如表 2－1 所示。

表 2－1　　遥感影像成像时间

城市	成像时间			城市	成像时间		
北京	2007/4/26	2010/6/5	2013/5/12	南宁	2006/12/17	2010/12/18	2013/1/21
成都	2007/5/6	2010/12/8	2013/4/20	上海	2007/4/7	2010/1/25	2013/8/13
福州	2007/1/8	2010/5/24	2013/10/23	沈阳	2007/7/19	2010/4/6	2013/4/14
广州	2007/1/29	2010/3/26	2013/11/29	石家庄	2007/5/19	2010/2/20	2013/5/19
贵阳	2007/5/8	2010/2/9	2013/9/29	太原	2007/1/18	2010/1/26	2013/11/18
哈尔滨	2007/4/23	2010/5/1	2013/5/25	天津	2007/1/13	2010/2/22	2013/7/24
海口	2007/3/6	2010/3/24	2013/10/26	乌鲁木齐	2007/9/13	2010/8/20	2013/8/28
杭州	2007/1/8	2010/5/24	2013/4/14	武汉	2007/2/5	2010/11/12	2013/6/13
合肥	2007/10/5	2010/1/14	2013/5/14	西安	2007/2/1	2010/11/8	2013/6/25
呼和浩特	2007/2/26	2009/10/13	2013/6/2	西宁	2007/7/14	2010/2/28	2013/4/25
济南	2007/1/29	2010/3/10	2013/5/21	银川	2007/7/9	2010/2/13	2013/6/7
昆明	2007/5/6	2010/2/7	2013/4/20	长春	2007/4/23	2010/9/22	2013/4/10
兰州	2007/4/11	2010/3/18	2013/10/4	长沙	2007/2/5	2010/11/12	2013/9/17
南昌	2007/1/6	2010/1/14	2013/10/5	郑州	2007/5/9	2010/2/20	2013/6/14
南京	2007/1/31	2010/3/28	2013/8/11	重庆	2008/3/23	2010/8/4	2013/10/21

这些影像质量良好，基本无云层覆盖，且获取的影像均经过辐射校正及几何校正，达到了城市形态指标定量处理的要求。借助遥感数字图像处理软件 ENVI5.3 和地理信息系统软件 ARCGIS10.2，对遥感数据影像进行城市建设用地的信息解译。首先，为了能够准确地提取遥感影像的相关地物信息，提高影像的辨识度，对地物的纹理、大小、颜色等特征进行正确的判断，需要把握遥感影像的光谱特征，遥感影像的基本信息比较，如表 2－2 所示。

表 2－2　　遥感影像的信息比较

TM 影像				OLI 影像			
波段名称	波长范围	分辨率	作用	波段名称	波长范围	分辨率	作用
—	—	—	—	海岸波段	0.433～0.45	30	主要用于海岸带观测

续表

TM 影像				OLI 影像			
波段名称	波长范围	分辨率	作用	波段名称	波长范围	分辨率	作用
蓝绿波段	0.45 ~ 0.52	30	对水体有透射能力，可以反射浅水水下特征，能够进行土体和植被区分、森林类型图编写及制作、人造地物类型辨别等功能	蓝绿波段	0.450 ~ 0.515	30	同 TM 影像
绿色波段	0.52 ~ 0.60	30	探测健康植被绿色反射率、可辨识植被类型和评估作物长势，辨别人造地物类型，对水体存在一定程度的透射能力	绿色波段	0.525 ~ 0.600	30	同 TM 影像
红色波段	0.63 ~ 0.69	30	可进行植物绿色素吸收率的测度，并依次对植物进行分类，可辨别人造地物类型	红色波段	0.630 ~ 0.680	30	同 TM 影像
近红外波段	0.76 ~ 0.90	30	测定生物量和作物增长态势，辨别植被类型，进行水体边界判定、探测水中生物的含量和土壤湿度	近红外波段	0.845 ~ 0.885	30	同 TM 影像
中红外波段	1.55 ~ 1.75	30	用于探测植被含水量及土壤湿度，判别云、冰与雪	短波红外 1 波段	1.560 ~ 1.660	30	同 TM 影像
热红外波段	0.40 ~ 12.50	20	测度地球表面不同物质的自身热辐射的主要波段，主要有热分布制图，岩石辨认和地质探矿等应用	短波红外 2 波段	2.100 ~ 2.300	30	同 TM 影像
中红外波段	2.08 ~ 2.35	30	在岩石、矿物的分辨方面应用广泛，也可进行植被覆盖和潮湿土壤的辨别	全色波段	0.500 ~ 0.680	15	同 TM 影像
—	—	—	—	卷云波段	1.360 ~ 1.390	30	包括水汽强吸收特征，可用于云检测

由表2－2可知，Landsat OLI影像比Landsat TM影像增加两个波段，在波长范围和分辨率上也有所不同，但是共同拥有的波段作用是基本相同的。近红色、红色和绿色的波段组合不仅与自然色相似，较为契合人们的视觉习惯，而且信息量丰富，能充分显示各种地物影像特征的差别，在区分城市和农村土地、陆地和水体方面有着较为突出的优势，故采用上述波段组合进行城市建成区和非建成区的区分。之后对遥感影像进行投影变换（采用横轴麦卡托投影），并借助于代表性城市的行政区域界限文件，完成对遥感影像的拼接和裁剪，实现数据预处理。

城市建设用地信息提取是完成指标计算的最重要的步骤，直接影响城市形态指标的准确性。遥感信息提取方法主要分为目视解译和自动分类。目视解译是指通过图像特征和空间特征，如纹理、位置、色调、阴影和布局等，根据经验直接借助仪器对遥感影像的地物信息进行识别。目视解译可以达到较高的解译精度，但是过于耗费时间，且依赖于解译者的地物特征判别能力，对于处理大量的遥感影像并不适用。自动分类又可细分为监督分类和分监督分类。监督分类是指用已确认种别的样本像元去判别其他未知种别像元的手段。在分类之前需要进行目视判断和野外调查，对遥感影像中的特定样区的地物特征和空间分布有了清楚认知后，对每种类别一定量的训练样本进行选择，通过判决函数对其他待分数据进行分类。因此，监督分类对训练样本的要求较高，而非监督分类无需先验知识，根据地物的光谱（或纹理）的统计信息，计算机反复迭代最终得出结果，工作量小，易于实现。在城市建设用地信息提取过程中，综合考虑研究对象的特征和图像处理的工作量，主要采用非监督分类方法中的ISODATA算法。同时在遥感影像解译过程中，水体与道路、裸地与部分建筑地物的光谱特征相似，会对分类产生影响，为了提高精度，辅以目视判读完成图像的分类后处理。

城市建设用地遥感影像信息提取流程见图2－2。在分类过程中，建设用地主要包括城市建筑（住宅、商业用地和公共服务设施用地等）、工业用地和道路交通、绿化用地等，非建设用地主要包括水体、湿地、耕地、裸地、沙地等。首先，通过监督分类解译出建设用地（城市建设用地及农村建设用地）及非建设用地信息，之后，采用目视判读的方式进行城市建设用地信息的提取，最后是后期处理，主要通过过滤处理（sieve）和聚类处理（clump）进行小图斑的剔除或重新分类。遥感影像分类的准确性对最后的指标计算影响巨大，因此需要对分类结果进行精度评价。由于大部分研究城市并没有经过实地调研，在精度评估过程中，借助于 Google Earth、城市专题地图、文字资料、社会经济统计资料及目视判别结果，通过混淆矩阵对总体分类精度和 Kappa 系数进行计算，分类结果精度均在 70% 以上。

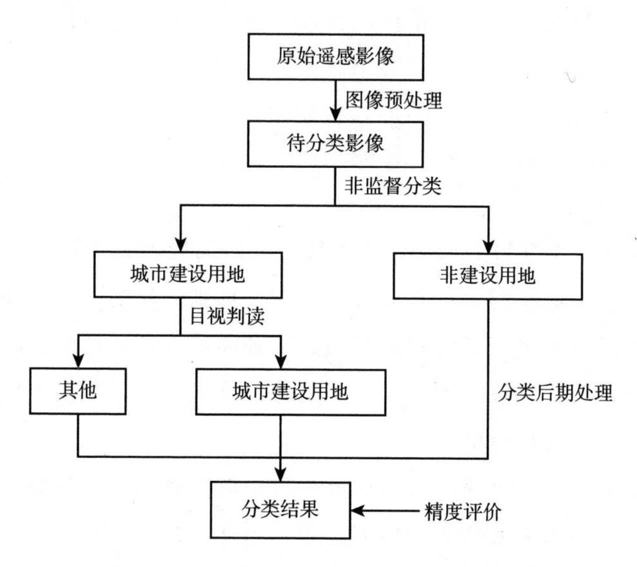

图 2-2　城市建设用地遥感信息提取流程

二、空间指标计算结果

城市的空间形态通常具有不规则性，进而使针对规则图形的几何方法难以对很不规则的边界形态进行准确的定量分析。因此，大量的研究对城市空间形态的评价，都采用文字等定性的描述方式，虽然这种描述方式比较形象而生动，但无法运用到模型的定量分析方面，进而难以进行定量化的比较，既包括以变量的形式纳入方程，对城市环境条件、结构、功能进行数量分析，也包括在时间序列上对形态的动态分析。在计算机和 GIS 技术不断发展之后，城市形态的定量测评得以快速发展，在众多的测量指标中，城市的紧凑度是最多采用的一个评价指标。该指标选用 1964 年 Cole 提出的公式计算。以最小外接圆为标准，评判城市的形状特征（Cole，1964），具体公式如下：

$$紧凑度=\frac{A}{A'} \tag{2-1}$$

其中，A 为城市区域的面积，A′为城市区域的最小外接圆面积。该公式以最小外接圆作为衡量标准，最大值为 1，数值越高，代表该城市紧凑程度越高。该指标是目前运用最为广泛的评价城市紧凑度的指标。根据城市紧凑度的计算公式，选择城市建成区作为 A，意指市政公共设施齐全的市区内且集中成片的部分及周围与城市有着密切联系的近郊区，能有效包括我国的市行政区范围内的城市化区域（胡忆东、吴志华、熊伟，2008）。

就理论上而言，城市区域的形状最紧凑的是圆形，为此，1963 年，Miller 提出了圆形率这项指标，计算公式为：

$$圆形率 = 4A/P^2 \tag{2-2}$$

其中，A 为城市区域的面积，P 为城市区域的周长。圆形率指标充分考虑了城市区域周长与面积的关系，综合了各种不规则形状的要素，通过周长加以综合，能较准确刻画出城市空间形态的紧凑和离散程度，但是，就实际操作而言，该指标的周长计算较麻烦，没有确立单位度量指标，因而不便于对不同的城市空间形状进行对比分析。

城市形态的另一个重要测量指标就是城市的蔓延状况，特别是随着城市化的加深，伴随着城市交通路网的延伸，城市不断扩张。“伸延率”就是用于测量城市用地的扩张程度的指标，能够有效地反映城市形态的蔓延情况。Webbity 于 1969 年提出该概念（Haggett，Cliff and Frey，1977），具体的计算公式如下：

$$伸延率 = \frac{L}{L'} \tag{2-3}$$

其中，L 指城市用地的最长轴长度，L′指城市用地的最短轴长度。城市区域的扩张程度越高，城市的“伸延率”数值就越大。与该指标密切相关的另一个衍生指标是城市的“形状率”，于 1932 年由 Horton 提出的评价指标，计算公式为：

$$形状率 = A/L^2 \tag{2-4}$$

其中，A 为区域面积，L 为区域最长轴的长度，尽管该指标的显著优点是计算方便，但其无法克服的缺点在于只有最长轴的长度，无法全面刻画出城市区域的不规则形状。通过对遥感影像进行处理，获取了 2007 年、2010 年和 2013 年的 30 个代表性城市的紧凑度和伸延率指标的计算结果，如表 2－3 所示。

表 2－3　城市形态指标计算结果

	紧凑度（2007）	伸延率（2007）	紧凑度（2010）	伸延率（2010）	紧凑度（2013）	伸延率（2013）
北京	0.15	1.38	0.16	1.29	0.15	1.26
天津	0.12	2.02	0.10	1.87	0.09	1.79
石家庄	0.09	2.56	0.10	2.66	0.12	2.71
太原	0.32	1.84	0.29	1.70	0.33	2.06
呼和浩特	0.19	1.86	0.29	1.98	0.24	1.99
沈阳	0.22	1.47	0.28	1.57	0.29	1.61
长春	0.11	1.72	0.13	1.67	0.09	1.06
哈尔滨	0.14	1.55	0.14	1.61	0.15	1.68
上海	0.28	1.38	0.25	1.36	0.32	1.16
南京	0.17	1.73	0.17	1.76	0.07	2.86
杭州	0.24	1.18	0.29	1.42	0.35	1.41
合肥	0.28	1.54	0.40	1.39	0.39	1.38
福州	0.21	1.78	0.25	1.66	0.27	1.63
南昌	0.23	1.56	0.23	1.56	0.27	1.54
济南	0.17	2.55	0.19	2.79	0.20	2.88
郑州	0.17	1.73	0.19	1.57	0.17	1.84
武汉	0.07	1.23	0.08	1.33	0.09	1.22
长沙	0.37	1.42	0.38	1.04	0.23	1.10
广州	0.13	1.82	0.15	1.73	0.17	1.49
南宁	0.21	1.90	0.23	1.54	0.29	1.56
海口	0.28	1.94	0.21	1.74	0.32	1.81
重庆	0.01	2.62	0.01	2.50	0.02	2.15
成都	0.23	1.23	0.27	1.29	0.27	1.35
贵阳	0.14	2.17	0.17	1.86	0.23	2.16
昆明	0.35	1.28	0.28	1.42	0.33	1.21
西安	0.11	2.00	0.11	1.93	0.13	1.99
兰州	0.02	10.91	0.02	9.16	0.02	8.04

续表

	紧凑度（2007）	伸延率（2007）	紧凑度（2010）	伸延率（2010）	紧凑度（2013）	伸延率（2013）
西宁	0.16	3.08	0.21	2.78	0.20	2.94
银川	0.24	2.02	0.28	1.82	0.39	1.47
乌鲁木齐	0.10	1.57	0.05	1.28	0.05	1.18
最小值	0.01	1.18	0.01	1.04	0.02	1.06
最大值	0.37	10.91	0.40	9.16	0.39	8.04
平均值	0.18	2.10	0.20	1.98	0.21	1.95
标准差	0.09	1.72	0.10	1.43	0.11	1.27

注：城市的空间形态变化是一个渐进的过程，不可能一蹴而就，因此，城市形态的数据收集不是每年都进行，而是跨几年进行收集，这样能够更有效地体现出城市空间形态的变化过程。

如表2－3所示，2007年、2010年和2013年的城市“紧凑度”平均值分别为0.18、0.20和0.21，2007年、2010年和2013年的城市“伸延率”分别为2.10、1.98和1.95，城市“紧凑度”呈逐年增长趋势，而城市“伸延率”呈逐年下降趋势。进一步比较可以看出，2007年和2013年，城市“紧凑度”位于0.16～0.30区间内的数量要多于2010年（2007年为15，2013年为18，而2010年为14）；而2007年，在城市“伸延率”位于1.5～2.5区间的数量比2010年和2013年要多（2007年为18，2010年为17，2013年为13）。这表明城市空间形态正在向“趋圆性”发展，城市用地向两端无序蔓延的情况得到了改善。

这一结果符合我国的城市发展现状，城市发展迅速，但是雾霾严重、交通拥挤、文化缺位等“城市病”也有所显现，为了对城市发展过快带来的“症状”有所控制，中央城市工作会议于2015年首次提出“紧凑城市”的概念，将城市塑造为紧凑型的发展模式是大势所趋，并在政策层面进行了部署。“紧凑城市”的建设理念在诸多地区已经被人们所熟知，长沙市的政府工作报告中就曾提出建设“宜居宜业、精致精美、人见人爱”的品质长沙，其核心思想就是构建紧凑城市，对城市的精品干道、背街小巷、桥梁绿化、公共停车场、车位、公交专用道等众多基础设施数量进行明确规定，倡导公交优先、建设“米”字形轨道交通格局等发展战略，紧凑城市的建设与追求高品质的生活目标不谋而合[①]。同样，四川省巴中市在政府工作报告也提倡“让城市留住记忆”，增加城市绿化面积，进行城市合理规划，在保护、修复革命遗址的同时加快城市棚户区改造，着力打造生态之都、品质之城[②]。城市发展应从注重规模扩张向完善城市功能转变，为了提供城市竞争力，城市布局应从重视“区域扩散”向重视“人口集聚”转变[③]。

三、城市形态的其他评价指标

城市形态是一个纷繁复杂的巨系统，涉及多个组成要素，如城市交通、空间结构、人口聚集等，其合理性有赖于系统内部各组成要素之间的相互作用。既有研究对城市形态评估的选取指标呈多元化趋势且经常受研究内容的限制。例如，Xu 等（2017）采用建筑覆盖率、建筑高度、建筑体积密度、锋面面积指数、天空观测因子和粗糙度值作为城市形态指标以进行城市气候应用的研究。McMillan（2011）从感知交通安全、感知犯罪安全、实际交通安全和美学四个概念测量城市形态以探究不同的城市发展模式会如何影响儿童的步行/骑行活动。此外，Loon 和 Frank（2011）综合了城市形态对儿童身体活动模式影响的经验证据，并概括了邻里环境的物质组成部分，认为居住密度、土地利用组合、公园及游乐场设计、到学校的距离对青少年的体育活动起到促进或阻碍的作用。为了表征城市形态的双重作用（活动参与的机会创造和限制），Zhang（2005）使用一种基于引力模型的空间可达性测度，通过汉森可达性模型的一般形式测量城市空间可达性，借此分析城市形态对非工作旅行的影响。因此，构建一个全面和合理的城市形态指标体系对准确地进行城市形态的综合评价是非常重要的，能够更好地了解城市在未来发展中的提升方向，为城市空间优化和拓展等提供相应的理论依据。

城市形态的评估是多维建构的，其关注的视角不同，结果也会存在差异。结合国内外文献对城市形态的描述和测量，并考虑我国的城市相关数据的全面性、可获得性和可操作性等多方面因素，尝试从城市规模、城市交通、生态环

---

① https：//www. icswb. com/h/100280/20160119/389991. html.

② http：//www. bzqzf. gov. cn/contentOpen/detail/59aa4784bc0762c352f19183. html.

③ http：//paper. people. com. cn/zgcsb/html/2017 - 10/16/content_1810954. htm.

境与社会服务四个方面对30个代表性城市（除西藏和拉萨外的省会城市及直辖市）的城市形态进行综合评估，评价的指标主要是社会经济的统计数据。具体的评价指标体系如表2－4所示。

表2－4　　城市形态评价指标体系

目标层	系统层	指标层	指标方向	单位
城市形态	城市规模	城市用地面积	正	平方公里
		人口密度	正	人/平方公里
		人均GDP	正	元/人
		在岗职工平均工资	正	元/人
	城市交通	人均道路面积	正	平方米/人
		客运总量	正	万人次
		建成区路网密度	正	公里/平方公里
		出租汽车运营数	正	辆
	生态环境	环境噪声	负	等效声级dB（A）
		工业废水排放量	负	万吨
		污水处理率	正	%
		人均公共绿地面积	正	平方米
	社会服务	社会消费品销售总额	正	万元
		邮政局数	正	处
		电话及互联网接入用户	正	万户
		医院、卫生院床位数	正	张

注：①数据来自《中国城市统计年鉴》《中国城市建设统计年鉴》和《中国环境统计年鉴》；②指标均采用2016年的数据；③出租汽车数为年末实有数，客运总量为全年公共汽（电）车客运总量，电话及互联网接入用户包括移动电话、固定电话、互联网宽带共三类接入用户。

这些指标中包括：（1）城市规模因子。城市形态用于研究各项城市活动，是由政治、经济和社会等多方面因素共同作用所引起的城市物质环境的变化。因此，城市的规模也不能考虑单一因素，要从城市用地面积、城市容纳人口、经济发展水平和职工收入四个方面衡量城市规模，这四者的数值越高，城市规模越大。（2）城市交通因子。城市形态与城市交通联系密切，通常认为，城市空间的紧凑度提高，能够降低短途的交通需求，但也有部分观点认为城市人口过多，会导致交通拥挤。城市交通的运行状况直接影响城市的经济发展和人员流动，因此，采用人均道路面积、建成区路网密度、公共汽（电）车客运总量和出租汽车运营数量表征城市交通状况，这四个指标的值越高，表明城市的交通水平越高。(3) 生态环境因子。城市环境保证城市不受任何潜在的生态风险威胁，使其能够健康、合理的发展。人均绿化面积和污水处理率，体现了城市居民生活的环境质量和所处环境自身的自净能力，这两类指标的值越高，说明城市居民的居住环境越优越。而环境噪声和工业废水排放量，能够体现城市的水污染和噪声情况，这两类指标的值越高，表明城市居民的环境受到的污染威胁越大。(4) 社会服务因子。城市社会服务提供的各项基础设施的质量，直接影响城市的经济效益。因此，选择社会消费品销售金额、邮政局数、固定电话、移动电话及互联网宽带接入用户和医院、卫生院床位数共四类指标反映城市的基础设施和基本公共服务现状，这四个指标的值越高，城市的公共服务水平越高。

由于各指标量纲的不同，首先需要对数据进行标准化处理，本书采用极差标准化法对原始数据进行处理，目的是使各个指标值均处于0~1，从而实现不同指标之间的数据运算。此外，在城市形态评估指标的相关性方面，有正负之分，为了体现实际效果，本书采用了不同的正负指标的算法，具体的计算方法如下：

$$\text{正指标：}\overline{x_i} = \frac{x_i - \min(x_i)}{\max(x_i) - \min(x_i)} \tag{2-5}$$

$$\text{负指标：}\overline{x_i} = \frac{\max(x_i) - x_i}{\max(x_i) - \min(x_i)} \tag{2-6}$$

其中，$\overline{x_i}$为指标标准化后的值，x_i为指标的原始数据，$\max(x_i)$、$\min(x_i)$为各指标原始数据中的最大值和最小值，经过处理后，各指标的标准值取值范围为[0，1]。对于存在数据缺失的部分城市，采用了线性插值法对缺失数据进行补充。由于主成分分析法因其线性相关系数提供了因子贡献的可能性，且此方法在权重设定方面较为客观，因此运用主成分分析法设定指标的权重。在对指标设定权重之前，需要检测指标的合理性，同样运用主成分分析法来确定合理指标和删除不合理指标。在各指标的原始数据标准化后，运用软件对各指标进行因子分析，选择主成分分析法进行合理指标的提取以及因子个数的确定，选择最大旋转法进行因子的旋转，以得到旋转后的因子载荷矩阵。各参数的值如表2-5所示。

表 2－5　　　　城市形态评估指标体系各参数值

指标	初始公因子方差	提取公因子方差	特征值（λ）累计解释总方差 R2	因子 1	因子 2	因子 3
城市用地面积	1	0.501	$\lambda_1=1.853$ $\lambda_2=1.035$ 72.191	－0.617	0.348	—
人口密度	1	0.781		－0.037	－0.883	—
人均 GDP	1	0.790		0.882	0.112	—
在岗职工平均工资	1	0.815		0.758	－0.491	—
出租汽车数	1	0.949	$\lambda_1=2.304$ $\lambda_2=1.380$ 91.897	0.971	－0.079	—
客运总量	1	0.949		0.968	－0.112	—
建成区路网密度	1	0.909		0.092	0.949	—
人均道路面积	1	0.876		－0.378	0.856	—
环境噪声	1	0.703	$\lambda_1=1.308$ $\lambda_2=1.021$ $\lambda_3=1.001$ 83.230	0.812	0.18	0.108
工业废水排放量	1	0.949		－0.017	0.974	－0.023
污水处理率	1	0.69		－0.798	0.216	0.084
人均公共绿地面积	1	0.989		0.017	－0.021	0.993
接入用户总数	1	0.944	$\lambda=3.451$ 86.286	0.971	—	—
医院、卫生院床位数	1	0.932		0.966	—	—
社会消费品销售总额	1	0.836		0.914	—	—
邮政数	1	0.739		0.860	—	—

由表 2－5 所示，所有指标提取的公因子的方差值，均大于 0.5，说明所有指标的选取均具有合理性，而且因子分析的累计解释总方差结果均大于 72%，这说明具有统计意义。各类指标权重的设定，采用主成分分析法计算各个指标权重：

$$W=\frac{\sum_{j=1}^{n}|L_{ij}|E_j}{\sum_{i=1}^{m}\left[\sum_{j=1}^{n}|L_{ij}|E_j\right]} \tag{2-7}$$

其中，W 表示指标的权重，L_{ij}表示 i 指标在 j 因子下的旋转后的因子载荷值，E_j表示 j 因子的特征值，m 表示指标的个数，n 表示因子的个数。通过上述公式得到各指标赋予权重之后的值，然后根据所构建的指标体系得到最终的城市形态评估值，如表 2－6 所示。

表 2－6　　城市形态及指标得分

城市	城市规模	城市交通	生态环境	社会服务	城市形态	排名
权重	0. 288	0. 290	0. 287	0. 135		
北京	0. 109	0. 169	0. 104	0. 312	0. 606	1
天津	0. 079	0. 117	0. 089	0. 137	0. 401	5
石家庄	0. 023	0. 079	0. 109	0. 086	0. 289	15
太原	0. 027	0. 056	0. 105	0. 043	0. 239	24
呼和浩特	0. 055	0. 037	0. 129	0. 017	0. 265	19
沈阳	0. 026	0. 062	0. 102	0. 101	0. 274	18
长春	0. 041	0. 111	0. 108	0. 079	0. 343	11
哈尔滨	0. 064	0. 089	0. 068	0. 112	0. 315	14
上海	0. 106	0. 105	0. 054	0. 289	0. 458	4
南京	0. 080	0. 123	0. 065	0. 100	0. 364	9
杭州	0. 087	0. 071	0. 077	0. 135	0. 342	12
合肥	0. 042	0. 062	0. 105	0. 062	0. 274	17
福州	0. 038	0. 047	0. 092	0. 073	0. 243	22
南昌	0. 045	0. 038	0. 104	0. 039	0. 238	25
济南	0. 048	0. 130	0. 114	0. 086	0. 384	6
郑州	0. 057	0. 042	0. 093	0. 116	0. 283	16
武汉	0. 063	0. 109	0. 085	0. 142	0. 373	8
长沙	0. 073	0. 078	0. 105	0. 089	0. 344	10
广州	0. 100	0. 096	0. 109	0. 206	0. 460	3
南宁	0. 029	0. 051	0. 088	0. 047	0. 220	27
海口	0. 012	0. 068	0. 101	0. 003	0. 212	28
重庆	0. 063	0. 097	0. 106	0. 347	0. 489	2
成都	0. 050	0. 072	0. 108	0. 216	0. 379	7
贵阳	0. 028	0. 036	0. 088	0. 035	0. 195	29
昆明	0. 032	0. 055	0. 106	0. 074	0. 263	20
西安	0. 045	0. 096	0. 094	0. 113	0. 331	13
兰州	0. 036	0. 067	0. 110	0. 027	0. 262	21
西宁	0. 014	0. 027	0. 083	0. 006	0. 147	30
银川	0. 030	0. 033	0. 128	0. 006	0. 225	26
乌鲁木齐	0. 035	0. 059	0. 101	0. 030	0. 242	23

如表2-6所示，城市形态的其他评价，共涉及四个方面：城市规模、城市交通、生态环境和社会服务。在城市规模和城市交通方面，北京处于最好的状况。呼和浩特在生态环境方面得分最高，但在其他方面都处于中下游水平。社会服务方面，重庆市得分最高，其他方面也处于中上游水平。海口的城市规模方面得分最低，西宁的城市交通情况最差，上海的生态环境最需要改善，海口的社会服务质量最需要提升。其中，尽管上海在生态环境方面得分最低，但在其他方面得分均居于前列。城市形态评估得分最高的前三个城市分别为北京、重庆和广州，得分最低的三个城市分别为海口、贵阳和西宁。西宁在城市形态的各个方面得分均处于下游水平。从主成分分析法所设定的指标权重结果上看，城市交通重要程度最高，其次是城市规模，这为如何着手塑造合理的城市形态提供了依据，可以首先从城市交通方面入手，调整城市发展模式。

第四节 本章小结

本章主要分析城市空间形态的内涵、演变及测量。首先，对城市空间形态的内涵进行了分析，指出了城市形态的广义和狭义定义。其次，从三个方面对城市空间形态的演变进行了分析，包括城市经济发展与形态演变；城市政策变迁与形态演变；城市开发区规划建设与形态演变。城市狭义的空间形态的测量，主要从遥感影像获取及处理；设计空间形态的评价这两个方面进行分析，并对我国的主要城市进行了实证分析。最后，本章还设计了城市形态的其他评价指标，并进行了实证分析。

第三章

城市效率的内涵及测量

第一节

城市效率的内涵

效率（efficiency），广义而言是单位时间内完成的工作量，是时间和工作量的比值，是指最有效地使用各种资源以满足人类社会的经济发展以及人们的效用。因此，效率又衍生出另一种定义：在给定投入和特定技术经济的条件下，各类经济资源都做了能带来最大可能性的满足程度的利用，实现了资源的相对最优配置。

不同的研究领域对效率的具体界定是有区别的。在经济学领域，认为人的欲望是无限性，特定的经济活动就是充分利用有限的经济资源，以满足人们的效用。效率成为经济学领域的关键性概念。福利经济学认为，在不会使其他人境况变坏的前提下，一项经济活动不再有可能增加或者改善其他任何人的经济福利，则该项经济活动就认为是有效率的。与之相反的情况则包括经济垄断所导致的效率损失，以及污染导致的负外部性等。这些经济活动都没有使资源达到有效配置。管理学对效率的界定有所不同，通常是指在特定时间内，组织起来的各种收益与产出之间的比率关系。这种效率与投入的数量成反比，与产出的数量成正比。将效率的概念运用到公共部门，包括：一是各个部门的生产效率，指该部门生产或者提供公共服务的平均成本；二是配置效率，指公共服务部门所提供的产品或服务是否能满足群众对美好生活的需求。在物理学领域，对效率的界定多了一些定量的分析，例如，在输入输出效率方面是输出瓦特数与输入瓦特数之比，越接近1，则效率越好。

因此，城市效率可以被视为在特定的时期，以城市为单位，各种资源的投入与产出的比值，用相对少的资源带来了相对多的产出，则视为高效率。这些资源既包括城市的人力资源、财力资源、物质资源，也包括城市的空间资源以及生态环境资源，带来的产出既包括城市的经济发展、社会福利等正向指标，也包括各种污染物等负向指标。城市效率是一个综合而复杂的概念，受到多种因素的影响，也是特定时期城市发展水平和管理水平的综合体现。

第二节 城市效率的测量

尽管对城市效率的定义没有统一的标准，但都体现为“比值”。再加之城市效率的综合性和复杂性，大量的文献都是从城市效率的某一个方面进行测量的。从具体的研究方法来看，有采用物质核算法、货币核算法和能量核算法对城市的效率进行测量的研究。

一、物质核算法与能量核算法

物质核算法（Fischer – Kowalski，1998）在城市效率的定量分析方面运用颇多，但该方法在核算单位方面难以有效统一，并且在物质集成技术方面有待完善。为此，有研究使用货币核算法，但是城市系统中有些投入和产出无法直接使用货币进行衡量，如城市负产出，各类污染的减少，城市空气质量得以改善，无法使用货币对这种改善进行衡量，因此，对于城市系统中有些功能的核算只能是以支付意愿获得的，带有主观性（Costanza，1997）。

能量核算法是联系经济系统与生态系统的桥梁（Hall，1986），能够提供城市效率中物质流部分核算的统一量度（Odum，2001），因此，该分析方法受到越来越多的重视。除此以外，对城市效率进行定量分析，建立城市效率的评价指标体系是常见的分析手段（Zhang et al.，2006；Zhang，et al.，2007），包括建立三维空间模型来分别表示“资源效率”“环境效率”和“经济效率”（张妍等，2007），并辅以生产可能性曲线来分析“福利指标”和“生态效率指标”的组合情况，根据无差异曲线分析“福利指标”和

“生态效率指标”间的和谐度，还有将代谢效率分为资源效率和环境效率，并运用因子分析法加以验证，进而得出总体的效率，还有人尝试结合热动力模型与“投入—产出”表进行分析（Aumnad Phdungsilp，2003），以及采用SWOT 分析方法（Neil Dewar et al.，2006）来分析城市能量代谢效率。

二、DEA 模型测量法

DEA 模型又称为数据包络分析方法（data envelopment analysis，DEA）。该方法是运筹学和管理科学以及经济学相交叉而产生的研究方法。该模型根据设定的多项投入指标和多项产出指标，利用线性规划的计算规则，对具有可比性的同类型单位或者个体，进行“相对有效性”评价计算的一种数量方法。该方法自 1978 年由运筹学家 Charnes 和 Cooper 提出以来，得到了广泛的应用，涵盖经济学和管理学以及环境科学等诸多研究领域。在处理多指标投入和多指标产出的评价方面，该模型具有显著的优势。其主要表现在该模型有效地规避了计算每项指标的单位不一致问题，可以把多种投入和多种产出指标转化为效率比率的分子和分母，而不需要转换成相同的单位。该模型的实质是线形规划模型，表示为产出对投入的比率。通过对特定单位的效率和一组提供相同服务的类似单位绩效的比较，以求出使单位的效率最大化的方法。计算结果为 1 的，被视为“相对有效率单位”，而另外的效率评分低于 1 的单位，被称为“无效率单位”。

该模型的通常处理步骤包括：定义变量；确定目标函数；明确约束条件，进而求出线性规划的最优值。整个计算过程均可采用相关软件完成。

第三节

本章小结

城市效率是一个复合的概念，囊括了城市系统的各个方面，具有一定的系统性和复杂性。不同的研究领域对城市效率的具体界定有着不同的侧重点。总体而言，城市效率可被视为在特定的时期，以城市为单位，各种资源的投入与产出的比值。这些资源包括城市的人力、财力、物质、空间资源，以及生态环境资源，带来的产出既包括城市的经济发展、社会福利等正向指标，也包括各种污染物等负向指标。用单一的指标无法有效评价城市效率，有采用物质核算法、货币核算法和能量核算法对城市的物质代谢效率进行测量的研究，还包括能量核算法、无差异曲线分析、因子分析、热动力模型与“投入—产出”表进行分析，以及采用 SWOT 分析方法和 DEA 模型测量法等。

第四章

城市空间形态对城市效率的作用机理

随着时代的发展和经济高速增长，我国城市化水平不断提高。尤其是改革开放以来，我国逐步放宽了对原有流动人口的限制，大批农民工由农村流向城市，大大加快了城市化的进程。一方面，城市的发展推动了社会的进步，以我国近十年城市建设用地面积的变化为例，中国城市建设用地规模呈快速扩张态势，从2007年36351.65平方公里增长至2016年的52761.3平方公里，年平均增长率达4.27%；同时，我国国内生产总值（GDP）也逐年攀升，年平均增长率为11.99%，这是我国城市发展与经济实力提升的有力证据。另一方面，在城市化的道路上，我们赖以生存和发展的环境不断发生变化，使城市在可持续发展的道路上面临着各种矛盾与挑战。本章旨在剖析城市空间形态对城市效率的作用机理。由于城市效率是一个综合的概念，因此将从以下几个方面分别分析：城市空间形态与城市环境效率；城市空间形态与城市经济效率；城市空间形态与城市社会效率。最后，基于对这些效率的实证研究，本章解剖了城市空间形态对城市效率的具体作用机理，为后续的空间治理体系的设计奠定基础。

第一节

城市空间形态与城市环境效率

我国的城市面临着外延式扩张和土地资源利用粗放的不良情况。我国城市普遍存在土地利用结构和空间布局不合理的问题，企业竞争结果下的新建设用地选址，以私家车为导向的住宅开发，均在不同程度上导致了城市无序蔓延。同时，负责城市开发建设的相关行政部门，因为追求单一的功能分区，盲目地复制城市发展模式，忽视城市产业的有效支撑和行政区划的有效结合，造成市政服务供给和管理的分散化、差异化和碎片化，从而出现了城市空间组织松散以及城市用地的不紧凑和浪费的现象。

城市环境污染严重，城市环境管理难度加大。随着城市不断蔓延和扩张，城市呈现出不同的形态特征，对环境、经济以及人们的健康等诸多方面产生重要的影响。城市形态对环境的直接影响体现在不同的城市形态产生了不同的绿地率以及绿地建设方式，从而对环境产生不同的影响；间接影响则体现在城市形态通过影响人类活动，从而对城市环境产生影响。因为城市是人地相互作用最为强烈的地理单元，人口聚集、工业生产、资源耗费以及污染物排放集中发生在这一区域（张子龙等，2015），造成了垃圾堆积、环境污染、生态环境被破坏等问题，给城市未来的可持续发展带来巨大困难。当前我国城市处于更加注重布局优化、创新驱动和可持续发展的新阶段，在城市化进程中遇到的各种问题亟待解决。与此同时，城市效率受到政府决策部门和国内学者的日益关注。

城市效率是一个综合概念，其中环境效率是特定的城市利用自然生态环境的效率，将城市的自然生态环境作为一种资源加以利用，促进城市的发展和人民福利的增加，其中最为重要的就是利用环境所产生的副产品，环境污染的变化情况。城市效率对城市的发展起着重要的作用，高效率的城市产生高收益，能够加速城市内部资本的积累，扩大产业规模，增强产业集聚从而增大城市的辐射力和吸引力，带动区域经济的发展以及人民福利的增加。为此，本部分将对城市环境效率进行综合分析，重点包括城市雾霾、二氧化碳效率、环境支出绩效以及生态效率。并从城市空间形态的视角，进行城市形态对城市效率的影响机理的实证研究，揭示城市形态对城市环境效率的影响机理，从城市空间形态的合理规划方面，促进城市效率的提高，促进城市可持续发展。

一、城市形态与雾霾

随着我国城市化进程的加快，各类环境问题也日益突出。2013 年，雾霾波及我国 25 个省区市、100 多个大中型城市，多个城市大气环境质量达到六级重度污染，空气污染指数达到 500 上限，全国平均雾霾天数达 29.9 天，创 52 年来之最（徐道一，2014）。雾霾现象严重影响人们的日常生活和身体健康，甚至导致政府公信力的下降。党的十八大报告将生态文明放在突出地位，建设经济、社会、环境协调发展的可持续型城市是其重要的表现形式。因此，在环境问题突出和倡导生态文明的背景下，研究城市形态和城市雾霾的关联机理，以确定什么类型的城市形态有利于雾霾污染的治理，将有助于制订有针对性的城市生态和环境规划，并为政府的政策制定提供参考，以缓解城市雾霾。

大气污染来源是多种多样的，可能是自然原因，也可能是人为造成的（Boubel，1994）。大气污染物分为：主要污染物和次要污染物（Kibble and Harrison，2005）。主要污染物是污染源直接释放的物质，例如，燃煤电厂和汽车排放的氧化物，或者沙尘暴带来的矿物性粉尘。这些物质排放到大气中去，有一部分会与光能、热能或者其他的化学物质发生反应，形成次要污染物。虽然大气污染的成因是多种多样的，但是越来越多的证据表明大气污染与城市形态之间有着某种相关关系（Bereitschaft and Debbage，2013；Rydell and Schwarz，1968）。相对于周边农村，城市形态会影响城市周边和城市内部的风速，通常是降低风速，同时导致城市温度的上升，这使污染物的排放从热、风小的城市中心，向相对更冷、多风的边缘方向倾斜，引起了“尘罩”和“霾罩”（William，1967）。Bereitschaft 和 Debbage（2013）在控制了气候的变化和土地类型以及人口数量的前提下，对美国 86 个大都市进行了研究，发现城市蔓延的增加导致了城市空气污染的加剧。目前我国的颗粒污染高于国际规定的标准，对居民的身体健康形成严重的威胁。仅在 2010 年就有 120 万人过早死亡，其中主要原因便是空气污染导致的各种疾病（Scott，2013），围绕在中国许多北方城市的浓雾已经造成了清晰度的下降（Wang et al.，2006）。这些城市的空气污染程度严重高于国际标准，例如，北京 2009 ~ 2013 年的 PM2.5 平均值在 $135 \pm 63 \mu g m^{-3}$ 之间，最大值为 $355 \mu g m^{-3}$（Zhang et al.，2013），超出世界卫生组织推荐的年均标准 13 倍（WHO，2006）①，同时也超过了我国国家标准的 4 倍。基于这样严峻的污染趋势，我国各级政府都对空气污染的治理投入了大量的人力、物力和财力，提倡构建可持续发展型城市，并且鼓励致力于减少城市雾霾的创新型政策，不过直到现在仍然缺少对城市雾霾和城市空间形态之间关联机制的实证研究。因此，将通过使用城市形态和城市雾霾的各项指标，解剖我国的城市雾霾和城市空间形态之间的关系，以期为空间治理政策的制定提供有效的依据，从而实现通过城市空间的优化以缓解雾霾。

① http：//whqlibdoc. who. int/hq/2006/WHO_SDE_PHE_OEH_06. 02_eng. pdf.

（一）研究现状分析

尽管针对我国城市形态和城市雾霾的直接研究非常少，但国内外的学者在与之相关的领域进行了大量的研究。Marquez 和 Smith（1999）构建了城市形态和城市空气质量的理论框架，从土地利用、城市交通等方面分析了城市形态对城市空气质量的影响。Borrego 等（2006）的仿真研究表明，空间紧凑的城市，具有混合的土地利用特征，具有较好的空气质量，尤其是相对于那种分散的网络型城市而言。同时，Martins（2012）的研究表明，空气中 PM10 污染物的含量，随着城市蔓延程度的增加而增加，这与 De Ridder 等（2008）的研究结论颇为类似。并且，Stone（2008）以美国城区为案例，研究结论表明，具有较高紧凑度指标的城市比那些具有较高蔓延度的城市，体现出更好的空气质量。不仅如此，构建走廊型城市可以缓解城市的空气污染，特别是相对于城市蔓延而言，对空气污染的缓解作用更加突出（Manin et al.，1998）。另一个与城市雾霾密切相关的指标是人口密度，以及与之伴随的城市交通路网的扩张带来的汽车尾气排放污染（Stone，2008）。

针对城市空气污染本身的研究表明，城市气溶胶是主要的污染源头，气溶胶可以直接来自工业排放、生物质以及混合燃料的引擎排放等，也可以由大气中的其他物质合成，如 SO_2、NH_3、NOx 等，这些大多是工业排放的气体。通常而言，直接排放的气溶胶颗粒物都大于 PM2.5，而二次合成的气溶胶颗粒物会小于 PM 2.5（Seinfeld and Pandis，1998）。气溶胶的数量受到季节和不同城市区域的影响（Chan and Yao，2008），如在冬季，大气中的颗粒物会增加，通常的原因是冬季取暖造成的，尤其是北京周边的城市，这种情况更加突出。在春季，我国北方城市的空气污染加重的原因之一是沙尘暴（Senlin et al.，2007；Zhang et al.，2013）。除了这些原因会影响城市气溶胶数量之外，还有风速和降雨，它们在一定程度上会减少气溶胶的浓度（Wai and Tanner，2005a；2005b）。针对我国北京、天津等城市的研究表明，空气中 PM 2.5 的浓度存在显著的季节差异，最为严重的季节出现在冬季和春季，主要是因为冬季燃煤和春季的沙尘暴（Zhao et al.，2013，Zhang et al.，2013）。在针对我国的 PM10 的早期研究中，也有与上述结论类似的观点（Song et al.，2009），如 PM2.5 和 PM 10 在珠三角地区的城市中也呈现出季节差异，通常是冬季浓度较高，但整体水平低于我国北方的城市（Cao et al.，1994；Song et al.，2009）。

此外还有城市形态对空气污染的影响机制的研究。城市形态是一个抽象的概念，其对空气质量的影响一般是间接的，是通过具体的城市形态所包含的各个方面的指标，即城市形态的不同方面造成空气污染，进而影响空气质量。城市形态对空气质量的影响机制一般包括以下几个方面。

第一，通过影响交通需求量，进而通过车辆尾气的排放量来影响空气质量（Song et al.，2008；Borrego et al.，2006）。在不同的城市形态中，土地利用方式会有所不同，相应的空气质量各异，会影响人们通勤、生活中的交通需求。一般认为，扩张程度对空气污染程度有正向的影响。因为对于紧凑度较低的城市，在城市的新扩张区域，人口密度较低，土地用地形式比较单一，而且各个区域间的连通性比较差，相应地对于私家车等非公共交通方式的依赖性也随之提高，而私家车等非公共交通工具使用频率越高，产生的汽车尾气的排放也会越多（Yuan et al.，2017）。相反，对于紧凑型的城市，街道的连通性较强，人们的交通需求量也会比较低，相应地，人们生产和生活活动的车辆行驶里程缩短，从而减少了因交通而产生的车辆尾气排放。在中国有学者研究指出，在目前众多的空气污染源中，交通尾气排放是三大原因之一。伴随着尾气排放对空气污染贡献度日益增加（Zhang et al.，2013），城市形态通过该机制对于空气污染的影响力度也会越来越大。总之，城市空间形态的集中度和紧凑度，一般会减少空气污染物排放量，即城市空间的集中度和紧凑度越高，人们从城市中心去往城市各个目的地的里程会缩短，从而减少交通过程中产生的尾气污染。

第二，通过影响城市中的能源需求，进而影响因能源消费而产生的直接碳排放或者隐含碳排放。不同的城市形态是城市规划以及城市管理的结果，作为城市的管理者，相关规划及管理部门的一系列政策和措施将对城市中的能耗产生一定的影响。建筑是城市中的重要组成部分，建筑相关部门产生的能耗占城市能耗的比重很大，因此，城市形态也会通过对建筑的影响，进而影响建筑能耗以及相应产生的空气污染。人口密度是广义的城市形态的衡量指标之一，它是指每单位的城市面积内的人口数量。如果城市中的人口密度高，就意味着人们对住宅建筑的需求量会很大，同时由于就业以及休闲娱乐活动等对于办公建筑、商业建筑、公共建筑等的需求量会提高，使城市的空间密度增大，建筑密度也会增大（Tereci et al.，2013）。然而，从整体来看，城市形态对于城市能耗的影响机制是复杂的，这种影响究竟是正向的还是负向的，没有一致的结论。一方面，对于紧凑型的城市，其空间密度较高，这将有利于能源系统的集中配置，从而也要求对能源生产、运输、使用等所需的能源基础设施进行紧凑的配置，这样会减少能源供应线的长度，减少能源分配所需能耗以及过程中的能耗损失；另一方面，有些学者认为，沿着交通线路高密度的建筑开发比紧凑型的在中心城市区域开发更能有效节能。因为建筑本身的能耗成本会高于交通过程中的能耗成本，如果能通过沿着交通线路的线性开发模式，会大幅减少建筑本身的能耗：这种线性开发更利于采光，通风和被动式的太阳能获取，尤其是对于寒冷地区，更是如此（Hui，2009）。而在气候温暖及炎热地区，制冷过程中的能耗是主要能源来源，建筑密度越高，则对制冷的能耗需求量将越高（Mindali and Salomon，2004）。正是因为城市形态对城市建筑的制冷、采暖以及采光等能耗的影响，所以学者们认为在城市能耗的研究中，应当加入与城市空间形态相关的变量。

第三，通过城市布局，建筑物形态等影响空气流动，进而影响空气中污染物的扩散方式。城市形态通过很多方面的特点影响到空气流动和污染物的扩散，如街道布局、土地利用类型。建筑物能耗（Ewin and Rong，2008）和形态（She et al.，2017）等也是影响的途径之一，如建筑物的整体高度起伏变化会影响空气流动以及污染物扩散（Blocken，2014），甚至建筑物上烟囱的高度也会影响到污染物的沉积与扩散（Tominaga and Stathopoulos，2013）。另外，土地利用方式也是城市形态的重要衡量指标之一。不同的土地利用形式会对空气污染产生不同的影响。但是关于土地利用方式对空气质量的影响，学者的研究结论不一。有的学者认为，城市中的土地利用混合程度越高，产生的空气污染会越少，因为较高程度的土地混合利用意味着职住平衡，人们的生产和生活在一定的区域内就可以实现，这样就减少了对交通的需求，如前所述，也会相应地减少因车辆尾气排放而造成的空气污染。但也有学者认为，综合而言，土地利用类型对污染没有显著的影响。因为土地利用对空气污染的机制很复杂，有多种途径，而影响的方向不一，可能会造成最终的作用中和，使最终土地利用对空气污染的影响不显著。例如，硬币的另一面是：土地利用混合度越高，城市的格局更复杂，使交通更容易产生混乱，从而加重堵车等现象，降低交通效率，增加同样里程下的交通时间、油耗，会产生更多的尾气污染。但混合利用程度越高，人们去到各个目的地的行驶里程会减少，这样可能会抵消由于交通拥堵而产生的尾气排放。

（二）城市雾霾的测量

通过设计城市雾霾和城市形态的定量评价指标，收集我国30个省会城市和直辖市的数据，主要数据来源于《中国城市统计年鉴》，再结合遥感计算和地理信息系统分析，共同确定了城市雾霾和城市形态的定量指标。鉴于数据的可获得性，特别是城市遥感数据，选择了2000年、2007年、2010年作为测量样本。

雾霾是大气污染的一种，指空气中的灰尘、硫酸、有机碳氢化合物等大量极细微的"干尘粒子"均匀地浮游在空中，使空气混浊，视野模糊并导致能见度恶化。选取PM10作为城市雾霾的主要测量指标，但是中国的统计年鉴中只记录了30个样本城市在2007年和2010年的数据，2000年的数据没有记录，因此，采用Aerosol Optical Depth（AOD）数据进行替代。AOD是指气溶胶粒子对太阳光的的吸收和散射的总消弱程度。由于卫星遥感具有区域尺度的优点（张浩、邓学良、石春娥，2015），可以提供大范围的大气气溶胶检测结果，甚至对特定区域进行扫描（王伟齐等，2015），所以基于卫星遥感获取AOD数据。AOD与特定地区的PM值的关系在文献中被广泛探讨，研究表明AOD和特定区域的平均PM值关系密切（Schaap et al.，2009；Song et al.，2009），因此，选用AOD替代PM值是可取的选择。具体数值的计算过程如下：在1999年和2002年发射的地球观测系统极轨卫星Terra和Aqua均载有对地观测仪器——中等分辨率成像光谱仪（MODIS）。MODIS在一到两天的时间能可获取一次全球观测数据，分布在36个光谱波段。MODIS气溶胶产品（MOD04/MCD04）会提供每天海洋和陆地的AOD数据。MOD04/MCD04的Level2（二级）气溶胶产品分辨率为星下点10km。基于中分辨率成像光谱仪（MODIS），并借助地球观测系统和极轨卫星，获取1999年和2002年的基础数据。MODIS的设计是每1～2天进行一次全球覆盖，有36个波段。MODIS对大气中气溶胶（MOD04/mcd04）的识别可以包括日常环境、海洋和陆地。对mcd04 MOD04/2级，在最低点10×10空间分辨率的水平上进行采集。针对30个样本城市的数据，采用0.550μm检索到的AOD。2000年的mod04_12日常数据用于计算年平均AOD在我国30个主要城市的分布情况。然而，值得注意的是，由于对使用MODIS气溶胶数据在陆地气溶胶反演算法方面，会受到天气状况和固有技术局限性的影响，导致MODIS气溶胶产品经常出现缺失值（Gupta and Patadia，

2008）。因此，为了估计一个特定城市的平均 AOD，首先选择“有效”像素，它们会在一年内提供超过 100 次的 AOD 特征值，并计算这些像素的平均 AOD 值。

基于既有的研究文献，设计了两个评价城市空间形态的定量指标，包括伸延率（elongation ratio，ER）和紧凑度（urban compactness ratio，CR）。城市的伸延率用于衡量城市的蔓延水平，根据 Webbity（Haggett，1997）公式进行计算：

$$ER = \frac{L}{L'} \tag{4-1}$$

其中，L 指城市用地的最长轴长度，L′指城市用地的最短轴长度。城市区域的扩张程度越高，则城市的伸延率就越大。城市区域是基于遥感技术进行测量，30 个城市的影像资料数据，包括 2000 年、2007 年和 2010 年，运用于城市区域的解译，所借助的方法是 ERDAS IMAGING 9. 1 和 ArcGIS9. 3，在分析的过程中，结合使用了自动图片解译（automated photo - interpretation）和人工解译，共同确定建成区的面积。还使用了红、绿和蓝三色分析法，并综合使用了城市街道地图和城市行政区划图，以最终识别建成区，有效区别城市用地和非城市用地。城市紧凑度的测量指标包括 Newman 和 Kenworthy（1989）提出的城市密度指标，Schwarz（2010）和 Burton（2002）的研究结论表明城市形态是一个复杂指标，Thinh 等（2002）提出了一个计算城市紧凑度的公式：

$$T = \frac{\sum \frac{1}{c} \frac{Z_i Z_j}{d^2(i,j)}}{N(N-1)/2} \tag{4-2}$$

其中，T 可以被视为城市的紧凑度，Z_i 和 Z_j 代表建设用地面积；$d^2(i, j)$ 表示网格 i 和 j 之间的欧氏距离；c 为常数（通常是 100 平方米）；N 表示在研究区的总格数。T 值与城市建设空间的紧凑度呈正相关关系。在实践中，它是简化的栅格化的城市土地利用数据，或者更常见的是利用遥感数据进行的分类。利用 T 可以反映城市建设用地空间的紧凑性。然而，在比较不同城市时，由于 D 的分母大于 z，T 对城市建设用地的本质是敏感的，即大城市通常有小的 T，反之亦然。为了便于城市间的比较，规范化的紧凑指数（NCI）是可行的，考虑到这些变化，NCI 是通过 t 除以最大的紧凑性的圆形城市的面积与给定的城市相同，并计算如下：

$$NCI = \frac{T}{T_{max}} = \frac{M(M-1)}{N(N-1)} \times \frac{\sum_{i=1}^{n}\sum_{j=1}^{n}\frac{Z_iZ_j}{d^2(i,j)}}{\sum_{i'=1}^{n}\sum_{j'=1}^{n}\frac{S_{i'}S_{j'}}{d'^2(i',j')}} \qquad (4-3)$$

其中，T_{max}为圆形城市下城市的紧凑度；$S_{i'}$、$S_{j'}$分别为网格 i′、j′的面积，d′为网格 i′、j′之间的欧氏距离，M′为圆形城市下网格的个数。NCI 的范围在 0 ~ 1，对于一个有固定区域的城市，NCI 越接近 1，表明城市的形状更接近圆形。使用陆地卫星 TM 和 ETM 图像作为数据源，研究的城市分别被划分为建设用地和非建设用地。建设用地范畴被进一步分为建筑（如住宅、商业、服务和公共设施）、交通和其他土地利用类型；非建设用地也被进一步分为子类（水体、湿地、林地、荒地等）。

（三）城市雾霾与城市形态的关联机理

（1）面板模型的构建。在明确了城市形态和雾霾的定量评价指标以后，采用面板分析模型定量分析两者之间的关联机理。以城市雾霾作为被解释变量，城市的紧凑度和城市的伸延率作为主要的解释变量，并引入控制变量，构建如下面板分析模型：

$$y_{it} = \alpha_i + \beta' x_{it} + \gamma' z_{it} + \mu_{it},\ i=1,\ \cdots,\ N,\ t=1,\ \cdots,\ T \qquad (4-4)$$

其中，i 表示 30 个样本城市（包括省会城市和直辖市），t 表示年份 2000 年、2007 年和 2010 年。α_i为截距项，β 和 γ 是 k×1 阶相关系数矩阵，β′和 γ′是其转置，x_{it}和 z_{it}是解释变量，包括城市形态变量和控制变量，y_{it}是被解释变量城市雾霾。μ_{it}是随机误差项。面板模型已经被广泛而且成功地运用于各类研究领域中（Mainardi，2005；Mikhad and Zemcik，2009）。为了准确地分析城市雾霾和城市形态的关系，有必要引入控制变量，对控制变量的选择，主要是基于在理论和实证研究方面，表明与城市空气质量密切相关的因素，同时还考虑了变量数据的可获得性。最终选择的控制变量包括城市人口数量（Lai and Cheng，2009）、建成区绿地覆盖率（Li et al.，2012）、电力消耗量、SO_2排放量（Xie，2014）、工业产出值、建成区面积、公共交通（百万人拥有公交数量）以及是否有供热系统（Zhang，2014）。数据均来自《中国城市统计年鉴》（2000 年、2007 年和 2010 年）。城市供热系统为虚拟变量，一些南方城市没有集中供热系统的为0，一些北方城市具有集中供热系统的则为1。控制变量的描述性统计分析详见表4-1。

表4-1　　　　模型控制变量一览表

变量名称	年份	均值	最大值	最小值	标准差
城市人口数量（百万）	2000	2.32×10^2	923.19	45.43	195.95
	2007	4.21×10^2	1510.99	87.97	348.89
	2010	4.37×10^2	1542.77	91.42	357.18
建成区绿化覆盖率（%）	2000	30.16	44.8	11.4	8.00
	2007	35.03	60.42	5.55	9.54
	2010	38.78	47.68	26.35	4.27
耗电量（百万kWh）	2000	9.39×10^5	5.32×10^6	1.19×10^5	1.22×10^6
	2007	1.82×10^6	9.90×10^6	2.82×10^5	1.97×10^6
	2010	2.28×10^6	1.15×10^7	3.52×10^5	2.42×10^6
SO_2排放量（吨/平方公里）	2000[a]	40.16	144.5	0.01	38.97
	2007[b]	1.24×10^5	6.73×10^5	174	1.26×10^5
	2010[b]	1.01×10^5	5.86×10^5	103	1.03×10^5
建成区面积（平方公里）	2000	1.73×10^2	550	34	118.79
	2007	3.31×10^2	1226	64	261.37
	2010	3.80×10^2	1350	43	285.69
工业总产值（百万元）	2000	7.61×10^6	5.22×10^7	4.73×10^5	9.85×10^6
	2007	2.58×10^7	1.84×10^8	1.46×10^6	3.76×10^7
	2010	3.92×10^7	2.38×10^8	3.07×10^6	5.01×10^7
百万人公交车（-）	2000	9.3	27.6	3.2	5
	2007	11.25	22.02	4.87	3.68
	2010	13	21.12	4.16	3.76
供暖系统（-）		0.5	1	0	0.51

注：[a]SO_2排放量（吨/平方公里）；[b]工业SO_2排放量（吨）。

针对面板分析模型，样本的数量越多，模型的统计效果越好（Hsiao，2003）。Steyerberg等（1999）认为选择性误偏会随着样本量的增加而降低，Peduzzi等（1996）的研究表明每个变量应该至少对应10个样本，在上述模型中，样本数量为90（30个城市乘以3年），最多可对应9个解释变量，因此，构建最初包括所有变量的模型，然后逐一淘汰不显著的变量，最终获得最佳的模型。

（2）城市雾霾的测量结果。如表4－2所示，选定的30个样本城市，2000年，以AOD平均值代替PM值，2007年和2010年则以PM10为城市雾霾的衡量标准。表4－2中的AOD和PM10数据被归一化到最大值，以便所有值从0到1不等，数据进一步分为三类，分别表示低、中、高值。归一化的气溶胶光学厚度的平均值为0.13。大多数城市的年平均气溶胶光学厚度范围是0～0.29，两个北方城市（北京和沈阳）则是0.30～0.40，四个城市有0.50以上的值（包括济南、天津、西安和郑州）。城市PM10平均值为0.10，大部分城市年均PM10为0.09～1，其中有7（2007）和9（2010）个城市为0.04～0.08，5（2007）和3（2010）个城市的值均在0.13以上。

表4－2　城市气溶胶光学厚度和PM10统计结果

类别	城市
气溶胶光学厚度（2000年）	
0.00～0.29	重庆；福州；广州；贵阳；哈尔滨；海口；杭州；合肥；呼和浩特；昆明；兰州；南昌；南京；南宁；上海；石家庄；太原；武汉；乌鲁木齐；西宁；银川
0.30～0.40	北京；沈阳
0.50～1.00	济南；天津；西安；郑州
PM10（2007年）	
0.04～0.08	福州；广州；海口；呼和浩特；昆明；南昌；南宁；长春；长沙；成都；重庆；贵阳；杭州；合肥；哈尔滨；济南；南京；上海；沈阳；太原；天津；武汉
0.09～0.12	西宁；银川；郑州
0.13～1.00	北京；兰州；石家庄；乌鲁木齐；西安
PM10（2010年）	
0.04～0.08	长沙；福州；贵阳；海口；呼和浩特；昆明；南宁；上海；广州
0.09～0.12	北京；长春；成都；重庆；哈尔滨；杭州；合肥；济南；南昌；南京；沈阳；石家庄；太原；天津；武汉；西宁；银川；郑州
0.13～1.00	兰州；乌鲁木齐；西安

（3）城市形态的测量结果。如表4－3所示，2000年、2007年和2010年，30个城市的紧凑度和伸延率的计算结果，这两个指标在2007年到达峰值（城市紧凑度的平均值为0.24，城市伸延率的平均值为4.07）。城市的紧凑度主要集中在0.16～0.45（2007年有24个；2010年有21个），相比较而言，在2000年只有15个。在城市的伸延率方面，有着同样的趋势，更多的城市伸延

率在3.00以下（2007年有15个），2000年只有2个城市的值在3以上，而2010年只有1个城市的伸延率在3.00以上。

表4－3　　城市形态指标的计算结果

类别	城市
紧凑度（2000年）	
0.05～0.15	北京；重庆；广州；贵阳；杭州；兰州；南京；天津；乌鲁木齐；西宁；银川
0.16～0.20	福州；海口；济南；南昌；上海；沈阳；武汉
0.21～0.45	长春；长沙；哈尔滨；合肥；呼和浩特；昆明；南宁；石家庄；太原；西安；郑州
紧凑度（2007年）	
0.05～0.15	重庆；广州；贵阳；合肥；天津；武汉
0.16～0.20	福州；南京
0.21～0.45	北京；长春；长沙；成都；哈尔滨；海口；杭州；呼和浩特；济南；昆明；兰州；南昌；南宁；上海；沈阳；石家庄；太原；乌鲁木齐；西安；西宁；银川；郑州
紧凑度（2010年）	
0.05～0.15	北京；广州；兰州；南京；太原；天津；武汉；西宁。贵阳
0.16～0.20	长春；长沙；济南；昆明；南昌；沈阳；乌鲁木齐；银川；成都；
0.21～0.45	重庆；福州；哈尔滨；海口；杭州；合肥；呼和浩特；南宁；上海；石家庄；西安；郑州
伸延率（2000年）	
1.00～2.99	北京；长春；长沙；成都；重庆；福州；广州；贵阳；哈尔滨；海口；合肥；呼和浩特；济南；昆明；郑州；南昌；南京；南宁；上海；沈阳；石家庄；太原；天津；武汉；乌鲁木齐；西安；西宁
3.00～4.00	兰州；银川
4.01～16.99	—
伸延率（2007年）	
1.00～2.99	北京；长春；成都；贵阳；哈尔滨；海口；昆明；南昌；上海；沈阳；石家庄；西安；西宁；郑州
3.00～4.00	长沙；广州；合肥；济南；南京；南宁；太原；武汉；杭州
4.01～16.99	重庆；福州；呼和浩特；兰州；天津；乌鲁木齐；银川
伸延率（2010年）	
1.00～2.99	北京；长春；长沙；成都；重庆；福州；广州；贵阳；哈尔滨；海口；杭州；合肥；呼和浩特；济南；昆明；南昌；南京；南宁；上海；沈阳；石家庄；太原；天津；武汉；乌鲁木齐；西安；西宁；银川；郑州
3.00～4.00	—
4.01～16.99	兰州

（4）面板模型计算结果。面板模型有多种形式，为了选择合适的模型，使用面板数据分析前，需要采用各种统计检验方法用于模型的筛选，包括固定效应试验（RFE）、Hausman 检验、Breusch Pagan 和 Lagrangian Multiplier（BP－LM）试验。RFE 试验表明，混合模型比固定效应模型（$P>0.05$）（Hausman，1978）合适；Hausman 检验表明，随机效应模型优于固定效应模型（$P>0.05$）（Hausman，1978）。所有模型中的因变量均是标准化的城市雾霾指标。从模型 1 中的所有变量开始，剔除不显著的变量，直至得到一个简洁的模型（模型 3）（见表 4－4）。简洁模型有 7 个预测变量（紧凑度 CR、伸延率 ER、建成区绿化覆盖率、电力消耗、二氧化硫排放量、工业产值和百万人口的公车量）。

表 4－4　　面板模型分析结果

被解释变量 = 城市雾霾			
解释变量	模型 1	模型 2	模型 3
城市紧凑度（CR）	0.56 (3.67)*	0.57 (3.12)*	0.47 (2.50)*
城市伸延率（ER）	0.42 (3.31)*	0.42 (2.69)*	0.42 (2.52)*
城市人口数量	−0.07 (−0.29)		
建成区绿化覆盖率	−0.96 (−4.47)*	−0.96 (−3.65)*	−1.09 (−4.04)*
电力消耗	0.75 (4.80)*	0.74 (4.20)*	0.86 (4.91)*
SO_2 排放量	0.69 (33.63)*	0.69 (27.46)*	0.69 (25.53)*
建成区面积	0.41 (1.68)	0.37 (1.44)*	
工业总产值	0.52 (3.79)*	0.53 (3.25)*	0.41 (3.24)*
百万人公交车量	−0.51 (−3.18)*	−0.47 (−2.76)*	−0.48 (−2.56)*

续表

被解释变量＝城市雾霾			
解释变量	模型 1	模型 2	模型 3
供热系统	0.19 (1.59)	0.19 (1.32)	
模型检验指标			
Adjusted R－squared	0.848	0.850	0.852
S. E. of regression	1.206	1.198	1.192

注：* 5%的显著水平。

如表 4－4 所示，城市紧凑度（CR）与城市雾霾呈正相关关系（标准化的 AOD/PM10）。与其他国家相比，中国的城市人口密度很高（Kenworthy and Hu，2002），而城市基础设施投资相对有限，城市环境承载力已经达到极限（Jenks and Burgess，2000）。根据 Zhou 等（1983）以及 Li，Ran 和 Tao（2008）的研究，城市紧凑度和城市气溶胶的相关性也在情理之中，人口密度较高的城市交通不一定是以行人为导向的，如在北京等大城市属于人口密集地区，气溶胶和 PM 的排放量一般高于人口密度较低的地区。2012 年，我国的机动车辆数达到 2.33 亿，与 2011 年相比，上升了 3.67%[①]。城市化进程的发展和城市的机动车化，以及由此不断延伸的城市交通道路网，使城市的环境系统难以可持续发展（Qureshi and Lu，2007）。机动车尾气污染在我国非常严重，大城市的空气质量由于光化学烟雾而恶化，这是典型的车辆污染（He，Huo and Zhang，2002）。根据中国科学院的研究，北京 20%～30% 的雾霾是由汽车尾气排放造成的。如引言中所述，紧凑城市地区可能是通过增加家庭供暖、食物准备以及烟雾罩的形成引起雾霾。控制变量“建立绿地覆盖率”和“每百万人的巴士数”与城市雾霾呈负相关，体现了降低城市紧凑度对城市雾霾影响的两种可能方式。这些变量的增加就意味着减少市区的人口密度和车辆。

城市伸延率也与城市雾霾呈正相关关系。Martins（2012）阐述了葡萄牙波尔图地区的城市扩张指数（类似于城市伸延率）对 PM10 的影响比城市紧凑性指数更大。然而，在我们的研究中，城市雾霾似乎与选择的城市紧凑度和伸

① http：//www. chinairn. com/news/20120718/936214. html.

延率的相关关系相同。在中国，与城市延伸有关的一个重要方面是工业园区"开发区"在城市外围的快速聚集（Lian，2011）。Hao，Cao 和 Wang（2013）的研究发现，产业集聚水平与城市集聚水平呈正相关。He 等（2012）发现工业气溶胶和土壤粉尘可能是影响北方城市雾霾的两个主要因素。

考虑到2000年、2007年和2010年城市形态参数的快速变化，这在很大程度上归因于中国的"被动城市化"和"主动城市化"两种城市化路径。被动城市化是指政府将农村人口在户籍上转变为城市人口（Yu，Yang and Xiong，2013；Zhang and Gu，2006），修建安置房，这在一定程度上会导致城市蔓延。被动城市化是为了扩大工业和城市区域（Lin，2007），许多来自城市内部的工业企业迁移到这些外部工业园区/开发区，导致这些地区的工业污染增加（He，2007）。1984～2005年，中国建成区面积从8842平方公里大幅增至32520平方公里，增长了260%（中国国家统计局，2006）。这些事实可以解释控制变量中看到的一些趋势。工业总产值与城市雾霾呈正相关关系，与工业园区的增长/延伸率相对应。同样，二氧化硫的排放和耗电量也与雾霾的增加相对应，雾霾的增加通常与燃煤和其他工业过程有关，预计随着工业园区的不断发展，雾霾将愈加严重。

二、城市形态与城市二氧化碳效率

从2006年起，中国成为全世界最大的二氧化碳排放国（Netherlands Environment Assessment Agency，2007），其中的重要原因之一就是我国快速的城市化进程，以及与之伴随的环境压力（Baumler et al.，2012）。城市化和气候变化的影响正以"祸不单行"的危险方式趋同，严重威胁着世界的可持续发展（Global Report on Human Settlements，2011），越来越多的证据表明全球气候变化的加速，例如，美国国家海洋和大气管理局（NOAA）① 指出气候变暖趋势、海洋表面温度和海洋热含量持续上升，这与政府间气候变化专门委员会（IPCC）② 的结论也一致。气候变化对发展中国家的不利影响更为显著（Delaney and Shrader，2000）。因此需要国家乃至全球层面上共同努力解决此问题，

① http：//www. noaa. gov/.

② http：//www. ipcc. ch/.

这对各城市地区来说也是一项非常严峻的挑战（Global Report on Human Settlements, 2011）。

（一）研究现状分析

根据 Boswell 等（2012）的调查研究，城市区域消耗了世界 75% 的能源，同时排放了 80% 的温室气体，尤其是城市扩张导致汽车使用率上升，对城市区域气候变化有显著影响（Bart, 2010; Roshan et al., 2010）。然而，越来越多的证据表明，空间紧凑的城市发展可以通过减少二氧化碳排放来减缓全球变暖。例如，关于土地使用和汽车驾驶的研究表明，与郊区边缘的居住、工作场所和其他目的地相比，空间紧凑发展减少了 20% ~40% 的驾驶需求（Ewing et al., 2007）。如紧凑型和低碳型等城市规划类型，受到与气候变化有关的多种风险和机遇的挑战，这些风险和机遇需要采取不同的措施和评价。这一点在中国尤为重要。中国既是全球最大的能源消费国，也是最大的二氧化碳排放国家（Gregg et al., 2011）。紧凑型城市是一种城市规划和设计理念，其目标是在混合土地使用的情况下实现相对高密度的发展模式，它以高效的公共交通系统为基础，具有鼓励步行和骑自行车、低能耗和减少污染的城市布局，它也可以说是一个比典型的城市扩张更可持续的城市发展规划理念（Jenks and Burgess, 2000; Williams et al., 2000; Dempsey, 2010）。此类型规划方案的主要优点，包括通过对开放空间的保护来发展低碳城市，通过提供更多的体力活动机会改善人民健康，以及增加道路和其他基础设施来节约能源（Ewing, 2007）。低碳城市规划包含比紧凑城市规划更广泛的倡议（Lv, 2005; Yu and Lv, 2010），它旨在促进如城市功能的强化、公共交通的使用和有效的能源使用等措施，以鼓励城市转向低碳生产、低碳消费和低碳生活方式（Zhang and Hu, 2010; Liu and Wang, 2012）。中国政府高度重视低碳城市规划，鼓励紧凑型城市政策提高城市 CO_2 效率（Liu and Lu, 2010）。尽管如此，关于城市的紧凑性和城市二氧化碳效率之间的关系却鲜有研究。

虽然有各种各样的城市紧凑性指标，但是对于指标的选择则取决于可用的数据和研究的需要。城市紧凑度最常用的测量方法与密度有关（Alexander and Reed, 1988; Newman and Kenworthy, 1989; Burton, 2002）。然而，根据 Burton（2002）的研究，在政策效果的评价研究方面，城市土地的再利用，而非新开发土地的密度，已经成为城市紧凑性的关键指标。Burton（2002）描述了在英国25个城镇进行的社会可持续成果调查中，使用的大量城市紧凑性指标的发展情况。Huang等（2007）采用最大斑块的紧凑指数进行全球比较研究。类似地，Song（2005）开发了一系列更加详细的指标（街道设计和循环系统、密度、土地利用组合、可达性和行人通道）来研究城市增长管理的影响。最近，Schwarz（2010）的一项研究分析了包括欧洲231个城市的景观指标以及与人口有关的指标，均可用于城市空间紧凑度的评价。

与城市紧凑性相似，城市二氧化碳效率概念一直是众多研究的焦点，并提出了若干指标和定义。从广义上来看，城市二氧化碳效率是指在二氧化碳排放方面获得的收益或其他有益产出（Tahara et al.，2005）。Tahara等（2005）定义了总二氧化碳效率以及直接和间接二氧化碳效率，他们还对某些指标（生产者价格、成本、总附加值、直接和间接二氧化碳排放）的二氧化碳效率进行了描述。Gallachoir（2004）通过使用每公里行驶的二氧化碳排放量来比较汽车的二氧化碳效率。为了计算工业CO_2效率，Rao等（2011年）将能源消费作为投入，将二氧化碳排放当作产出。Perkins和Neumayer（2011）将一国的二氧化碳排放效率定义为国内生产总值与二氧化碳排放量的比值。在中国，根据Pan（2002）和Hu（2008）的研究，二氧化碳排放效率应该包括经济效率和社会效率。Chen和Zhu（2011）建立了理论框架，他们提出了一个对数平均指数（LMDI）模型，将人类发展指数（寿命、教育和收入指数）和人均GDP作为产出指标，人均二氧化碳排放量作为投入指标，这与Zhu和Liu（2011）的研究类似。

可以看出，衡量城市紧凑度和城市二氧化碳效率的指标有很多不同的解释，最终的选择取决于研究的目的。在中国和其他国家，对城市紧凑度与二氧化碳效率的关系没有进行实证研究，我们将对两者的关联机理进行深入探索，以期奠定城市空间治理的基础。

（二）测量指标的设计

本书收集了我国26个省会城市和4个直辖市的数据，测量城市紧凑度和CO_2效率。由于拉萨和台北缺少数据，故没有将两者纳入研究。同样采用Cole（1960）提出的最小外接圆作为标准来衡量城市的空间紧凑度特征，30幅Landsat TM影像（1985年、1996年和2007年）被用来解释城市土地利用状况。采用图像处理软件（ERDAS IMAGING 9.1）和地理信息处理软件（Arc-

GIS 9.3）对数据进行处理。在此基础上，综合目译法、主题地图、行政边界地图，最终确定城市的边界。同时，根据 Guindon 等（2004）的研究结论，利用 RGB 颜色空间中 5、4、3 个流行的 TM 波段组合来识别城市用地和非城市用地（见图 4－1）。

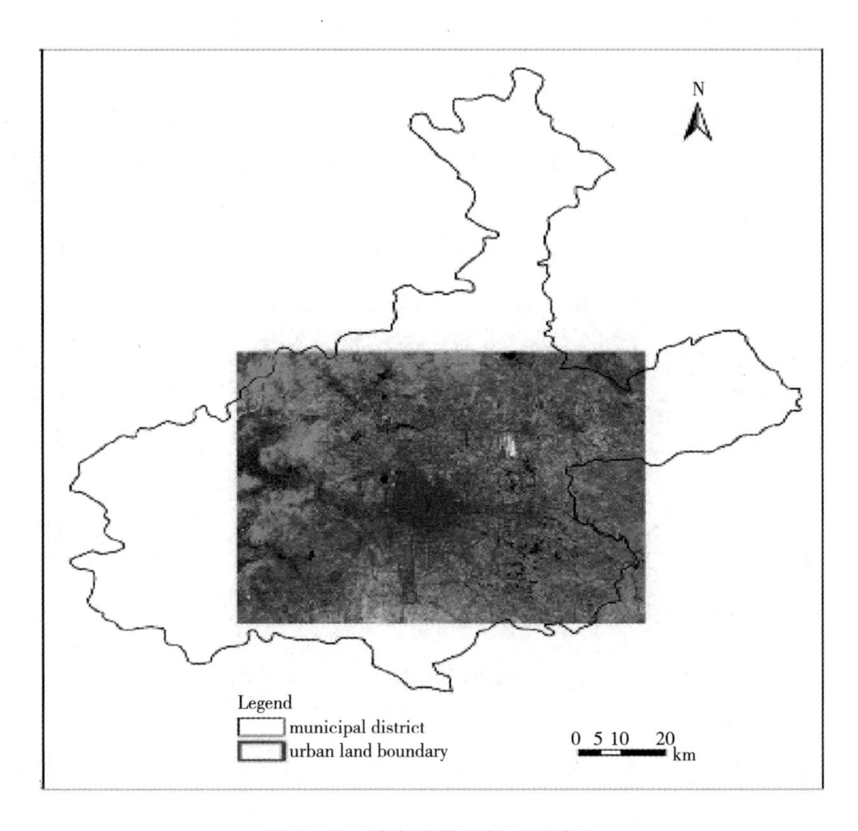

图 4－1 城市边界示例（北京）

城市二氧化碳效率指标由投入和产出指标的不同组合构成。为了设计城市二氧化碳效率指标，根据研究现状中提到的既有研究，制定了初步的指标列表，并且不考虑那些只用过一次的指标。而后，根据数据可得性和成本效益原则，选择最终的评价指标。投入指标为二氧化碳排放量（吨）。根据 IPCC（2007）和 Chung 等（2009）的研究，二氧化碳的排放主要是消耗了化石能源。因此，一个城市地区的二氧化碳排放总量应通过该地区的能源消耗来估算（Hu et al.，2004；Li and Li，2010；Liu et al.，2010；Wang et al.，2012）。计算公式为：

$$C_{it} = \sum E_{ijt}\eta_j \tag{4-5}$$

其中，C_{it}表示第i个城市在第t年的二氧化碳排放量估计值；E_{ijt}表示第i个城市在第t年的第j个能源消耗量，η_j是第j个能源的排放因子。根据《中国能源统计年鉴》可知，能源的使用可分为九大类：煤、汽油、柴油、天然气、煤油、燃料油、原油、电力和焦炭。遗憾的是，市区并不是中国能源统计年鉴中收集基本能源数据的行政单位，因此，本书的能源消费数据来自中国城市统计年鉴（1986年、1997年和2008年）。由于20世纪80年代到21世纪初的统计规定不同，九种能源的使用状况无法完全确定。在这种情况下，计算C_{it}的唯一选择是通过分析现有数据并在必要时进行估算。在本书的研究中，E包括煤炭、天然气、电力和液化石油气的消耗。根据中国国家发展和改革委员会（CNDRC）① 以及IPCC的建议，η_j可以较为容易地从报告的数据中计算出来。

城市二氧化碳效率的评估在判定经济活动对二氧化碳排放的效率方面起着关键作用。根据定义，城市二氧化碳效率是指一个城市所生产的（如就业和GDP）城市产品或服务与所排放的二氧化碳之比，包括CO_2经济效率和CO_2社会效率（Pan，2002；Hu，2008）。CO_2经济效率的目的是尽可能地减少CO_2排放，同时最大限度地提高城市经济效率的最大化。GDP通常被看作是产出的度量（Seppälä et al.，2005；Liu et al.，2012），与城市紧凑度有密切关系（Liu et al.，2012）；因此，CO_2经济效率可通过城市GDP与CO_2总排放量的比率来衡量：

$$CO_2 \text{ economic efficiency} = \frac{GDP}{\text{Total } CO_2 \text{ emissions}} \tag{4-6}$$

其中，CO_2社会效率旨在最大限度地降低CO_2排放量，同时最大限度地提高城市社会运行效率，以社会福利指标的比率来衡量。Lefeber和Vietorisz（2007）证明，通过抽象的理论论证来界定社会效率失败的可能性很大。然而，有人认为在联合国开发计划署制定的人类发展指标的帮助下，可以获得更有意义的社会效率概念，该指标与Chen和Zhu（2011）以及Zhu和Liu（2011）的研究相呼应。根据联合国开发计划署（UNDP）介绍章节中所提到的社会发展指标，包括三个最重要、最广泛和持续可得的指标：预期寿命、教

① 国家发改委于2010年公布了中国区域电网的基准排放因子，包括华北、东北、华东、华中、西北、华南和海南省。从而确定了30个城市不同的电力排放因子（http：//www.sdpc.gov.cn/）。直到最近，中国还没有公布其他排放因素，如煤气和液化石油气。因此，根据政府间气候变化专门委员会的研究，确定了排放因子。

育和收入指标，被定义为开发计划署人类发展指数（HDI）[①]。然而，由于城市不是中国的一个行政单位，因此中国人的预期寿命统计数据来自省级，但医生的人数与预期寿命有显著的相关性（SH，1994）。在这种情况下，选择指标的唯一方法是通过分析现有数据和必要时进行替代。因此，社会福利指标包括学生总数、平均每10000名医生的人数和雇员的平均收入，并对这些指标进行同等的加权：

$$CO_2\ \text{social efficiency} = \frac{\text{Social welfare indicators}}{\text{Total } CO_2 \text{ emissions}} \tag{4-7}$$

根据Preston和McLafferty（1999）以及Ham等（2001）的研究，城市形态与就业之间存在密切的联系，如低技能劳动者的城市空间错配，普遍存在以下两个方面：通勤容忍度和劳动力市场的分割，因此，员工的平均收入受到城市形态的影响。同时，城市形态也对教育和医疗产生影响（Schlossberg et al.，2006；Wilson，2008）。例如，在中国，城市的紧凑性影响学校和医院的分布（Luo，2005）与效率（Lu and Cao，2011）。最后，产出指标采用的是GDP和社会福利（平均每万名居民的医生人数、学生总数、雇员的平均收入）。所有数据均来源于《中国城市统计年鉴》（1986年、1997年和2008年）和《中国统计年鉴》（1986年、1997年和2008年）。

如表4－5所示，二氧化碳排放的平均总量在1996年达到峰值，而二氧化碳排放总量的标准差1985～2007年稳步上升。职工年平均收入、学生总数和GDP的平均值和标准差稳步增长，但平均每万名居民的医生人数，1985～2007年逐渐下降（详见表4－5）。

表4－5　　　城市 CO_2 效率评价指标

指标单位	平均值	标准差	极差
1985年			
投入指标			
二氧化碳排放总量（万吨）	332.06	400.92	1970.00
CO_2－电力	287.37	326.411	1670.00
CO_2－煤气	20.87	49.43	240.00

① “The Human Development concept.” UNDP. Retrieved 7 April 2012. “United Nations Development Programme.” Undp. org. 2013－05－26. Retrieved 2013－05－30.

续表

指标单位	平均值	标准差	极差
1985 年			
投入指标			
CO_2 -液化石油气	23.82	51.87	278.00
产出指标			
GDP（万元）	107.63	155.87	829.00
社会福利指标			
学生总数（万人）	36.01	21.48	85.40
平均每 10000 名居民的医生人数	51.77	9.11	36.45
职工年平均收入（元）	1280.64	157.00	582.70
1996 年			
投入指标			
二氧化碳排放总量（万吨）	4120.00	706.02	8085.20
CO_2 -电力	669.81	759.43	3870.00
CO_2 -煤气	24.75	43.18	228.00
CO_2 -液化石油气	11.46	11.04	43.00
产出指标			
GDP（万元）	2290.00	421.19	440.53
社会福利指标			
学生总数（万人）	53.59	38.56	161.00
平均每 10000 名居民的医生人数	49.27	9.68	51.43
职工年平均收入（元）	6901.67	173.24	7517.00
2007 年			
投入指标			
二氧化碳排放总量（万吨）	2224.20	2407.03	10800.00
CO_2 -电力	1864.30	2050.79	9650.00
CO_2 -煤气	325.47	712.99	3610.00
CO_2 -液化石油气	34.48	57.29	290.00
产出指标			
GDP（万元）	2790.21	2669.18	1846.39
社会福利指标			
学生总数（万人）	85.58	49.10	203.00
平均每 10000 名居民的医生人数	36.24	9.03	38.48
职工年平均收入（元）	27557.00	7153.79	29319.28

资料来源：《中国城市统计年鉴》《中国统计年鉴》《中国能源统计年鉴》。

表4-6给出了30个城市的空间紧凑度计算结果，从表中可以看出，除天津、呼和浩特、福州、兰州、西宁、银川外，2007年，城市紧凑度均大于1985年和1996年的紧凑值。1985年有93%的城市空间紧凑度在0.06~0.30，只有沈阳和哈尔滨在0.30以上。1996年有93%的城市空间紧凑度在0.10~0.40。同样，只有两个城市的空间紧凑度在0.40以上。然而，在2007年，大多数城市的紧凑度（83%）在0.10~0.50。

表4-6　　城市紧凑度

城市	紧凑度（1985年）	紧凑度（1996年）	紧凑度（2007年）
北京	0.1238	0.2123	0.5154
天津	0.2773	0.2015	0.1451
石家庄	0.2180	0.2607	0.4073
太原	0.2004	0.1455	0.3228
呼和浩特	0.2882	0.2882	0.1496
沈阳	0.3412	0.4834	0.4691
长春	0.2519	0.2731	0.4565
哈尔滨	0.3301	0.4875	0.4848
上海	0.0715	0.1035	0.5250
南京	0.0722	0.0912	0.3401
杭州	0.1288	0.1377	0.3813
合肥	0.1242	0.1751	0.2984
福州	0.1867	0.1878	0.1537
南昌	0.1085	0.116	0.399
济南	0.1200	0.2200	0.3245
郑州	0.2166	0.2395	0.4305
武汉	0.0785	0.0874	0.2962
长沙	0.1245	0.1089	0.5289
广州	0.1726	0.0989	0.2222
南宁	0.2251	0.2519	0.3467
成都	0.0853	0.0490	0.3506
重庆	0.0663	0.0692	0.2311
贵阳	0.0946	0.0985	0.1638
昆明	0.0935	0.1449	0.4408

续表

城市	紧凑度（1985 年）	紧凑度（1996 年）	紧凑度（2007 年）
西安	0.1883	0.2709	0.523
兰州	0.1678	0.1539	0.1125
西宁	0.2049	0.2427	0.1687
银川	0.2311	0.2264	0.2198
乌鲁木齐	0.1123	0.1123	0.2339
海口	0.2686	0.3551	0.4713

资料来源：USGS/NASA，Landsat Missions（1985 年、1996 年与 2006 ~ 2007 年）。

城市 CO_2 经济效率和 CO_2 社会效率的计算结果在表 4 - 7 中。平均 CO_2 经济效率 1985 ~ 2007 年逐渐增加（0.3208、0.6646 和 1.5036）。相反，平均 CO_2 社会效率则 1985 ~ 2007 年逐渐降低（0.5788、0.3938 和 0.1152）。1985 年，大多数城市的 CO_2 经济效率（80%）集中在 0.10 ~ 0.40；1996 年，大部分城市的 CO_2 经济效率在 0.40 ~ 1。2007 年，大多数城市的 CO_2 经济效率在 1 ~ 2.50，呼和浩特和长沙两个城市的经济效率在 2.50 以上。在 1985 年、1996 年和 2007 年，大多数城市的 CO_2 社会效率都在 0.10 ~ 0.80，只有四个城市（哈尔滨、呼和浩特、长沙和海口）在 0.80 以上。

表 4 - 7　城市的二氧化碳效率

	CO_2 经济效率（1985）	CO_2 社会效率（1985）	CO_2 经济效率（1996）	CO_2 社会效率（1996）	CO_2 经济效率（2007）	CO_2 社会效率（2007）
最大值	0.8423（杭州）	1.4047（海口）	1.3617（成都）	0.7461（成都）	3.3370（长沙）	0.21459（海口）
最小值	0.0818（银川）	0.1794（兰州）	0.1312（西宁）	0.1518（西宁）	0.2155（西宁）	0.0204（西宁）
平均值	0.3208	0.5788	0.6646	0.3938	1.5036	0.1152
标准差	0.1443	0.2599	0.2995	0.1542	0.7229	0.0508

（三）城市二氧化碳效率与紧凑度的面板模型

面板数据具有横截面和时间序列维度，应用该模型进行拟合分析具有显著的数据优势（Hsiao，2003），这为可能未观察到的异质性导致的偏差问题提供了解决方案。此外，利用面板数据还有可能揭示用横断面数据难以检测到的动态变化（Ahn and Schmidt，1995）。面板数据集通常有大量的观测数据，因此，面板数据越来越多地应用于实证研究（Alessie and Lusardi，1997；Mainardi，2005；Mikhad and Zemcik，2009）。该模型的方程如下：

$$y_{it} = \alpha_i + \beta' x_{it} + \mu_{it}, \ i = 1, \cdots, N, \ t = 1, \cdots, T \qquad (4-8)$$

其中，i 表示横截面的大小（30 个城市），t（1985 年，1996 年，2007 年）表示时间序列的维数，α_i是一个标量，β 是 k×1 向量，β′是 β 的转置，x'_{it}（城市紧凑性）是自变量观测值的 1×k 向量，y_{it}（CO_2经济效率或 CO_2社会效率）是个体 i 在时间 t 的因变量的观测值。μ_{it}表示其他因素的影响，这些因素不仅对单个单位是唯一的，而且对时间段也是唯一的，并且可以用具有零均值和同方差（σ2）的独立同分布随机变量来表征。为了选择合适的模型，采用 F 检验、冗余固定效应检验（RFE）、Hausman 检验以及 Breusch Pagan 和拉格朗日乘数（BP－LM）（1980）检验（见表 4－8）。

表 4－8　　模型检验结果

		统计值	d. f.	Chi－Sq. Statistic	Chi－Sq. d. f	Prob.
RFE	Cross－section F	1.5614	（29，59）	—	—	0.0738
	Cross－section chi－square	51.2603	29	—	—	0.0066
Hausman	Cross－section random	—	—	3.7203	1	0.0538
BP－LM	Prob > chibar2 = 0.1204	—	—	—	—	—

使用 EViews 和 Stata 软件进行计算，模型检验的结果列于表 4－8 中。RFE 试验表明，混合模型优于固定效应模型（P 值 > 0.05）（Hausman，1978），Hausman 试验表明，随机效应模型优于固定效应模型（P 值 > 0.05）（Hausman，1978）。最后，BP－LM 检验表明，混合模型优于随机效应模型（PROB > CHI2 = 0.1204 > 0.05）（Breusch and Pagan，1980）。因此，采用混合模型，如下所示：

$$\text{Ln}(co_2 \text{ economic efficiency})_{it} = \alpha + \beta' \text{Ln}(\text{urban compactness})_{it} + \mu_{it} \qquad (4-9)$$

$$i = 1, \cdots, 30, \ t = 1985, 1996, 2007$$

根据相同的方法，测试结果表明，固定效应模型对于探索 CO_2社会效率与城市紧凑性之间的关系是最好的（见表4－9）。

$$\text{Ln}(CO_2\ \text{social efficiency})_{it} = \alpha_i + \beta'\text{Ln}(\text{urban compactness})_{it} + \mu_{it} \quad (4-10)$$

$i=1, \cdots, 30, t=1985, 1996, 2007$

表4－9　　模型检验结果

		统计值	d. f.	Chi－Sq. Statistic	Chi－Sq. d. f.	Prob.
RFE	Cross－section F	1.72	（29，59）	—	—	0.04
	Cross－section chi－square	55.08	29	—	—	0.00
Hausman	Cross－section random	—	—	27.73	1	0.00

如表4－10所示，城市空间紧凑度与城市CO_2经济效率呈正相关。这表明城市空间紧凑度可能是提高城市CO_2经济效率的重要因素。根据Burton（2000）的研究成果，紧凑型城市的特点是人口密度较高，混合土地利用和步行导向的居住模式。城市紧凑度与城市CO_2经济效率呈现正相关关系，可以通过一些因果效应来合理说明。例如，根据Ewing等（2007）的研究，更紧凑的城市发展有助于人们居住在一些日常可以步行或骑自行车的距离范围内。与紧凑型城市的CO_2经济效率相关的其他一些潜在优势是人均城市基础设施建设所用的材料和能源较少，这包括减少管道长度、减少道路、减少人均暴露的墙面和屋顶面积、保存热量和能源，以及更多的多户住宅共享基础和资源。这些结论与Capello和Camagni（2000）的结论类似，他们认为城市空间紧凑度的增加促进了经济增长和更多的城市资源的有效利用。

表4－10　　城市紧凑率与CO_2效率的面板数据模型研究

因变量	自变量	相关系数	标准误差	t	Prob.
CO_2经济效率	城市紧凑度	0.34	0.05	7.36	0.00
CO_2社会效率	城市紧凑度	－1.02	0.17	－5.91	0.00

相反的是，计算结果表明城市空间紧凑度与城市CO_2社会效率呈负相关。这种相关性也可以通过城市紧凑性的一些因果效应来合理解释（Jenks and Burgess，2000；Kenworthy and Hu，2002）。与其他国家相比，我国城市人口密度高，基础设施投资有限，教育投资也低于许多其他国家。例如，1997年，我国教育投资仅占国民生产总值的2.50%，而印度为3.20%，美国为5.4%（Li and Wang，2004)，尽管到2007年，这一比例已增至2.86%[①]。我国公共卫生投资占GDP的比例为5.30%，低于世界平均水平（5.7%）。另一个有趣的现象是居民收入增长低于国家财政增长（Li，2011），这主要是由于中国收入分配制度扭曲造成的（Cai，2010）。此外，根据Richardson等（2000）的研究，中国城市土地高水平的混合使用伴随着各种社会环境问题。由城市化迅速发展而导致的城市人口集聚，城市密度过高，与此同时城市的公共服务投资有限，在这种情况下，总体效应是导致城市发展的不可持续。

以上分析可以看出，城市的空间并不是越紧凑越好，空间紧凑的城市设计需要一个重要的权衡。紧凑型城市的资源利用效率更高，但由于公共服务投资有限和人口密度过高，紧凑性带来的效益可能会被抵消，取而代之的是空间紧凑性导致的“拥堵效应”。因此，从高效率城市空间规划的角度来看，这意味着需要协调城市的空间紧凑性和人口密度之间的比例，并提高城市公共服务投资的水平。

三、城市形态与城市环境支出效率

在城市发展过程中，凸显出各种环境污染问题。党的十五大提出实施可持续发展的战略；党的十六大提出要在科学发展观指引下走新型工业化发展道路，发展低碳经济、循环经济，建立资源节约型、环境友好型社会；党的十七大明确并强化建设生态文明的新要求，强调要在经济发展过程中确保资源利用效率、生态环境质量和社会可持续发展能力的提升；党的十八大将生态文明建设放在了更高的国家战略层面，要求将生态文明作为一种生产要素为经济、社会、文化、政治和谐发展以及实现美丽中国的可持续发展做出贡献。我国城市化进程逐渐加快，人们对于城市发展的质量有了更多的关注和更高的要求，但是，在城市实际发展的过程中，往往伴随的是环境污染、资源浪费、城市雾霾、生态失衡等恶果。那么城市应如何走一条可持续发展的城市化道路呢？究竟何种城市形态才是最有利于城市环境的呢？这些都是值得研究的问题。本节的研究目的便是致力于探究城市形态对城市环境支出绩效的影响，从而推进城市环境的可持续发展，提高城市环境管理效率，满足人们日益提高的对优美生

① http：//baike. baidu. com/view/657774. htm.

态环境的需求。在综合经济学、管理学、城市规划学等学科的基础上，借助遥感和地理信息系统、面板数据分析等工具，对我国城市环境支出绩效进行评估，依据分析结果，判断哪些城市的环境管理具有相对有效性，哪些城市的环境支出绩效需要提高和改善。设计城市形态的定量评价指标，引入多个控制变量，构建合适的面板数据分析模型，试图探讨不同的城市形态特征对城市环境支出绩效的影响，以此为依据，提出优化城市环境管理支出、提升城市环境支出绩效以及合理规划城市空间，实现城市的可持续发展方面提供决策基础。紧紧围绕各大城市在环境管理方面可能存在的问题，进行深层次的剖析并提出相应的解决方案，有利于我国整体和区域的生态文明和经济建设以及社会和谐，有助于提升城市环境支出绩效和完善城市空间发展模式。主要的研究意义体现在以下两个方面：

（1）理论意义。解析了城市形态对城市环境支出绩效的影响机理。众多学者都对城市形态和城市环境支出绩效分别进行了有益的探索和研究，但是不同的城市形态特征对城市环境有着不同的影响，将两者联系起来探究城市形态对城市环境支出绩效产生何种影响的研究甚少，因此，现有的研究成果未能全面满足我国城市在快速城市化时期提高城市治理和规划的需求。为此，以我国主要城市（直辖市和省会城市）为研究对象，收集时间序列数据，运用面板模型探究城市形态对城市环境支出绩效的影响机理，有助于更好地从城市形态的视角分析影响城市环境支出绩效的作用机理，为提升城市环境管理水平，规划符合可持续发展的城市空间奠定坚实的理论基础。

（2）现实意义。生态文明建设与城市化发展质量是衡量当前城市经济建设的关键指标，但是两者之间的矛盾也越来越明显。一方面，2016 年我国城市化率达到 57%，预计到 2020 年将达到 58% ~60%，城市化进程逐渐加快，城市形态的变动将对环境、经济、交通以及公共服务产生重要影响；另一方面，资源环境约束对城市化的发展具有一定的制约作用。对城市环境支出绩效进行评估，通过对指标的评价与比较，将不同城市之间、城市不同时期之间的环境绩效进行对比，可以发现城市在发展过程中的环境治理效果，及时发现问题，针对性地采取措施，不断增强城市环境支出绩效和综合竞争力。分析每个城市不同时期的形态特征，便于揭示城市形态特征的演变规律。研究城市形态对城市环境支出绩效的影响机理，揭示城市形态对城市环境支出绩效的影响，并从城市形态的合理规划方面提出促进城市环境支出绩效提高的空间治理措施，为城市的经济社会发展、城市规划等方面提供参考，并且对我国可持续发展战略的实施和城市化的健康发展都有着极为重要的意义。

（一）研究现状分析

城市环境支出效率和城市形态的研究成果颇多，分别从城市环境支出绩效、城市形态两个方面进行文献分析，为本书研究提供理论支撑。城市环境支出效率部分包括环境绩效的概念、实证研究以及影响因素三个方面内容。

1. 环境绩效研究现状

（1）环境绩效的概念。环境绩效的概念最早出现于20世纪60年代末的美国，20世纪90年代与之相关的研究逐渐丰富，最初主要研究方向基于企业层面展开，区域层面的环境绩效研究则始于1991年的OECD环境绩效评估项目。2008年耶鲁大学环境法律与政策中心发布了《环境绩效指数报告》，以指数形式定量表征了133个国家的环境绩效，有力地推动了环境绩效评估在区域层面的应用。而我国的环境绩效研究于2000年前后兴起，在之后的研究中也逐渐拓展到了区域层面。随着国内外学者对环境绩效的深入研究，学术界对环境绩效含义的界定逐渐丰富却不尽相同，主要是因为研究的对象和目的不同。针对区域环境绩效的研究，学者对环境绩效的定义主要有两种：一种是学者广义地指出环境绩效反映的是什么，例如，王金南等（2009）认为环境绩效反映的是环境政策实施后所取得的环境效果；曹东等（2008）认为环境绩效的实质在于环境目标的实现程度，或是人们在改善环境质量方面所取得的成绩。另一种则是学者从计算的角度给出环境绩效的内涵，学者普遍将环境绩效定义为特定的决策单元（Decision - making Unit，DMU）在投入要素相同的前提下，其产出水平与生产前沿面产出水平的比率，生产前沿面是所有在相同投入要素下生产最多期望产出和最少非期望产出的DMU构成。当DMU处于生产前沿面上时，表明该DMU的城市环境绩效达到最大，反之，DMU的城市环境绩效水平越低，则表明它离生产前沿面越远（国涓、刘丰、王维国，2013；周智玉，2016）。此外，Reinharda和Thijssen（2000）认为环境绩效是指多个有害投入的最小可能值与实际使用量之间的比值。Kortelainen（2008）则将环境绩效看作是价值增加值与由此带来的环境破坏损失的比值。总的来说，虽然国内外学者对于环境绩效的定义不尽相同，但他们都是从经济和环境两个方面入手，计算的绩效值也大多以经济价值增加值和环境影响的比值来表示，是对资源利用、经济活动或环境管理对环境影响的一个综合测量。

（2）环境绩效的评价方法与实证研究。通过对相关研究的总结，可以发现环境绩效评价的方法纷繁复杂，主要有遗传神经网络评价方法、环境绩效（EPI）指数评价法、数据包络分析法（Data Envelopment Analysis，DEA）、WBCSD 生态效益指标架构法、层次分析法（AHP）及模糊综合评价法等方法，但是认可度最高且在国内外得到广泛应用的还是数据包络分析法。

数据包络分析法是计算相对效率的有效工具，由 Charnes 等（1997）于 1978 年首次提出，该方法属于非参数分析方法，所需指标少，不需设定生产函数，有较高的灵敏度和可靠性，并且可以对无法价格化以及难以确定权重的指标进行分析，不需要统一指标单位，简化了测量过程且保留了完整的原始信息（尹科、王如松、周传斌，2012），吸引了诸多学者的关注，理论不断得到丰富与发展，并在环境绩效评价方面得到了广泛的应用。因此，基于 DEA 分析模型的环境绩效评价，无论是对研究方法的完善还是对研究对象的拓展，国内外都取得了丰硕的成果。采用 DEA 方法进行城市环境支出绩效评价时，大部分学者选用 C2R、BCC、Malmquist 指数等模型进行 DEA 有效性判定，根据计算的效率值来评判环境绩效水平。而采用 DEA 评估城市环境绩效的核心是确定方法来处理不良产出（如废水、废气等污染物）。自 Fare 等（1989）提出将污染物作为非期望产出的 DEA 模型以来，大量的文献进行了深入研究，主要包括曲线测度评价法（Färe and Grosskopf，2004）、污染物作投入处理法（Dubey et al.，2016）、数据转换函数处理法（Seiford and Zhu，2005）以及距离函数法（Chung et al.，1997）等四类效率评价方法。曲线测度评价法是 Fare 等（2004）提出的一种非线性方法来评价环境绩效，解决了径向测度问题，即可以对期望产出的增加和非期望产出的减少同时进行测度。污染物作投入处理法就是将污染物纳入投入指标并加入 DEA 模型中，从而分析决策单元的环境效率。张子龙等（2015）将污染物作投入处理建立评价体系，而后基于投入导向的超效率 DEA 模型，对中国 31 个省会城市的环境绩效进行了评价。数据转换函数处理法则是将越小越好的非期望产出转化为越大越好的期望产出，然后采用传统的 DEA 模型分析决策单元的环境绩效。尹科等（2012）便是采用了数据转换函数处理法，将非期望产出用负的权系数予以表征，然后利用传统的 DEA 投入导向型 CCR 模型评价了中国 43 个环保模范城市的生态效率。Chung 等（1997）将距离函数法应用于环境绩效评价中，基于污染物的弱处理性，提出了一种基于距离函数的环境绩效分析的DEA模型，同时实现了期望产出和非期望产出同比例减少，相较于传统的效率评价方法，该方法具有一定的突破性。周智玉（2016）应用方向距离函数，构建包含规模报酬可变和DMU技术异质假设的非径向区域潜在产出测量模型，测度了城市群的环境绩效水平，并应用MML指数评价模型评价了动态环境绩效变化情况。但是，上述方法都受到了不同程度的质疑，因为有的方法与实际的生产过程相背离，有的方法只适用于规模报酬可变的情况，有的方法测算出的绩效值是有偏的。为了解决非期望产出的缺陷，Tone（2001）于2001年提出了改进模型，以非径向非角度为特征，凭借将松弛变量插入目标函数中以及非期望产出作为输出变量的方式，避免了径向和角度选择的差异造成的偏差和影响。该模型曾被李静等（2009）从理论和实证两个方面证明了其处理非期望产出的合理性和优点，并运用DEA－SBM模型评估了1990～2006年中国各省区市的环境绩效。

（3）环境绩效的影响因素研究。随着研究的逐渐深入，城市环境绩效的影响因素也渐渐引起了学者的关注。通常情况下，学者在完成对城市环境绩效的评价后，进而再探究相关因素对其的影响作用。现有研究主要从经济发展水平、产业结构、对外开放、政府环境治理、科技发展水平、公众环保意识等方面进行解释，但由于被解释变量的评价方法和评价指标体系的不同，以及解释变量指标选取的差异等，最后得出的结论也不尽相同。经济规模的影响结论趋于一致，它对环境绩效具有显著的正相关关系（杨俊等，2010；陈浩等，2015）。关于产业结构对区域环境绩效的影响，王兵等（2010）认为产业结构与环境绩效呈显著负相关关系，这在一定程度上证明了我国城市的工业对环境产生较大负面影响，与之相悖的是有研究得出产业结构与环境绩效之间呈现正相关性，即工业增加值占GDP的比重越大，环境绩效的值越大（胡达沙、李杨，2012）。此外，还有学者认为专利数量（鲁炜、赵云飞，2016）、环境规制、对外开放水平、治污投资（李斌、范姿怡，2016）会不同程度地降低区域环境绩效。总的来说，为了有效地促进城市环境支出绩效的改善，还需要根据整体的研究找到影响环境支出绩效变化的具体因素，进而更加有效地改善环境支出绩效。

2. 城市形态对城市环境的影响研究

随着人们对环境的关注，城市形态对环境造成的影响也逐渐引起了学者的关注。虽然学者并未直接研究城市形态对城市环境支出绩效的影响，但是学者大多基于不同类型的城市形态特征对能源消耗、环境污染、碳排放、生物多样性、城市气候等产生的影响，来反映城市形态对城市环境的影响。Marquez 和 Smith（1999）对廊道型、边缘型与紧凑型三种城市形态的空气质量进行模拟，发现紧凑型城市空气污染物排放量最小。Johnson（2001）总结了蔓延的城市形态对生态环境的影响，指出蔓延的城市形态伴随更加严重的空气污染、更高的能源消耗、更少的城市开放空间等问题，并且城市形态愈发蔓延，则会破坏城市的原生植被，增加洪水发生的风险、损害湿地等。Bradley 等（2013）对美国 86 个大都市区城市空间形态与空气污染的关联关系进行了探究，结果表明，高度或形似蔓延的城市形态一般拥有较高的空气污染与二氧化碳的聚集与排放。这一结论也得到了 Mccarty 和 Kaza（2015）的支持，他们的研究表明，越是零碎的城市形态，则城市空气质量高的天数越少。总的来说，大多数学者偏向于支持紧凑型城市形态，认为其是可持续发展的城市形态，相对来说对环境的负面影响较小。然而，也有研究认为蔓延的城市形态可以提高能源利用率，并有利于降低城市环境污染。例如，Holden 和 Norland（2005）指出，通过分散的城市形态可以实现较低的能源消耗。我国的学者李强和高楠（2016）在探究城市蔓延对环境污染影响的内在机理时，发现城市空间快速且低密度的扩张提高了能源利用效率，同时减轻了城市环境污染。这些研究虽然并未得出一致的结论，但是为探究城市形态与城市环境支出绩效之间的联系搭建了桥梁，提供了经验支持。

通过文献分析可知，国内外对城市环境绩效和城市形态的相关研究均取得了丰硕的成果，在理论方面进行了初步探索，方法方面也日趋成熟，尤其是国内外运用 DEA 方法对区域层面的环境绩效进行了大量的实证研究，为了解区域环境绩效的影响因素并制定区域可持续发展政策提供了重要的参考作用。但是，国内基于 DEA 的区域环境绩效研究还存在一些薄弱环节，现有研究对环境绩效的研究对象、内涵及其影响机制缺乏系统深入的研究。目前，研究大多是从实证角度运用的评价方法对省级环境绩效进行评估，关注的重点在于不同省区市环境绩效的状态，具体到重点城市的研究很少。故而以中国 30 个省会城市（台北和拉萨除外）、直辖市为研究对象，在清晰界定城市环境支出绩效概念的前提下，选择考虑非期望产出的 DEA－SBM 模型，并搭建科学合理的指标体系对每个城市 2000 年、2007 年、2010 年、2013 年的环境支出绩效进行评估，且新的指标体系规避了使用 DEA 测算效率非期望产出的设置问题与投入产出的松弛性问题，更能保证评估结果的合理性、可行性和说服力。

此外，国内对环境绩效的影响因素分析相对较少，城市的形态特征对城市环境支出绩效的影响研究更是少之又少。一些学者在这些方面做了一些初步尝试，发现城市的产业规模和结构、政府管制手段措施和力度等因素对城市环境绩效产生影响，但都没有统一的结论，甚至得出完全相反的论断，因此总体上说城市环境绩效的影响机制相关研究还十分欠缺和薄弱。为此，在科学合理地测算出城市环境支出绩效和城市形态的前提下，着重探究城市形态的特征对城市环境支出绩效的影响机理，并通过文献梳理、对比分析，将产业结构、人口密度等因素作为控制变量纳入环境绩效影响因素分析体系中，进一步探究影响城市之间的环境支出绩效水平的差异性因素。

（二）概念界定与理论基础

1. 相关概念界定

在既有的研究中，对于环境绩效水平的测度方法以及环境绩效含义仍然存在争论和分歧，这其中的部分原因在于一些研究没有在研究前澄清环境绩效的概念，研究人员会依托自身的专业特点和研究对象的异质性而采用单一替代变量或者少数指标，这种情况下建立的环境绩效评估指标存在设计数量不足等问题，从而导致了缺乏可比的衡量标准和普遍的解释力（Lober，1996）。对于“环境绩效”和“环境支出绩效”两个概念的辨析，可以从字面意思上理解，前者包含后者，并且环境绩效用法更为普遍。但之所以选用环境支出绩效而非环境绩效，是因为环境支出绩效更符合研究目的，准确的用词与清晰的概念界定是研究的起点，并为后面评价指标体系的搭建奠定基础。

环境支出绩效概念是基于环境绩效定义而来的。环境绩效是由外文翻译而来，最初还曾被翻译为“环境行为”或是“环境表现”。2005 年，中国国家标准化管理委员会正式将“Environmental Performance”翻译为“环境绩效”。目前，国际上对环境绩效有两种解释：一是指侧重于活动结果的内部环境因素和环境影响的变化方面的绩效，二是指侧重于活动本身的环境管理方面的绩效。前者又包含两种诠释：一种将环境污染的减少量来定义环境绩效；另一种则是将一定时期内各种环境因素的总体来定义环境绩效。为了更加明确城市环境支出绩效的概念，先将其拆开来看，城市环境支出体现的是一个城市在环境治理方面的成本支出，其目的是促进经济建设与环境保护的协调发展，使环境得到保护和改善，而绩效正是代表环境改善所取得的效果。因此，将城市环境支出绩效定义为：一定时期内，城市在环境治理、管理方面支出的经济性、效率性和效益性。

2. 理论基础

城市具有复杂性和综合性，由多种要素组成，经历了不同的发展过程，而且涉及不同价值基础，因此城市环境支出绩效和城市形态研究的相关理论必然具有多元化和多样性。每种理论都会从不同的角度、不同的范围来考察其对象，并提出自己的观点。在具体实践中，由于城市的多样性，其社会组成和发展背景不同，尽管其中有一些普遍性规律，但这些规律由于其他条件改变而发生大小不同的变异，因此不存在完全意义上的普适理论。为此，相关理论主要来源于复杂系统、城市规划以及可持续发展方面，这些理论将为研究打下坚实的基础。

（1）复杂系统论。系统论是研究系统结构和功能（包括演化、协同和控制等）一般规律的科学理论。其出发点在于系统的整体性，主张系统是一个具有特定结构和功能的有机整体，而非简单机械的要素组合。系统中的各项要素是相互联系、相互影响且密不可分的，它们在系统中处于特定的位置，发挥着特定的作用，共同构成了不可分割的整体。相对于分散或是孤立状态下，这些要素的性质在整体中表现得更加明显。“系统论”揭示了系统制约要素、要素影响系统的内在联系，系统内各要素互为因果，某一要素发生变化必定会引起其他要素甚至整个系统发生变化。系统论包括整体性、层次性、目的性、开放性、突变性、稳定性、最优化等八个基本原理。针对城市形态与环境支出绩效的研究来说，系统的整体性原理、开放性原理、最优化原理更具指导意义。其中，系统论的整体性原理正如其含义中所说的，是指系统是由若干要素组成的具有特定功能的有机整体，这是系统最基本、最鲜明的特征之一。系统论的开放性原理主要强调的是系统是与外部环境进行物质、能量、信息交换的开放系统，并以这种方式发展、强大、优化。系统论的最佳原理强调的是系统只有在最优化的要素组合方式下，才可以最大化地发挥出系统整体功能，实现效益最大化（魏宏森、曾国屏，2009）。

从系统论的观点出发，城市是一个有机整体，环境系统作为城市系统中的一个子系统，其功能具有多样性，包括经济、生态、社会、政治以及文化等多个系统。这个子系统不断地与外部环境进行交换，输入就是城市在环境方面的各项支出，经过一系列内部运作和转换过程，产生一定的输出，包括“好的”输出和“坏的”输出。但是一个仅包含输入、输出的开环系统是不稳定的，这个子系统要顺利运行还必须具备某种反馈回路，成为闭环系统。对城市环境支出绩效的考核评价正是一种行之有效的系统反馈回路，可以对环境管理的输出结果进行评判，对下一轮的城市环境管理行为产生反馈作用，从而成为一种有效的系统管理工具。

（2）城市可持续发展理论。人们对经济与环境的协调发展的认识是逐步深化的。1949 年以后，将经济增长作为衡量城市发展的主要指标，但是，慢慢发现单纯注重城市经济数量增长，往往导致高环境成本消耗等问题，转而认为城市发展应该追求经济质量和数量的双重增长，但对城市环境质量的关注仍然不足，导致城市在社会、生态环境等方面问题频出，使我们逐渐认识到促进城市经济增长的同时，应注重经济、社会、环境等多方面协调发展。联合国环境与发展委员会于 1987 年发布了《我们共同的未来》一文，报告中首次提出了可持续发展的概念，开启了人们对人与自然、环境与经济发展的反思时代，同时也是可持续发展研究的起点。

严格来讲，城市可持续发展理论与可持续发展理论并无本质的差异，只是城市可持续发展理论研究的视角更加具体，更贴近现实情况（许光清，2006）。作为一个复杂系统，城市充分体现了人类生产生活和生态环境的对立统一，城市可持续发展的复杂性表现在其与地理位置、社会、经济、城市规划等多方面息息相关。多年以来，各个领域的专家学者从不同的视角运用多种研究方法对其展开了多领域、多层次的探索。一般来说，狭义的城市可持续发展理论立足于保护城市环境，从而使城市进入可持续发展的良性循环。广义的城市可持续发展理论则是通过采取多种措施，如各种国家发展政策、资源环境控制、经济调控等手段来实现资源的可持续利用，改善城市环境承载能力和城市环境质量，实现城市环境与社会、经济、人口的协调发展，从而最终达成城市整体的可持续发展（陈光庭，2002）。目前，在环境问题日益突出和快速城市化的背景下，对城市环境管理水平进行评估，并从城市形态的视角分析影响城市环境支出绩效的作用机理非常有必要，可以奠定城市空间的合理规划，以及有效地将城市可持续发展的思想纳入空间治理过程。

（3）新城市主义理论。“新城市主义”于 20 世纪 80 年代兴起，主要针对郊区无序蔓延带来的土地、能源与资源浪费问题，提出塑造具有城市生活氛围、紧凑的社区，从而取代郊区蔓延发展的模式，新城市主义应运而生。其基本理念包括：重视区域规划，强调从区域整体的高度看待和解决问题；倡导回归“以人为本”的设计思想，重塑多样性、人性化、社区感的城市生活氛围；尊重历史与自然，强调规划设计与自然、人文、历史环境的和谐性；主张借鉴第二次世界大战前美国小城镇和城镇规划的优秀传统，塑造具有城镇生活氛围的、紧凑的社区。新城市主义力图改变郊区蔓延所带来的松散低密度、汽车优先、藐视行人、功能单一的发展模式，提出传统邻里区（TND）模式、面向公共交通的土地开发（TOD）模式与精明增长（Smart Growth）模式。总体而言，新城市增长理论提倡公共交通系统，强调城市更新和地方特色的继承，促进了城市的紧凑发展和集约高效扩展，有效地防止了城市的低密度无序蔓延。虽然，新城市主义为城市规划带来了新的理论基础，但是也存在某些问题，如紧凑城市也可能使城市社区人口过分拥挤，交通更加拥堵等。

（4）精明增长理论。精明增长理论与“新城市主义理论”相似，均是为了抑制城市无序蔓延而提出的城市发展理念，两者的基本原则也是大同小异，都是一种紧凑型的城市规划与扩张理念。只是新城市主义理论较精明增长理论早些提出，侧重于城市空间设计，注重城市发展的意义，属于物质层面；而精明增长理论则关注城市效益的增长方式，重视城市空间和区域整体的和谐发展。“美国精明增长联盟”于2000年明确了精明增长理论的主要内容：倡导城市土地的集约利用，减少盲目扩张；通过对社区的重建与废弃用地的重新开发，来节约基础设施，减少公共服务支出；建设相对集中的城市，提供多种交通方式、多种就业与多种居住地，拉近人们生活和工作之间的距离，减少基础设施、房屋建设和使用成本，提高居民的生活品质。精明增长理念主要是通过设定城市增长边界、优化城市的土地利用结构、改变城市交通方式、保护城市环境等方式，来促进地方归属感与环境保护。其最终目的是保护城市周边土地，充分利用城市资源，使城市各部门紧凑协作、高效运转，实现经济、社会、环境和谐发展，最终使城市走向可持续发展道路。总的来说，精明增长理论大部分观点符合可持续发展的原则，是一种可持续、高质量、高效率、重环保的城市发展模式。

（5）紧凑城市理论。城市形态研究重点之一在于城市规划模式的选择，近代城市规划领域研究中大致分为集中主义与分散主义两大思想派别。“紧凑城市”便是两种思想碰撞产生的一种可持续发展的城市空间形态，主要目的是遏制城市无序扩张蔓延，节约土地资源；主要特征表现为形态紧凑、高密度开发以及多功能混合。这三大特征同时也体现了紧凑城市理论的主要内涵。形态紧凑是对城市空间形态的描述，普遍认为圆形是最为紧凑的城市空间结构形态，形态紧凑的城市规划可以避免城市“摊饼式”“跳跃式”等低密度不连续开发，遏制城市无序扩张。高密度开发的城市布局是指土地集中开发程度较高，在城市人口、建筑、经济、就业等方面都处于高密度状态的情况下，通过高密度式的规划，可以提高城市土地开发强度，增加城市人口密度，同时带动建筑、经济、就业的高密度发展，从而实现城市的紧凑化。多功能混合侧重指城市功能的多样性，不仅包括居住、工作、商业、公共服务、休闲娱乐等功能的混合，也包括建筑内的功能混合。它是一种综合利用土地的开发方式，避免了土地单一功能的使用，体现了将不同的功能区组合在一起的规划理念，有利于形成一个丰富多样的城市系统。以上三种城市紧凑规划理念，对城市的建筑空间结构、用地结构、交通网络结构和人口分布结构有着重要影响，进而对城市形态和环境产生重要的效应。但是，紧凑城市理论还存在很多的争论：一方面，有学者认为紧凑型的城市给人们的生活带来不便，降低了人们的生活质量，如提高城市密度会导致环境拥挤，交通更加堵塞；另一方面，有学者进行实证研究，发现紧凑型的城市形态在降低城市资源能耗方面并没有预期中那么理想。

（三）城市环境支出绩效评价指标

1. 模型的比较与选择

运用 DEA 模型进行环境支出绩效评价时，主要是通过线性规划，对决策单元对应的代表环境管理活动的点，是否位于有效率的生产前沿面上进行判断，从而将有效决策单元与非有效决策单元加以区分。传统的 DEA 模型包括 CCR 模型与 BBC 模型，它们均要求尽最大可能地削减投入要素，而且要求尽最大可能地增加产出要素，计算原理是通过数学规划把待决策单元与参考决策单元进行比较从而得到待决策单元的相对效率。但当绩效评价问题涉及非期望产出时，如产生的污染物等，此时更少的非期望产出才能够代表更高的绩效值，这与传统数据包络模型的要求相悖。此外，Tone（2001）指出，基于 Farrell（1957）效率测度思想及发展的模型属于径向和线性分段—形式的度量理论。这种度量思想的主要特点在于强可处置性，即它的线性分段前沿有时会平行于横轴或纵轴（见图4－2），虽然它确保了有效边界或无差异曲线的凸性，但却造成了投入要素的“拥挤”或“松弛”，同时，线性规划求解得到的线性分段前沿也违背了新古典经济学中的自由处置的基本假设。

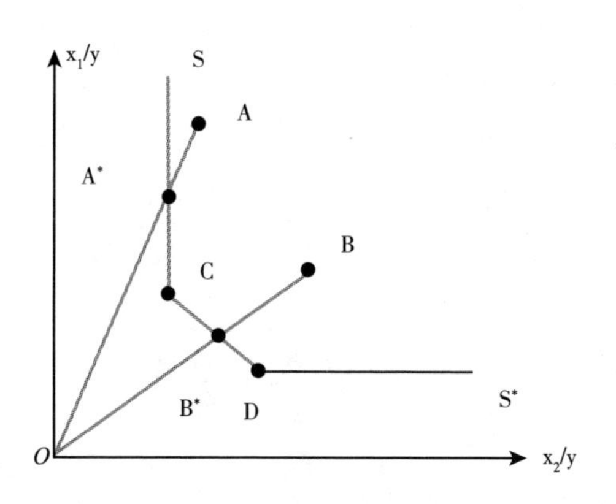

图4－2　效率测度与投入松弛

可以运用两种投入和一种产出来直观地说明投入要素“松弛”问题。如图4－2所示，生产技术的前沿是由C和D两个有效率生产单元所构成的线性分段前沿SS*，处于SS*折线上的点S、A*、C、B*、D、S*都是生产有效的点，而A、B是两个相对无效率生产点。根据径向技术效率度量方法，A、B两点处的技术效率可分别表示为OA*/OA和OB*/OB，位于生产前沿上的A*、B*点，便分别是A和B的有效率参照点。比较A*点和C点，可以发现在A*点可以通过减少x_1的投入量，实现与C点生产同样的产出，这违背了新古典经济学中自由处置的假设。因此，在经典经济学中，A*点并不是真正有效率的点，CA*被认为是A*点相对于C点的无效率值，这里称A*为投入要素上的投入松弛。因此，当我们考虑A点的效率时，不仅应该考虑效率值OA*/OA，还应该考虑投入松弛。同理，在平行于横轴的生产边界上的点（D点除外）也会出现x_2要素的投入松弛。同理，扩展到多投入和多产出的情况，产出松弛问题同样也会出现。完全的有效率要求既没有无效率又没有投入要素的松弛，这是传统模型所无法解决的问题，不考虑松弛的影响直接运用和模型有可能造成巨大偏误。因此为了更加客观地评估包含非期望产出的决策单元绩效，本书采用考虑非期望产出的数据包络分析模型，因为该模型与传统模型最大的不同是将松弛变量直接插入模板函数中，不仅解决了投入产出的松弛性问题，而且还考虑了非期望产出对绩效测量的影响（潘丹、应瑞瑶，2013）。本书评估环境支出绩效时考虑到非期望产出，故需要将模型推广到存在非期望产出的情况，具体模型如下：假设有 n 个决策单元 DMU，m 种投入，元素 $x \in R^m$，并定义 $X = (x_1, x_2, \cdots, x_n) \in R^{m \times n}$ 且 $x_i > 0$；有 s 种产出，其中包含 s_1 种期望产出（其元素 $y^g \in R^{s_1}$）和 s_2 种非期望产出（其元素 $y^b \in R^{s_2}$）；并定义 $Y^g = (y_1^g, y_2^g, \cdots, y_n^g) \in R^{s_1 \times n}$ 和 $Y^b = (y_1^b, y_2^b, \cdots, y_n^b) \in R^{s_2 \times n}$ 且有 $y_i^g > 0$；$y_i^b > 0$，则非期望产出模型可以表示为：

$$\rho^* = \min\rho = \min \frac{1 - \frac{1}{m}\sum_{i=1}^{m}\frac{s_i^-}{x_{i0}}}{1 + \frac{1}{s_1 + s_2}\left(\sum_{i=1}^{s_1}\frac{s_i^g}{y_{i0}^g} + \sum_{i=1}^{s_2}\frac{s_i^b}{y_{i0}^b}\right)}$$

$$\text{S. t. } x_0 = X\lambda + s^-$$

$$y_o^b = Y^b\lambda + s^b$$

$$y_0^g = Y^b\lambda - s^g$$

$$\lambda \geqslant 0,\ s^- \geqslant 0,\ s^g \geqslant 0,\ s^b \geqslant 0 \tag{4-11}$$

在式（4－11）中，s^-、s^g、s^b 分别表示投入、期望产出以及非期望产出的松弛变量，ρ^* 为衡量的城市环境支出绩效值。目标函数对变量 s^-、s^g、s^b 是严格递减的，且目标函数值 ρ^* 区间为［0，1］。当 $\rho^* = 1$，s^-、s^g、s^b 全为 0 时，表明决策单元有效；当 $\rho^* < 1$ 时，s^-、s^g、s^b 不全为 0 时，表明决策单元无效，需进一步改善投入和产出。由于 DEA－SBM 模型考虑了投入产出的松弛问题，故当且仅当 CCR 有效时 SBM 才有效，且 CCR 模型的绩效值大于或等于 SBM 模型的绩效值。另外，SBM 模型是非径向和非角度的，能够避免因径向和角度选择的不同而带来的偏差，与其他模型相比更能体现出绩效评价的本质。

2. 城市环境支出绩效评价指标的构建

在环境管理过程中，决策单元的投入变量和产出变量是对样本进行评价的重要依据。对于城市环境支出绩效评价指标的选择，没有统一的标准，主要是依据评价的对象、所选的评价方法以及评价目的来确定。通过分析国内外环境绩效评价的相关研究，发现学者在研究城市环境绩效时倾向选用“投入指标”和“产出指标”进行评价，主要涉及城市的资本投入、资源消耗、环境污染、经济发展等方面。部分学者将资本、劳动力和能源的消耗作为“投入”，“产出”则包括期望产出的地区 GDP 和非期望产出的各类环境污染物排放（陈晓红、周智玉，2014；范丹、王维国，2013）。也有研究者将环境污染作为投入，将经济发展作为产出（翁俊豪、徐鹤，2016）。总的来说，投入与产出的指标性质取决于评价选用的方法。

在评价方法方面，选用了考虑非期望产出的 DEA – SBM 模型。在此基础上，在构建投入与产出指标时，主要遵从意义和指标数量两个方面的要求。从指标意义上来讲，评价的重点在于“支出绩效”，故在构建评价指标时，投入指标以人力、物力、财力三个要素资源为框架。产出指标则是以质量或数量来体现环境管理的效果。从指标数量上来说，其受到模型自由度的限制，共有 30 个决策单元，则指标数量应小于决策单元数量的一半，即评价指标的数量应不超过 15 个，因此最后确定引入 5 个指标，包括 2 个产出指标，3 个投入指标。

（1）投入指标的选取。

①劳动力投入。劳动力投入是指主要参与环境治理活动的劳动力数量。国外在进行相关研究时一般使用单位劳动力的劳动时间作为指标，但我国并未统计相应的数据资料，且本书主要评价的是环境支出绩效，根据指标的意义和数据可得性，选用各城市的水利环境和公共设施管理从业人员来表征劳动力投入指标。

②物质资本。物质资本指的是为环境管理活动所配置的固定资产。为了治理排放的废水和废气，每个城市均配备了相应的治理设施，废水治理设施和废气治理设施可反映污染治理中，可发挥作用的固定资产，因此将废气治理设施数和废水治理设施数的加总——环境污染治理设施数作为物质资本的代表指标。

③资金投入。资金投入是政府部门为了控制、治理环境污染所投入的费用，体现了每个城市在环境管理方面的支持力度。较多的研究选用政府节能环保支出作为资金投入，但由于政府财政预算中的“节能环保”条目是 2007 年才开始统计的，而本书的研究时间从 2000 年开始，故放弃节能环保支出这一选择，而选用城市污染治理项目本年完成投资额来表征每个城市在环境治理方面的资金投入。

（2）产出指标的选取。在实际生产活动中，不仅伴随着期望产出或者说“好”产出的生产，各种工业污染如废气、废水、工业固体废物等也不断增加。这些不受欢迎的副产品，在衡量环境支出绩效的相关文献中被称为“非期望产出”或“坏”产出。

①期望产出。期望产出为经济产出，它不仅是社会经济发展的重要衡量指标，也是衡量经济效益的重要指标。参照绝大多数文献的做法，选用城市 GDP（各市生产总值）代表期望产出，并将其折算成 2000 年不变价格的实际 GDP（GDP 指数来源于 CEIC 数据）。

②非期望产出。非期望产出为环境产出，综合现有研究来看，学者主要是根据研究对象来选择非期望产出，但是通常从工业废水、二氧化碳、二氧化硫、氮氧化物及工业烟尘排放量等指标中选取。本书的研究对象是城市支出环境绩效水平，鉴于现有污染主要的是空气污染和水污染，且当前我国环境治理的主要指标是工业废水、工业二氧化硫和工业烟尘，因此，将废水、二氧化硫、烟尘三种具体污染物的排放量作为非期望产出指标。

根据前面所述，DEA 模型是一种数据驱动模型，投入和产出指标不宜过多。因此我们运用熵权法对 3 个污染物子指标进行降维处理，构造一个综合污染物指标。在熵值理论中，熵代表的是信息的无序程度，可用来评定信息量的大小，某项指标携带的信息越多，其对决策的作用越大。当评价对象在某项指标上的值相差较大时，熵值越小，则该指标提供的信息量越大，权重也就越大。运用熵权法评价各污染物指标变异程度，计算出其客观权重。

设有 m 个评价对象、n 个评价指标，则形成原始数据矩阵 $R = (x_{ij})_{m \times n}$。

对第 j 个指标的熵值定义为：

$$e_j = -k \sum_{i=1}^{m} p_{ij} \ln p_{ij} \tag{4-12}$$

其中，$p_{ij} = x_{ij} / \sum_{i=1}^{m} x_{ij}$；$k = 1/\ln m$。

第 j 个指标的熵权定义为：

$$w_j = (1 - e_j) / \sum_{j=1}^{n} (1 - e_j) \tag{4-13}$$

经计算，历年工业废水排放量的权重最大，位于 0.41～0.46，工业二氧化硫排放量的权重次之，位于 0.31～0.37，工业烟尘排放量的权重最小，位于 0.19～0.27。最后，将每个城市每类污染物的权重与其数量的乘积之和作为综合污染物。

城市环境支出绩效评价指标体系汇总如表 4－11 所示。

表 4－11　　城市环境支出绩效评价指标体系汇总

类型	变量	说明
产出	非期望产出：工业废水、工业烟尘、工业二氧化硫的综合污染物	运用熵权法确定每项污染物的权重，从而得出综合污染物的总量（亿吨）
	期望产出：城市 GDP	以 2000 年为基期，换算为 2007 年、2010 年和 2013 年的实际 GDP（亿元）
投入	城市污染治理项目完成投资额	单位：万元
	水利、环境和公共设施管理从业人员	单位：人
	环境污染治理设施数	各项加总：废气治理设施数（套）；废水治理设施数（套）

3. 评价指标的描述性分析

根据 2000 年、2007 年、2010 年、2013 年的《中国统计年鉴》《中国城市统计年鉴》《中国环境年鉴》等统计资料来确定指标数据。在确定好各项指标的数据后，为了更加全面地了解各个变量的特征，首先对各个城市相关年份的投入和产出数据进行描述统计分析，结果见表 4－12。

表 4－12　　城市环境绩效评价指标的描述性统计结果

指标	极小值	极大值	均值	标准差
2000 年				
资金投入（万元）	11.60	109429.40	25618.97	26500.62
劳动力（人）	1300.00	20000.00	8626.67	4905.02
设施（台）	36.00	6450.00	1681.20	1431.32
实际 GDP（亿元）	92.01	4551.15	965.33	918.53
综合污染物（亿吨）	341.05	37100.00	8117.96	9819.37
2007 年				
资金投入（万元）	499.20	164317.60	38020.32	42273.05
劳动力（人）	4600.00	80700.00	19603.33	15743.44
设施（台）	68.00	6269.00	1654.37	1450.05
实际 GDP（亿元）	222.00	10419.12	2333.55	2136.13
综合污染物（亿吨）	255.88	34600.00	7362.55	8681.45

续表

指标	极小值	极大值	均值	标准差
2010 年				
资金投入（万元）	232.50	164683.50	26079.99	33822.25
劳动力（万人）	5300.00	87600.00	22556.67	17210.13
设施（台）	58.00	10078.00	1942.10	2077.13
实际 GDP（亿元）	326.28	13653.64	3346.71	2890.74
综合污染物（亿吨）	233.97	36700.00	6366.23	7701.41
2013 年				
资金投入（万元）	1161.90	148366.00	51575.61	41929.08
劳动力（万人）	4900.00	98200.00	26903.33	22133.46
设施（台）	123.00	6639.00	2038.67	1697.47
实际 GDP（亿元）	452.23	17135.79	4589.04	3761.28
综合污染物（亿吨）	352.52	19400.00	5168.56	4905.88

资料来源：《中国城市统计年鉴》以及各城市的统计年鉴（2000 年、2007 年、2010 年和 2013 年）。

如表 4－12 所示，各指标的极大值或极小值均呈现出不同的波动趋势，如资金投入的极大值与劳动力的极小值趋势一样，在 2000～2010 年呈递增趋势，2010～2013 年又有所下降，呈现倒“V”形趋势；设施数的极小值则呈现“N”形趋势，而综合污染物的极大值与设施数的绩效值趋势完全相反，即呈现出倒“N”形趋势，即先下降后反弹又再度回落。从均值方面来看，投入指标中从业人员、污染治理设施持续增加，污染治理资金大致趋于递增的趋势，期望产出的实际 GDP 是持续递增趋势，但增长率逐渐减少。而非期望产出综合污染物呈下降趋势，且减少得越来越快。投入指标层面逐渐增加，并且出现经济产出增多与环境产出减少的情况，可见各个城市越来越重视环境污染带来的各种问题，并致力于解决环境问题，实现城市的可持续发展，而具体的环境管理效果如何，便是接下来要分析的内容。

（四）城市环境支出绩效评价结果

对 2000 年、2007 年、2010 年、2013 年 30 个城市（省会城市、直辖市）的环境支出绩效进行静态评价，使用一般规模报酬下的 DEA－SBM 模型，运用 DEA－SOLVER 软件进行计算，得出各城市历年的环境支出绩效值，如表 4－13 所示。

表 4－13　　各城市历年环境支出绩效值

	城市	2000	2007	2010	2013
东部	北京	0.81	0.94	0.91	0.94
	天津	0.29	0.26	0.42	0.56
	石家庄	0.24	0.30	0.44	0.26
	沈阳	0.43	0.70	0.79	0.51
	上海	0.96	0.84	0.94	0.96
	南京	0.19	0.32	0.42	0.40
	杭州	0.37	0.36	0.19	0.31
	福州	1.00	1.00	1.00	1.00
	济南	0.32	1.00	1.00	1.00
	广州	0.89	1.00	1.00	0.95
	海口	1.00	1.00	1.00	0.88
中部	太原	0.09	0.21	0.21	0.18
	长春	1.00	0.77	0.76	0.45
	哈尔滨	0.33	1.00	1.00	1.00
	合肥	0.26	0.38	0.87	0.38
	郑州	0.20	0.23	0.42	1.00
	武汉	0.25	1.00	1.00	0.60
	长沙	0.47	1.00	1.00	1.00
	南昌	0.32	0.38	0.40	0.33
西部	呼和浩特	0.13	0.46	0.31	0.25
	南宁	0.18	0.18	0.23	0.20
	重庆	0.29	0.20	0.27	0.35
	成都	0.30	0.31	1.00	0.68
	贵阳	0.15	0.29	0.29	1.00
	昆明	0.20	0.31	0.38	0.32
	西安	0.27	0.34	0.39	0.35
	兰州	0.10	0.31	0.34	0.22
	西宁	0.06	0.53	0.30	0.60
	银川	0.08	0.27	0.25	0.22
	乌鲁木齐	0.19	0.61	0.72	0.73
	极小值	0.06（西宁）	0.18（南宁）	0.19（杭州）	0.18（太原）

续表

	城市	2000	2007	2010	2013
	极大值	1.00	1.00	1.00	1.00
	均值	0.38	0.55	0.61	0.59
	方差	0.30	0.31	0.32	0.31

从表4－13可知，我国各城市的环境支出绩效存在较大的差异，接下来从空间和时间两个维度分析城市环境支出绩效。首先，从时间来看，2000年有3个城市表现为有效，仅占总城市数的10%；2007年7个，2010年表现为有效的城市最多，占总城市数的26.67%，2013年又降为6个。2000～2013年，绝大多数城市的环境支出绩效值呈现的趋势和环境支出绩效的均值一样，即2000～2010年上升，而2010～2013又有所下降。从空间来看，如图4－3所示，东部城市的环境支出绩效整体表现最好，且东部和中部城市均高于全国城市的平均水平，西部城市的环境支出绩效表现最差。其中，东部城市中的北京、上海、福州、济南、广州、海口环境支出绩效值较高，尤其是福州始终表现为DEA有效；天津、石家庄可能是扮演着“京后院”的承接角色，导致它们的环境支出绩效值均偏低。中部城市的环境支出绩效又高于西部城市，在这些城市中，环境支出绩效相对好的是哈尔滨、武汉和长沙，形成鲜明对比的便是长春和郑州，因为郑州的环境支出绩效逐渐改善，并于2013年表现为DEA有效，而长春则是逐年下降。西部城市是表现相对较差的城市，2000年和2007年城市环境支出绩效最小值均是出自西部城市。除去表现有效的城市，

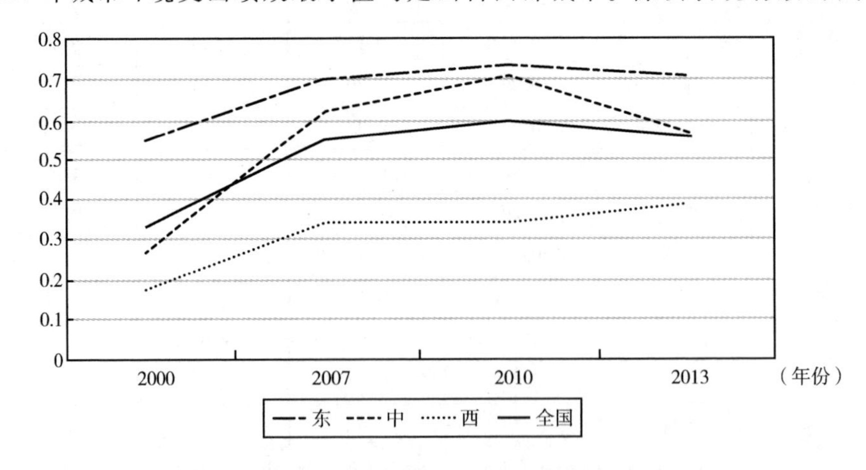

图4－3　全国范围和各地区城市环境支出绩效均值

其他城市的环境支出绩效均值处于 0.6 以下，其中贵阳和乌鲁木齐的环境支出绩效呈持续提高趋势，表现相对较好；其余城市的环境支出绩效则处于稳定状态，偶有升降但是未发生大的改变。由此来看，中西部城市可能是因为承接东部城市产业结构的一些转移，因此在城市环境支出绩效上处于调整或是徘徊的状态。但是总体来看，我国各大城市的环境支出绩效并不理想，绩效较好的城市不足 40%，且大部分表现为非 DEA 有效的城市环境支出绩效值都在 0.8 以下，总体均值处于 0.7 以下，表明大多数城市的环境支出绩效并不理想，还有较大的提升空间。

城市环境支出绩效的收敛性分析。利用 σ 收敛指数来检验样本期各地区城市环境支出绩效的收敛状况。若是表现为收敛，则认为该地区城市环境绩效水平的增长差距正在逐步缩小。σ 收敛方法通过分析区域间某一变量标准差的分布情况，从而进行环境绩效的静态差距的收敛性判断。若标准差随时间推移而趋于减小，则意味着城市间该变量的差异（变异系数）越来越小，城市间存在收敛，反之亦然。

$$CV = \sqrt{\frac{\sum (x_i - \bar{x})^2}{n}} / \bar{x} \tag{4-14}$$

其中，x_i是 i 市的环境支出绩效值，$\bar{x}$ 为各城市环境绩效的平均值。CV 值越大，则代表各地区城市之间环境支出绩效差距越大。而 CV 没有量纲，因此得出的比较结论是相对客观的。

图 4－4 为环境支出绩效 σ 收敛指数的时间演化趋势，以此来描述全国和东、中及西部三大地区城市的收敛情况。就全国而言，在样本期内环境支出绩效的 σ 收敛指数呈缓慢收敛趋势。从细分区域来看，东部地区城市环境支出绩效 σ 收敛指数变化整体走势与全国相似；中部地区的标准差呈“N”形，总体上环境支出绩效增长不存在收敛。西部地区内部差距以 2007 年为分水岭，呈现出先缩小再扩大的趋势，同样也不存在收敛；我们还可从图中发现一个明显特征，即中部地区城市环境支出绩效的 σ 收敛指数明显高于东部和西部城市，而西部地区城市由于呈扩散趋势逐渐高于东部地区城市，这也体现了中部地区内部环境支出绩效的增长差距要比东西部地区内部差距大。

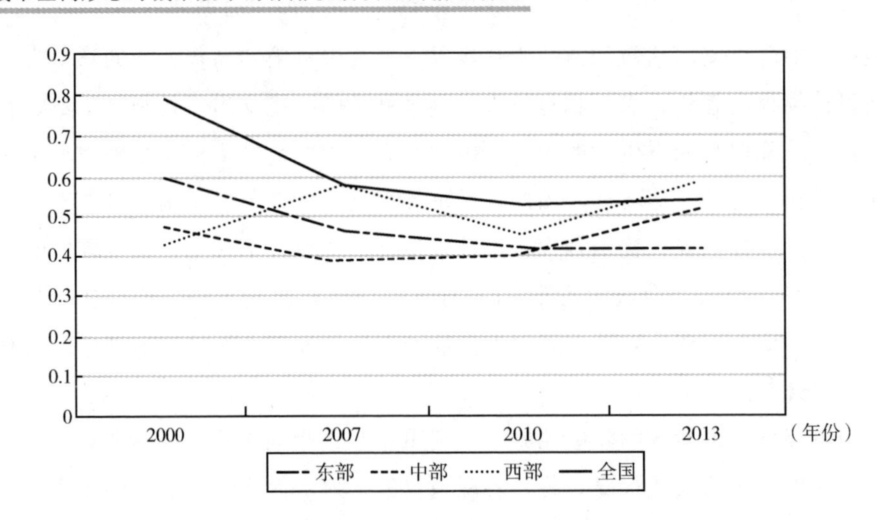

图4－4　全国范围和各地区城市环境支出绩效σ收敛指数

（五）城市形态对城市环境支出绩效的作用机理

1. 变量的选取及分析

为了能够准确地探求城市形态对城市环境支出绩效的关联机理，保证模型估计的稳健性，在实证研究过程中引入控制变量是十分必要的。对于控制变量的选择，主要根据以往国内外研究中与城市环境支出绩效密切相关的因素，同时考虑变量数据的可得性。最终选取7个控制变量作为自变量，将其纳入面板数据分析模型中，分别为：

（1）产业结构。根据环境库兹列茨曲线形成机制研究中的结构效应可知，在产业结构发展升级的过程中，经济结构的变化会带动环境质量的相应变化（Grossman and Krueger，1991）。在选取产业结构的代表指标时，主要是选用第三产业占GDP的比重或者第二产业占GDP比重，但考虑到工业活动在能源消耗与污染物的排放方面均占据大头，且环境支出绩效评价指标中也主要体现了工业污染，因此选择用第二产业的工业总产值占GDP的比重来表征每个城市的产业结构。

（2）人口因素。人口数量越多，资源消耗和产生的垃圾越多，城市发展过程中环境被污染得越严重。但是，换一个角度思考，人口数量越大，可以建设环境、美化环境的人越多，城市环境则更有可能被改善。同时，政府在环境保护方面也会给予更高的重视，提供更多的资源投入和政策支撑。与绝大多数文献一样，选用人口密度作为人口因素的代表指标。

（3）公共交通建设水平。由于汽车尾气是“十面霾伏”的主要根源之一，而公共交通的主要作用是提倡公交出行，减少私家车出行，降低汽车尾气排放。因此，本书结合各个城市地区的实际情况，选用较具有代表性的每万人拥有公交车数来表示每个城市的公共交通水平。

（4）环境规制水平。环境规制是政府为了保护环境而对经济活动采取具有限制性的一切措施、政策、法律及其实施过程（谭娟、陈晓春，2011）。由于环境规制难以直接度量，之前的文献研究大多选用环境污染治理研发投入、污染税率或污染治理成本等作为环境规制的代表指标（Henderson and Millimet，2007；李小平等，2012），但考虑到以前的文献中所使用的环境规制指标未能完整地刻画出政府环境治理的全貌，因此，选取各个城市当年政府工作报告中与环境相关词汇出现的字数及其比重来度量环境规制水平（Chen et al.，2018），具体锁定环境、环境保护、环保、PM2.5、污染、能耗、减排、排污、生态、绿色、低碳、空气等与环境相关的词汇。

（5）对外开放水平。当前全球产业转移的主要表现之一是发达国家将一些污染程度相对较高的产业转移至相对落后的发展中国家（如中国），导致的后果是产业承接地生态环境恶化（Levinson and Taylor，2010），这就是外资“污染天堂”假说。但是，有时候产业转移的不仅仅是重污染，也可能输送一些先进的科学技术和管理经验，这对城市环境支出绩效的改善又有一定的促进作用。因此，对外开放水平对城市环境支出绩效的综合影响取决于对立力量的相对大小。参考初善冰等（2012）的研究，本书采用实际外商直接投资来反映城市对外开放水平。

（6）科学技术水平。Levinson（2009）指出美国环境质量的改善主要依赖于技术进步。李斌、赵新华（2010）探究了不同类型的技术进步对单位工业废气排放量的影响，发现规模化的技术进步和中性技术进步对污染物的排放有显著的抑制作用，表明这两种类型的技术进步有利于改善环境质量。学者通常选择地区专利申请授权量来代表科学技术水平，但这些数据均是省级数据，并未统计重点城市的数据。因此，参照俞雅乖等（2016）的做法，选取地方财政一般预算内支出中的科学支出占总支出的比例来表示城市科学技术水平。

（7）公众环保意识。我们生活在城市之中，行为举止均会对环境产生影响而公众环保意识决定了公民的环境行为。本书使用教育程度作为代表变量，以各个城市高等学历的在读人数和毕业人数的综合来表示每个城市的公众环保意识。

控制变量的含义及数据来源如表4-14所示。

表4-14　　　　控制变量的含义及数据来源

变量	单位	变量定义	数据来源	预期符号
产业结构（IS）	%	第二产业的工业总产值/GDP	《中国城市统计年鉴》	—
人口因素（PD）	人/平方公里	人口密度	《中国城市统计年鉴》	\
公共交通建设水平（PB）	辆	每万人拥有公交车数	《中国城市统计年鉴》	+
环境规制水平（ER）	%	与环境相关的词汇字数/政府工作报告总字数	《城市历年政府工作报告》	+
对外开放水平（FDI）	万美元	城市当年实际使用外资金额	《中国城市统计年鉴》	\
科学技术水平（ST）	%	科学支出/地方财政一般预算内支出	《中国城市统计年鉴》	+
公众环保水平（EP）	万人	高等学历的在读人数和毕业人数之和	《中国城市统计年鉴》	+

在进行面板数据分析之前，为了更加全面地了解各个变量的特征，便于对城市间的经济和社会因素差异进行比较，对控制变量进行了描述性统计分析，具体分析结果如表4-15所示。

表4-15　　　　控制变量的描述性统计分析

控制变量	年份	极小值	极大值	平均值	标准差
产业结构（IS）	2000	25.90	52.60	44.15	6.10
	2007	26.83	57.27	45.35	7.10
	2010	24.00	56.17	45.05	7.99
	2013	22.32	55.96	44.37	8.88
人口因素（PD）	2000	121.00	2430.00	618.63	505.74
	2007	128.22	2174.86	602.46	401.11
	2010	133.28	2227.63	628.32	424.77
	2013	136.13	2259.21	635.71	425.56

续表

控制变量	年份	极小值	极大值	平均值	标准差
公共交通建设水平（PB）	2000	3.50	21.10	9.4700	3.96
	2007	5.51	21.16	11.8663	3.49
	2010	4.90	20.63	12.9790	3.94
	2013	6.76	29.25	14.6020	4.58
环境规制水平（ER）	2000	0.36%	0.99%	0.59%	0.16
	2007	0.28%	1.57%	0.78%	0.25
	2010	0.51%	1.58%	0.88%	0.28
	2013	0.63%	1.70%	0.96%	0.26
对外开放水平（FDI）	2000	431.00	316029.00	57235.99	92418.05
	2007	4540.00	791954.00	158484.50	193106.08
	2010	980.00	1112143.00	252539.60	297724.39
	2013	2132.00	1682897.00	399856.33	456622.84
科学技术水平（ST）	2000	0.15%	6.62%	0.86%	1.28
	2007	0.70%	5.65%	2.37%	1.18
	2010	0.40%	6.58%	2.31%	1.59
	2013	0.80%	5.69%	2.48%	1.45
公众环保水平（EP）	2000	0.77	33.42	12.85	8.19
	2007	4.89	96.08	43.90	24.03
	2010	7.54	110.26	53.33	27.03
	2013	8.12	122.39	57.31	27.95

如表4－15所示，不论是极小值、极大值还是平均值，各个城市的公共交通水平、环境规制水平和对外开放水平和公众环保水平都在呈逐年增长趋势，这说明我国城市在环境方面的关注度逐步提升。在产业结构方面，我国呈现出先增后又逐年递减趋势，平均值由2007年的45.35%降至2013年的44.37%，极小值、极大值方面也在进行着小幅度的下降，说明我国各城市正在经历着经济结构的变化，逐渐推动第二产业向第三产业的转变。与其他变量不同的是人口密度，它与其他各因素的情况相反，呈现出先减后增的趋势，2007年人口密度均值最小。在科学技术水平上，其极小值、极大值和均值呈现出不规则变化。从控制变量的标准差层面分析，可以看到除了人口因素的标准差降低外，其余各项指标均从2000～2013年呈现出整体上升的趋势，表明城市间的结构、

功能、环境条件等方面的差距在逐渐增大。

2. Tobit 模型选择

以城市环境支出绩效作为被解释变量，城市紧凑度、伸延率作为解释变量，产业结构、人口因素、公共交通建设水平、环境规制水平、对外开放水平、科学技术水平、公众环保意识作为控制变量，分析这些因素对城市环境支出绩效的影响。为了测度 DEA 模型评估出的绩效值是否受到其他因素的影响及其影响的程度，在 DEA 分析中衍生出了一种两步法（two - stage method）。在此方法中，首先通过 DEA 模型评估出决策单位的绩效值；而后将前面得出的绩效值作为被解释变量，以影响因素等作为解释变量建立回归模型（Coelli et al.，1998）。DEA - SBM 模型计算出的城市环境支出绩效值介于 0 ~ 1，并且存在一个或多个城市处于 DEA 效率边界上，对于这种多个样本在特定范围内都成为某个极限值的情况，若是直接使用最小二乘法，则不能解释其中极限值和非极限观察值之间的性质差异，就会由于无法完整地呈现数据而导致估计偏差，因此第二步需要采用受限因变量中的 Tobit 回归模型来分析城市环境支出绩效的影响因素，从而保证估计量的一致性。利用 Tobit 模型构建面板数据模型如下：

$$Y_{it} = \begin{cases} Y_{it}^{*} = \alpha_i + \sum \beta_i X_{it} + \varepsilon_{it} \\ 0, Y_{it}^{*} \leqslant 0 \text{ 或 } Y_{it}^{*} > 1 \end{cases} \tag{4-15}$$

其中，Y_{it}是受限因变量，表示的是城市环境支出绩效；α_i为截距项；β_i是各个解释变量的系数；ε_{it}为回归误差项；$i=1, 2, \cdots, 30$ 代表城市；t 为时间，代表年份。在运用 Tobit 模型前，应确保模型设定的正确性。Tobit 模型存在以下几个方面的局限：首先，Tobit 模型对设定的依赖性比较强，误差项必须服从正态分布和同方差的条件。其次，解释变量的多重共线性在参数面板模型中难以得到很好克服，影响模型的解释能力。鉴于 Tobit 模型具有对分布依赖性强且不够稳健的缺陷，考虑到如果存在扰动项不服从正态分布或者异方差的问题，那么 QMLE 估计便不一致。因此，在使用 Tobit 模型时，需要检验其正态性和同方差。为了检验正态性，我们进行“条件距检验”，结果如表 4 - 16 所示。

表 4 - 16　　条件距检验结果

模型	误差项正态性检验（CM）	Prob > chi2
	81.854	0.00000

根据条件距检验结果，CM 值较大且 P 值近似为 0，故拒绝“扰动项服从正态分布”，表明误差项非正态。在这种情况下，就需要放松模型的假设条件，使模型可以在一般的假设条件下仍能得到一致的估计量。为了实现这个目的，半参数估计方法应运而生。半参数估计是一种参数和非参数估计的混合，比相应的参数模型更能一致地估计参数，而且比非参数模型估计更精确。半参数估计方法的优点是对误差项的分布没有严格要求，因此它对非正态和异方差是稳健的。为了能在非正态与异方差的情况下得到一致估计，考虑采用 Tobit 模型中更为稳健的“归并最小绝对离差法”（Censored Least Absolute Deviations，CLAD）。

最小绝对离差估计 CLAD 是 Tobit 模型的一种半参数估计方法，只能应用于截取回归模型，该方法假定误差项的中位数为 0（Powell，1984）。其基本思想是：对于经典线性模型，最小绝对离差估计 LAD（Least Absolute Deviations）通过最小化误差项的绝对值之和来获得回归系数的估计值。在 Tobit 模型中只能观测到截取的因变量 Y，所以要对经典的 LAD 作一些改进。对任何连续随机变量 Z，可以通过选择合适的 b 作为 Z 分布的中位数从而最小化函数，$E(|Z-b|-|Z|)$。若y_i的中位数是回归自变量和未知参数的已知函数，$m(x_i, \beta_0)$，则y_i的样本条件中位数可以通过选择适当的$\hat{\beta}_0$的估计值来获得，而这个$\hat{\beta}_0$使函数 $\frac{1}{N}\sum_{i=1}^{N}|y_i-\max(0,x_i'\beta_0)|$ 在 $\beta=\hat{\beta}_0$处最小化。因此 CLAD 估计的目标函数为：

$$\min\frac{1}{N}\sum_{i=1}^{N}|y_i-\max(0,x_i'\beta_0)| \tag{4-16}$$

由于该目标函数是连续的，因而最小值始终存在，但最小化可能产生不唯一的 $\hat{\beta}$，为了得到一致的结果，我们在运行时先设定种子，以便每次得到同样的结果，最终选择 Tobit 模型中的 CLAD 进行估计。

3. 估计结果与分析

基于以上分析，将运用 STATA 13.0 进行模型估计，并将 Tobit 回归结果与 CLAD 进行比较。Wooldridge（2007）曾提出，若 Tobit 模型设定正确（如满足正态性和同方差性），则 CLAD 与 Tobit 的估计结果应相差不多。基于这个角度，可将 CLAD 的估计结果大致看作是对 Tobit 模型的设定检验。

由表 4－17 可知，CLAD 估计值与 Tobit 估计值相差较大。依据前面的分析可知，Tobit 模型设定有误并倾向于使用 CLAD 模型的选择是正确的。虽然模型中给出了具体的系数，但是考虑到 Tobit 模型的系数值的大小没有经济含义，需要乘以一个转换因子才是边际效应，而转换因子恒为正，因此系数的符号决定了边际效应的符号，故不对系数的大小进行解释，重点关注各个因素系数的符号问题，在意的是紧凑度和伸延率对城市环境支出绩效的影响作用。

表 4－17　　Tobit 与 CLAD 回归结果比较

解释变量	Tobit	CLAD
紧凑度（CR）	－0.18 (0.22)	0.21*** (0.01)
伸延率（ER）	－0.02* (0.01)	0.000277 (0.000776)
产业结构（IS）	－1.11** (0.50)	－2.124*** (0.0175)
人口因素（PD）	0.000178*** (0.00)	0.000145*** (0.00000280)
公共交通建设水平（PB）	0.00801 (0.00748)	－0.00334*** (0.000299)
环境规制水平（ER）	－4.305 (11.19)	2.601*** (0.468)
对外开放水平（FDI）	－9.74e－08 (8.55e－08)	6.85e－08*** (4.27e－09)
科学技术水平（ST）	4.402** (2.092)	2.926*** (0.129)
公众环保水平（EP）	0.00235** (0.00110)	0.00225*** (0.0000520)
_cons	0.772*** (0.291)	1.149*** (0.00970)

注：***、**、*分别为在1%、5%和10%显著性水平下通过检验；下面括号中的值为标准差。

（1）城市形态对城市环境支出绩效的影响。在 CLAD 模型的估计结果中，城市的紧凑度与城市环境支出绩效呈显著正相关关系，表明城市紧凑度的增加有助于提升城市环境支出绩效。CLAD 模型的估计结果，在一定程度上是由紧凑型城市的特征所导致的。因为紧凑的城市形态通常以相对较高的密度、混合的土地利用方式和步行为主导，较少地依赖私人小汽车，因此出行上会节约一部分能源消耗和减少尾气污染，同时，紧凑型城市还有利于保护绿地和耕地，其他潜在的优势，还体现在经济效率方面，在城市基础设施建设上能够节约材料和能源的使用，例如，各种管道和道路长度的节约和更多人的共享，城市供暖以及住所的节能，复合式家居模式对地基和资源的共享等方面。并且，紧凑型城市还有利于形成资源利用的规模效应，所有这些优势，连同其他潜在的益处，都使紧凑型城市可以促进城市环境支出绩效的提高。

城市伸延率的系数为正，但是却没有通过显著性检验，伸延率主要体现了城市用地向两端扩张的程度，当前城市在边界扩张主要是为了扩大工业园区和城市郊区居住，并且许多来自城市内部的工业企业逐渐迁移到外部工业园区或是开发区，将会导致这些地区的工业污染增加。此外，当城市伸延率偏高时，表明城市形态愈发呈长条状，使城市的各个功能区以及人们居住和工作地点间距离较远，使出行距离变长，导致公共交通体系难以运营，而速度较低的自行车出行或是步行的方式，难以满足人们长距离出行的需要，这在一定程度上刺激了私家车的使用。总的来说，城市愈发向外蔓延更易出现资源浪费、交通距离增加、土地利用效率偏低等问题。因此，虽然伸延率未能通过显著性检验，但是考虑城市紧凑度与城市环境支出绩效的关系，倡导塑造紧凑型城市，这同时也是符合我国国情的可持续城市发展模式。

（2）控制变量对城市环境支出绩效的影响。产业结构对环境支出绩效的作用和预期的一致，对城市环境支出绩效有显著的影响，这说明工业污染仍是主要的污染来源，以雾霾污染为例，其主要成分如二氧化硫、可吸入颗粒物，均主要来源于工业生产的污染。因此，城市应推动产业结构的优化调整，这对城市环境支出绩效的提高也十分有利。

人口密度与城市环境支出绩效显著正相关，适度的人口密度是经济增长和城市发展的重要保证。这主要是因为随着人口密度的增加，对城市功能和环境配套设施要求越高。因此，人口密度的适当提高并不会带来严重的环境压力，相反还会间接地促进城市环境支出绩效的提高。

公共交通水平对城市环境支出绩效的影响和预期不同，其与城市环境支出绩效呈显著负相关。原因可能是当下各大城市已经建设了更加方便快捷的地铁线路，相对来说，地铁逐渐取代公交车成为大众公共出行的首选，公交车数无法准确全面地衡量公共交通水平。但是无论怎样，公共交通还是节能减排的重要途径之一。环境规制水平与城市环境支出绩效呈显著正相关。政府在整个城市发展中发挥着主导作用，政府在环境方面的重视程度越高，那么在城市内部更易形成保护环境的风气，有利于提升城市的环境支出绩效。

对外开放水平通过了显著性检验，对城市环境支出绩效起到了正向作用。表明各个城市对外开放程度的提高，能够吸引更多的外商投资进而发展低环境污染、高附加值的产业，也可以通过引进国外先进技术和设备，降低城市发展的资源环境压力，进而促进城市环境支出绩效的改善。

科学技术水平与城市环境支出绩效为正相关关系，这表明从长期来看，为改善环境提供充足的资金和技术，政府在科学技术方面支出越多，越鼓励技术创新，提升科学技术水平、提高生产效率、改善生产方式，则越能实现节能减排和环境支出绩效提高的积极作用。

公众环保水平不仅能够反映出公民素质的高低，也是衡量一国文明程度的标尺，对城市环境支出绩效的提高至关重要。我们生存在环境之中，我们的一举一动都会影响到环境，故而环保意识的增强是环境保护的根本。利用教育水平的高低来反映公众的环保意识有一定的经验研究支持。教育水平的提高，对环保意识的增强具有促进作用。

（六）结论

在严峻的环境污染与加速城市化的背景下，通过对城市环境支出绩效与城市形态相关理论的梳理，借助城市形态学、环境学、人文社会学、城市经济学、系统论等多学科理论，并结合实证研究，从城市形态的视角探究了城市紧凑度与伸延率对城市环境支出绩效的影响作用。综合得出以下主要论点：

（1）2000～2013年各个城市的形态特征均发生着变化。以最常用的“紧凑度”和“伸延率”来表征城市形态特征，计算结果发现，2000～2013年，60%以上的城市紧凑度位于0.16～0.45，90%以上的城市伸延率位于1.00～3.00；相对来说，伸延率的波动大于紧凑度，且城市伸延率的最大值于2007年达到顶峰，并且一直保持着较高的伸延水平。总体而言，多数城市的紧凑度与伸延率均呈现出递增的趋势，这表明各个城市的紧凑与蔓延发展不是独立的，而是城市一方面在致力于内部打造紧凑型城市，另一方面又在城市边界进行扩张。

（2）各个城市愈来愈重视环境保护。在对城市环境支出绩效评价前，从投入和产出两方面设定城市环境绩效的评价指标体系。其中，投入指标包括城市污染治理项目完成投资额、水利环境和公共设施管理从业人员、环境污染治理设施数，非期望产出为各类环境污染物的排放总量，期望产出为城市 GDP。对城市环境支出绩效评价指标进行描述性统计分析，发现我国城市在环境管理的投入方面逐年上升，同时期望产出 GDP 逐年上升，非期望产出综合污染物呈下降趋势，表明各个城市对环保方面均予以重视，并致力于解决环境问题，实现城市的可持续发展。

（3）城市环境支出绩效整体上水平不高，但整体表现呈收敛趋势。运用 DEA－SBM 模型，利用 DEA－SOLVER 计算各个城市的环境支出绩效。从空间来看，大多数表现为 DEA 有效的城市均处于东部地区，而西部城市的环境支出绩效值较低，表现为东高西低的特点。从时间来看，2000～2013 年，绝大多数城市的环境支出绩效值表现为先上升后下降。总体来看，每年表现为环境支出绩效有效的城市数量不超过总城市的 30%，均值也处于 0.6 以下，还有较大提升空间。对全国以及东西部城市的环境支出绩效进行收敛性分析，发现在样本期内全国城市环境支出绩效的 σ 收敛指数呈缓慢收敛趋势。细分区域来看，东部地区城市环境支出绩效 σ 收敛指数变化呈收敛趋势，而中、西部地区的 σ 收敛指数则不存在收敛。

（4）城市形态与城市环境支出绩效的实证研究结果显示，城市形态紧凑度的增加有利于改善城市环境支出绩效，而城市伸延率与城市环境支出绩效没有显著相关关系。目前我国的城市发展模式是以高人口密度、机动车导向和高工业聚集为主要特征，城市紧凑度提高的同时也会增加城市密度，因此，在这其中要把握“转折点”，避免城市过度紧凑带来的交通阻塞、环境污染等负面影响抵消掉其积极影响。总的来说，考虑城市伸延率与城市公共服务支出的关系，塑造紧凑型城市是符合我国国情的可持续城市发展模式。通过限制被动型城市发展方式，以鼓励主动型城市发展作为减少公共服务支出的方式。考虑控制变量与城市公共服务支出的关系，在紧凑型城市区域内转变经济发展结构，加快工业向服务业的转变有助于提高公共服务支出的效率，在不影响社会经济和失业率的情况下，减少不必要的公共服务支出，对形成合理的城市形态有着显著的推动作用。

四、城市形态与城市生态效率

城市化、城市人口聚集和住宅区分散模式使既有研究对城市形态和城市可持续发展之间的关系产生了争论。城市形态通过城市自然覆盖物的消耗和碎片化影响环境和水质（Tang and Wang，2007）。许多城市，如英国和荷兰等一些国家已经制定了城市规划政策，通过城市规划来更好地解决环境问题（National Physical Planning Agency，1991；Department of Environment，1992）。在中国，快速的城市化和城市扩张不仅消耗了宝贵的土地资源，而且导致了生态恶化、污染加剧、绿化基础设施建设不足等环境问题，粗放式的经济发展模式还未实现根本转变，这必将继续增大资源与环境的压力，这些因素严重阻碍了我国各个城市的可持续发展。尽管我国政府十分重视城市的可持续发展，鼓励对城市形态进行优化来提高城市生态效率的创新政策，但是直到目前仍缺乏数据来实证研究城市形态与城市生态效率之间的关系。因此，探索城市形态与生态效率的关联机理，研究结果可为空间治理决策提供实证基础，以支持有利于可持续城市发展的城市规划和空间政策。

（一）研究现状分析

城市形态的指标有多种，哪些指标最终用于实证研究则取决于可获得的数据和研究的需要。例如，Huang 等（2007）采用了五个指标（紧度性、中心性、复杂性、孔隙度和密度）对全球的城市形态进行了比较研究。Tang 和 Wang（2007）利用建筑地块空间、道路空间、绿地、人均水资源覆盖率和土地消耗量，研究了城市形态与交通以及空气污染之间的联系。Zhang（2005）采用了一种基于重力模型的空间可达性测量方法，并采用 Hansen 可达性模型（Hansen，1959）的一般形式来研究与工作无关的出行。McMillan（2007）为了分析城市形态与步行、骑自行车活动之间的关系，设计了衡量城市形态的指标，如感知交通安全、感知犯罪安全、实际交通安全、美学等。Song（2005）更加详细地开发了一系列指标（如街道设计和循环系统、密度、土地使用组合、可达性和行人通道）来研究城市形态对经济增长的影响。Schwartz（2010）的研究表明，在欧洲，许多城市形态的指标相互之间高度相关，然而，在较大的区域尺度上，这些指标所定义的城市形态可能具有相当的异质性。

与城市形态相似，城市生态效率也一直是研究的重点，并且已经为其设计了若干指标和定义。生态效率首先由德国学者 Schaltegger 和 Sturn（2002）提出，并由世界可持续发展工商理事会（WBCSD）和经合组织（OECD）推广，将生态效率看作资源环境投入与满足人类生产生活需求的产出之间相互协调的关系，即在经济和环境之间达到一种平衡。从广义上讲，生态效率是一种经济或效益产出的指标，与所需的生态、环境或资源成本有关。一个城市可以被看作是一个生态系统（Wolman，1965），城市需要物质和能源的投入以维持其功能，这种投入必然会带来一些经济和环境影响（Tjallingii，1995；Newman et al.，1999；Decker et al.，2000）。而城市对环境的影响不仅取决于自然资源进入的数量和方式，还取决于废弃物排放的数量和方式（Zhang and Yang，2007）。学者提出了各种城市生态效率的评价指标，例如，Newcombe 等（1978）通过某些社会指标（就业、健康、死亡率和满意度）及资源能源的消耗成本探究了生态效率（White，1994）。Newman（1999）提出了一种扩展模型，将收入、教育、住房、休闲和社区活动等指标纳入。Seppala 等（2005）采用经济指标，即将 GDP 和工业增加值作为产出，为了将资源成本参数化，采用了不同的方法进行处理，包括物质流量核算、总耗水量、工业能耗量等方法（Seppälä et al.，2005；Zhang and Yang，2007）。Wolman（1965）利用水资源消耗、食物和燃料的使用率来计算美国城市的物质流效率（White，1994）。与此同时，Seppälä 等（2005）和 Zhang 等（2007）将环境影响指标分为压力指标（二氧化碳、二氧化硫、烟尘排放、废水排放、工业固体废物排放）、影响类别指标和总影响指标三个部分。

从以上分析中可以看出，衡量城市形态和城市生态效率的指标具有显著的差异性，最终选择的指标取决于研究的目的。此外，城市形态与城市生态效率指标之间的关系还缺乏实证研究。

（二）评价指标设计

有关城市形态和生态效率的数据，来自中国 4 个直辖市和 26 个省会城市（由于拉萨和台北的数据缺失，因此拉萨和台北不包括在内）。基于研究的需要和数据的可得性，选择了代表城市形态的四个指标：形状率、紧凑度、伸延率和城市人口密度。其中，紧凑度和伸延率按照前面的公式计算。

(1) 形状率。Horton (1932) 提出了形状率 (FR) 的概念 (Haggett, 1997), 该概念基于所谓的长轴对称法。FR 的计算公式为:

$$FR = \frac{A}{L^2} \tag{4-17}$$

其中, A 为城市区域, L 为区域最长轴的长度。一般认为, 当比率从 1/2 到π/4 时, 城市的内部联系更加紧密 (Haggett, 1997)。

紧凑度:

$$CR = \frac{A}{A'} \tag{4-18}$$

伸延率:

$$ER = \frac{L}{L'} \tag{4-19}$$

其中, L 为区域最长轴的长度, L′为区域最短轴的长度, 该比率值越高, 表明城市的形态越延伸和扩张。

(2) 城市人口密度。该参数计算如下:

$$UPD = \frac{P}{A^*} \tag{4-20}$$

其中, P 是建成区的估计人口, A^* 是相应的建成区面积 (Kenworthy and Hu, 2002)。但 A^* 不是我国收集基本人口数据的行政单位, 中国城市统计数据由行政单位收集。一个城市由市区、县和乡镇组成。中国城市地区和区域通常统计表示分别称为“全市”和“市辖区”, 分别指“全市”和“城市区”。我国城市的郊区主要是农村或城郊, 一般不能作为城市的一部分。“城区”和“市区”都或多或少地包含具有乡村性质的土地, 因此不是研究市区的理想统计单位。A^* 的建成区包括住宅、商业、工业用地等, 也包括道路和街道; 同时, 不包括农村土地、森林、大面积连片未开发或空置的土地等。在这种情况下, 计算 UPD 的唯一方法是在必要时通过分析现有数据和进行估计。因此, 这里的 P 估计为市区内的非农业人口 (Chen, 2008)。

城市生态效率指标是投入指标 (如能源消耗) 和产出指标 (如 GDP) 的组合。为了设计该指标体系, 根据文献分析中提到的既有研究, 制定了投入和产出指标的备选指标, 并且不考虑仅仅出现过一次的指标。最后, 根据数据的可得性、实用性和有效性, 确定了最终的投入指标和产出指标。投入指标包括总用水量 (吨)、总用电量 (千瓦时)、食品消费总量 (吨; 定义为水果、蔬菜、肉类、海鲜、牛奶和加工产品的总和）和总耕地面积（千公顷）。产出指标分别为GDP（RMB）、社会福利（平均工资（RMB）和学生总数）。环境指标为SO_2排放量（吨），烟尘排放量（吨）、工业废弃物排放（吨）。由于缺乏可用的数据，二氧化碳的排放未能包括在内。所有数据主要来源于《中国城市统计年鉴（2008）》《中国统计年鉴（2008）》和《中国环境统计年鉴（2008）》（见表4－18）。

表4－18　　DEA效率分析的投入和产出指标

指标单位	平均值	标准差	极差
投入指标			
用水总量（万吨）	57719.20	67926.02	337009.00
总用电量（万瓦时）	2013245.63	2214672.58	10416020.00
食品消费总量（吨）	4411776.33	3405520.79	15493386.00
水果（吨）	417887.80	502957.27	2050599.00
蔬菜（吨）	3076482.80	2659058.10	11917383.00
肉类（吨）	420797.57	435150.55	1709393.00
海鲜（吨）	174570.13	288160.18	1538339.00
牛奶及奶制品（吨）	322038.03	574587.64	2928227.00
耕地总量（1000公顷）	409.33	467.61	1999.00
产出指标			
GDP（万元）	27902088.13	26691745.02	118463919.00
社会福利指标			
职工平均工资（元）	27891.14	7259.35	29319.28
学生总数（万人）	366196.97	197307.63	740703.00
环境指标			
二氧化硫排放量（吨）	120377.00	127246.60	682782.00
工业烟尘排放量（吨）	36813.90	27142.04	115552.00
工业废水排放量（万吨）	16017.50	18892.05	74802.00

资料来源：《中国城市统计年鉴（2008）》《中国统计年鉴（2008）》《中国环境统计年鉴（2008）》。

（三）指标的计算结果

城市区域A定义为城市土地边界内的区域，使用Landsat图像和相关专题地图进行标识。利用ERDAS IMAGING 9.1和ArcGIS9.3对30幅Landsat TM影像进行城市土地区域的解译，根据对卫星图像和辅助专题地图的视觉解译，以及借助行政边界地图对城市土地边界进行解译。在RGB（红，绿和蓝）色彩空间中，采用TM，5、4和3组合的波段，区别城市用地和非城市用地（Guindon et al.，2004）。

数据包络分析（DEA）模型是一种基于线性规划，通过与其他利用相同投入（资源）的决策单元（DMUs）进行比较，来评估决策单元（DMU）的相对效率（Charnes et al.，1978）。DMU可定义为每一个城市，虽然DEA模型不能解释内生和外生对DMU效率的影响，但大多数DEA模型是确定性的（Fried，2002），并且已经被成功地用于评估生态效率（Dyckhoff，2001；Zhang，2008）。DEA方法的基本算法如下：假设每个DMU上有K投入和M产出的数据。第i个DMU由向量x_i和y_i表示，DMUs的总数是N(j=1，2，…，N)。K×N投入矩阵为X，M×N输出矩阵Y表示所有N个DMUs的数据。DEA模型在数据点上建立了非参数包络边界，使所有观测点都位于生产边界之上或之下，代表每个DMU的所有产出与投入的比率。例如，uy_i/vx_i，其中u是产出权重的M×1向量，v是投入的K×1向量。为了选择最优权重，我们确立了以下数学公式：

$$
\begin{aligned}
&\mathrm{Max}_{u,v}\frac{u'y_i}{v'x_i},\\
&\text{subject to }\frac{u'y_j}{v'x_j}\ 1,\ j=1,\ 2,\ \cdots,\ N,\\
&u,\ v\geqslant 0
\end{aligned}
\tag{4-21}
$$

计算出u和v的值，这样就能计算第i个城市的效率。DMU是最大化的，受到所有效率度量必须小于或等于1的约束。如果值为1，表明边界上的点是技术上有效的DMU。上述线性规划问题必须n次求解，一次用于样本中的每一个DMU。每个DMU得到一个值（Farrell，1957）。有多种方法和模型可以处理非期望产出（污染等）（Allen，1999）。例如，可以将非期望产出作为正常的产出，然后进行倒数处理（Lovell，1995）。需要注意的是，Dyckhoff等（2001）认为，取其倒数后处理非期望产出是有缺点的，如原始数据的尺度区间丢失，也不可能取零值的倒数。然而，丢失原始数据的尺度区间的影响被证明是有限的（Fu，2006）。再加之，所有涉及的原始数据均为正值。因此，非期望产出在得到它们的倒数后被视为正常的产出。利用DEAP软件进行计算，得到城市生态效率，包括资源效率和环境效率。资源利用效率的计算方法是将水、土地、食物和能源消费的总量作为投入，GDP 和社会福利指标作为产出。同样采用水、土地、食物和能源消耗的总量作为产出指标，以及环境指标作为投入来获得环境效率。使用所有投入指标（水、土地、食物和能源消费总量）和产出指标（社会福利指标，GDP 和环境指标）衡量生态效率。对于城市形态与城市生态效率的相关性，则采用 Pearson 相关进行分析。

表 4－19 列出了中国 30 个城市的空间形态指标。伸延率（1.6～17）始终高于形状率（0.09～0.42）和紧凑度（0.11～0.53）。大多数城市的形状率（66.67%）在 0.08～0.39，只有四个城市高于 0.40。结果还表明，大多数城市（66.67%）的紧凑率在 0.20～0.49，只有 4 个城市的紧凑度在 0.50 以上。大多数城市的伸延率（73.33%）在 1.00～3.90。最后，有 13 个城市的人口密度超过 1 万人/平方公里（详见表 4－19）。

表 4－19　　城市形态指标数据

城市	建成区的估计人口（万人）	建成区面积（平方公里 km^2）	人口密度（万人/平方公里）	形态比（－）	紧凑度（－）	伸延率（－）
北京	901.96	1289	0.70	0.40	0.52	1.61
长春	254.17	285	0.89	0.36	0.46	2.01
长沙	183.56	181	1.01	0.42	0.53	3.46
成都	395.8	408	0.97	0.28	0.36	2.94
重庆	617.66	667	0.93	0.18	0.23	4.40
福州	155.32	170	0.91	0.12	0.15	5.40
广州	636.76	844	0.76	0.17	0.22	3.72
贵阳	154.98	132	1.17	0.13	0.16	5.21
海口	91.48	91	1.01	0.37	0.47	2.54
杭州	269.3	345	0.78	0.30	0.38	3.55
哈尔滨	344.37	336	1.02	0.38	0.48	2.01
合肥	166.38	225	0.74	0.23	0.30	3.68
呼和浩特	86.67	150	0.58	0.12	0.15	4.38
济南	330.26	315	1.05	0.25	0.32	3.60
昆明	173.43	253	0.69	0.35	0.44	2.73
兰州	184.62	176	1.05	0.09	0.11	16.99

续表

城市	建成区的估计人口（万人）	建成区面积（平方公里 km²）	人口密度（万人/平方公里）	形态比（-）	紧凑度（-）	伸延率（-）
南昌	176.59	109	1.62	0.31	0.40	2.90
南京	456.34	577	0.79	0.27	0.34	3.29
南宁	133.47	179	0.75	0.27	0.35	2.97
上海	1174.05	886	1.33	0.41	0.53	2.29
沈阳	415.17	347	1.20	0.37	0.47	2.44
石家庄	237.73	187	1.27	0.32	0.41	2.85
太原	232.15	238	0.98	0.25	0.32	3.86
天津	548.1	572	0.96	0.11	0.15	11.19
乌鲁木齐	171.94	202	0.85	0.18	0.24	7.99
武汉	451.61	451	1.00	0.23	0.30	3.32
西安	326.92	268	1.22	0.41	0.52	2.43
西宁	72.21	65	1.11	0.13	0.17	2.38
银川	73.96	107	0.69	0.17	0.22	7.29
郑州	202.17	321	0.63	0.34	0.43	2.29
最大值	1174.05（上海）	1289（北京）	1.62（南昌）	0.42（长沙）	0.53（长沙）	16.99（兰州）
最小值	72.21（西宁）	65（西宁）	0.58（呼和浩特）	0.09（兰州）	0.11（兰州）	1.61（北京）
平均值	320.64	345.87	0.95	0.26	0.34	4.19
标准差	251.75	275.44	0.23	0.10	0.13	3.15

注：建成区的人口估计与市区的非农业人口（市辖区）。

资料来源：《中国城市统计年鉴（2008年）》。USGS/NASA，Landsat任务（2006－2007）。

表4－20列出了资源效率（不包括环境指标）、环境效率（使用环境指标作为投入）和生态效率的DEA分析结果。在表4－20中，值1表示效率边界上的点，代表相对于研究中的其他城市而言技术上有效的DMU（即城市）。从表4－20可以看出，城市生态效率的平均值为0.88，大多数城市（70%）相对生态效率较高（0.9～1.00），7个城市的生态效率较低（0.50～0.69）。有12个城市表现为环境效率有效（1.00），13个城市的技术资源利用效率更高（详见表4－20）。

表 4－20　城市生态效率、资源效率和环境效率的 DEA 分析结果

类别	城市
资源效率	
0.40～0.69	兰州；南宁；乌鲁木齐；西宁；银川；重庆；贵阳
0.80～0.99	长春；哈尔滨；海口；杭州；济南；昆明；南京；沈阳；天津；太原
1.00	北京；长沙；成都；福州；广州；合肥；呼和浩特；南昌；上海；石家庄；武汉；西安；郑州
环境效率	
0.60～0.79	长沙；成都；福州；哈尔滨；海口；济南；兰州；南昌；南宁；上海；沈阳；太原；乌鲁木齐；武汉
0.80～0.99	长春；合肥；南京；石家庄
1.00	北京；广州；杭州；呼和浩特；昆明；天津；西安；西宁；银川；郑州；重庆；贵阳
生态效率	
0.50～0.69	兰州；南宁；乌鲁木齐；西宁；银川；重庆；贵阳
0.80～0.89	长春；昆明
0.90～1.00	北京；长沙；成都；福州；广州；哈尔滨；海口；杭州；合肥；呼和浩特；济南；南昌；南京；上海；沈阳；石家庄；太原；天津；武汉；西安；郑州

（四）城市形态与城市生态效率的关联机理

对于城市形态与城市生态效率的相关性，则采用 Pearson 相关分析方法。表 4－21 为城市形态指标与城市生态效率 DEA 分析的皮尔森相关矩阵。形状率、紧凑度和伸延率与城市生态效率和资源效率呈正相关关系，表明城市紧凑性可能是城市生态效率和资源效率提高的积极影响因素。由于城市紧凑性的特点是相对高密度、混合土地利用和步行为主的特点（Burton，2000），因此，可减少对私家车的依赖，节省了出行所需的资源和时间，保护了绿地和耕地（Williams，Burton and Jenks，2000）。其他潜在的优势可体现在效率方面，紧凑型城市的人均基础设施建设的物质和能源消耗较少，如减少长度和服务运行的管道、公路等，以及更多的多户住宅共享的基础设施资源。此外，紧凑度的增加有助于公共服务和资源的规模经济效应充分发挥，并鼓励社会服务的可达性，如医院、学校和图书馆（Capello and Camagni，2000）。

所有这些潜在的优势以及其他的好处，都可以在促进城市生态效率和资源效率方面发挥作用。

表 4-21　　城市形态与城市生态效率的皮尔森相关性分析

	形状率紧凑度	伸延率	人口密度	
生态效率	0.492** (0.006)	0.492** (0.006)	-0.458* (0.011)	0.069 (0.719)
资源效率	0.453* (0.012)	0.453* (0.012)	-0.437* (0.016)	0.077 (0.685)
环境效率	-0.210 (0.266)	-0.210 (0.266)	-0.088 (0.646)	-0.393* (0.032)

注：** 相关性在 0.01 水平（双尾）显著，* 相关性在 0.05 水平显著（双尾）。

与此相反的是，伸延率与城市生态效率和资源效率之间呈现较强的负相关关系，表明城镇化扩张对城市生态效率和资源效率具有破坏性影响。这一趋势在以往对我国城市的研究中也得到了证实，在这些研究中，由于环境退化和资源枯竭，城市化的快速发展往往被认为是不可持续的。Zhang（2000）阐述了城市扩张如何陷入城市蔓延，导致了土地资源浪费的增加。Yeh 和 Li（2000）认为，中国城市扩张的模式没有考虑城市形态、农业用地和能源消费。城市蔓延，可由伸延率的上升证明，也与较长的行程距离导致的燃料和资源的消耗有关（Yeh and Li，2000）。而在环境效率方面，对于紧凑度（-0.21）和伸延率（-0.088），只有较弱的负相关（在 0.05 水平上不显著）。因此，污染作为成本或投入的作用并没有明显地受到这些城市形态的影响。与环境效率显著相关（0.05 水平）。另外，人口密度与生态效率或资源效率并不相关。紧凑型城市可以更有效地利用资源。然而，考虑到污染是一种成本，高的人口密度可以抵消由紧凑度带来的部分正效应。因此，就城市空间治理的角度而言，表明需要平衡城市空间紧凑度和人口密度的关系。

与其他国家相比，中国城市的人口密度相当高（Kenworthy and Hu，2002），但是基础设施投资相对有限，已经逼近了城市的环境承载力（Jenks and Burgess，2000）。此外，基于 Richardson 等（2000 年）的研究，我国城市土地的混合利用水平较高，伴随着各种社会环境问题，快速城市化与高城市密度相结合，造成了城市空间的不可持续发展。

第二节

城市空间形态与城市经济效率

我国城市化进程的发展速度不断提升，与此同时，经济发展水平也得到了相应的提高。值得注意的是，城市化发展进程的快速演进不可避免地伴随着城市区域的持续向外扩张，在此过程中，城市形态也会发生相应的变化。城市周边的城郊腹地和农村的土地等各类要素资源将持续被开发和利用，此类自然要素资源是否可以得到充分的利用，不仅会直接影响到城市经济效率水平的高低，而且会关联到经济能否实现持续发展。可以说，城市经济效率的提高和城市形态的变更受到多方因素的制约，两者之间呈现出相应的关联关系。因此，基于此背景研究城市形态和城市经济效率的关系，实现城市化与经济发展的良性互动就显得十分重要。

一、研究背景

根据新古典增长模型的理论，在技术不变的条件下，资本深化推动着人均产出的增长（Solow，1956）。城市形态演变的根本动力是其经济发展水平，城市经济发展在一定程度上会引起经济结构的相应变化，改变城市空间的形态和结构的排列组合，进而推动城市形态中的各要素和其他因素之间的相互作用机理发生变化。可以说，在通常情况下，城市经济的逐步发展和技术的提升会导致以下两种情况：一是出现新的功能，二是原有的功能部分衰退，使城市的形态与功能两者之间发生矛盾，促使城市形态发生一定的改变。基于此，学界普遍认为在城市空间形态演变中，经济是根本的决定性因素。赵云伟（2001）的研究显示，在全球城市空间重构的过程中，经济的发展改变了功能空间的地域分布和区域空间结构，在城市空间形态演变中，经济是最活跃的因素之一。各国城市的发展实践同样证明，城市外部资金投入、产业结构调整、经济发展、技术提升在一定程度上可以推动城市功能的转变。从另一视角来看，在新古典模型中假设规模报酬不变，当资本要素的投入不断增加时，资本边际收益率随之下降，长此以往将会阻碍资本的进一步深化，经济增长率逐渐趋于稳态值。将之运用至国内地区，对于不同的区域来说，要素报酬递减意味着在地区差异扩大时，资本会从密集度高、回报率低的发达地区转向密集度低、回报率高的欠发达地区。但是，我国的现实情况却与理论假设相悖，虽然中小城市的资本较为稀缺，但是大中城市依旧在不断地吸收超负荷的资本（Jefferson and Singh，1999）。

随着我国经济的高速发展和社会的迅速进步，城市化进程随之加快，快速城镇化已然成为中国经济社会的一项重要标志。城镇化是指传统乡村社会向现代城市社会逐渐转变的历史过程，主要表现为农村人口逐步向城市转移，城市常住人口快速增加，从而推动城市空间的扩张和整合，在城市空间形态中表现为空间的外向扩张和内部重组（何冬琴，2012）。但是，城市化的快速进程也需要辩证地看待。城市空间的无序扩张和整合，不可避免地会导致一系列“城市病”的出现：城市建设用地盲目扩大，大量耕地被侵占，人地矛盾突出；城市基础设施落后；公共服务相对落后，处于低速阶段；犯罪率提高，社会问题不容忽视。以上种种负面效应成为城市进一步发展的制约“瓶颈”，阻碍城市提升发展的进程。1978 年，我国城镇化率为 17.92%，2017 年末，城镇化率为 58.52%（李岩，2017），39 年间增长了 30.62%，但是较之发达国家仍有很大差距。总体来看，城镇化发展速度的持续攀升使越来越多的农村人口逐步流向城市，城市的数量和规模日益扩大，由此产生相应的集聚效应。集聚效应可以产生一定的规模效益，带来更多的就业机会，进而推动城市经济的发展。但是，城市规模的发展需要控制在一定范围内，无限制的膨胀反而会给城市经济发展带来阻力。

立足于城市形成、发展和演变的角度，经济是首要决定性因素。目前，我国经济社会在整体上仍处于一个以生产为主要特征的发展阶段，探索由经济联系衍生的城市群空间组织，研究城市群在产生、成长及与外部经济联系发展过程中的空间运动规律，对我国的城市化和生产力的地域布局具有积极意义（王伟，2009）。在城市的经济空间系统中，经济的主体与相关要素会在不同的城市间进行相应的配置，进而产生集聚抑或是扩散的现象。不同的空间结构会影响经济的增长，例如，资源的空间集聚将会形成规模经济，进而促进经济增长。目前普遍接受的一种观点是：在发展中国家，城市空间的不断扩张会提升城市化，城市 GDP 也会得到一定程度的提高（Henderson，1974）。此外，如果集聚在高密度的城市，制造业和服务业的生产效率要更高，并且紧密的空间邻近可以促进生产者之间的溢出效应。但是，资源可能存在过度集中于大城市的情况，使通勤、拥堵和生活成本增长到过高的水平，增加了商品生产成本，降低了城市服务的供给质量（Williamson，1965），预示着城市存在扩张的倾向。然而，有学者认为，城市扩张通常会陷入城市无序蔓延的恶性情况，导致土地资源的日益浪费（Zhang，2000）。部分学者提出，中国城市的扩张模式没有考虑城市形态、农业用地和能源消耗（Yeh and Li，2000）。城市扩张的标志是延伸率的增加，同样也与较长的旅行距离及由此增加的额外的燃料和资源消耗有关（Yeh and Li，2000），这样的成本对于城市经济增长来说是很昂贵的。那么，城市空间结构的集聚是否一定会促进经济增长？城市空间结构的扩张是否会抑制经济增长？由此可知，城市空间结构与城市经济增长间的关系需要进一步的深入探讨。

但是，目前依旧缺乏用于实证研究城市空间结构与城市 GDP 之间关系的数据和资源。因此，本章的主要目的是探讨中国城市地区的这一问题，并在快速城镇化背景下分析城市空间结构的变化以及影响城市经济发展的机制，研究结果将为支持城市经济增长的决策和促进城市经济可持续发展的空间治理政策提供颇具价值的依据。

二、核心概念界定

（一）经济发展

经济发展和经济增长是两个不同的概念。经济增长是指一个国家或者地区的产品、劳务、人均实际产出等方面的增长，着重点在于数量层面。在经济学层面，经济增长是指将生产要素进行组合，进而转化成现实生产力的过程（宋立，2011），如实际 GDP 的增长。经济发展方式由经济增长方式的概念演化而来，相较于经济增长，经济发展的涵盖范围更加广阔，经济发展不仅包含经济增长，通常情况下还囊括经济结构的完善、科学技术的进步、社会的进步程度和社会的公平程度，以及环境的优化等多个方面的含义（黄泰岩，2007）。可以说，经济发展更为注重强调在经济增长基础上实现“质”的变化，从类比来看，若经济增长是单目标函数的话，那么经济发展则在一定程度上成为社会、环境甚至于文化层面新的约束条件，进而成为多目标函数（宋立，2011）。经济发展方式作为一个描述经济发展总体性质和特点的内涵，主要是指在经济增长中所投入的生产要素的排列组合形式，也可被称为经济发展的形式、举措和模式，或者说，经济系统从当前的状态逐步向理想状态或者是目标状态的演化中需要遵守的规则，如发展的结构、质量、就业、生态动力、效率、环境、分配和消费因素等（周叔莲、刘戒骄，2008）。由此可见，在经济增长方式演化为经济发展方式的过程中，一方面，可以是因要素作用的条件发生改变所导致的要素组合方式发生相应的变化；另一方面，也可以是因为目标约束条件发生变化而产生相应的变化。

（二）城市集聚

集聚主要用于描述地理范围空间上诸如资源、要素和各种经济活动等相关要素的集中趋势、集中程度和集中过程。集聚机制存在一定程度的惯性作用，通常情况下可以通过经济活动，形成空间范围上的集聚效应，进而促进经济效益的实现。魏后凯（2006）梳理了布雷克曼等人对于集中和集聚两者概念的区分（魏后凯，2006）。总体来说，集中和集聚均涉及经济活动的范畴，具体是指某一个经济活动在空间上的分布情况，如制造业、工业等。不同的是，集中的侧重点是少部分明确具体划分的部门（主要是工业）的空间位置，集聚则是表述经济活动的更大部分的空间位置。

城市集聚主要是指在城市范围内各种经济活动的集聚现象。城市集聚的发展基础是人口集聚和产业集聚，与此同时，城市集聚在一定程度上会促进经济活动的集聚，进而形成基础设施、社会活动、环境等层面的集聚。需要注意的是，人口集聚、产业集聚和城市集聚三者的集聚过程常常会相互作用，并没有具体的起止时间，三者互为基础，相互促进、相互影响、相互制约（胡双梅，2005），可以通过对于三者概念的辨别进行明确。首先，人口集聚是产业集聚和城市集聚的前提。不同地区的人口集聚必然存在一定的差异性，这就要求相应的城市规模、产业布局需要与人口的消费特征、消费质量相匹配。另外，产业的集聚不可避免地会涉及对于人口集聚的需求，缺乏相应数量的人口集聚的支持，不仅产业难以实现可持续发展，实现产业集聚的难度更甚。同时，城市被认为是工业、交通运输业、第三产业等产业的集中发展地，在一定程度上必须要以人口的集聚为其提供人员基础。例如，若缺少人口的集聚，就难以存在具有集中意义、结点意义的城市。由此可知，劳动力的数量和质量、劳动力的工资水平、人口的流动迁徙等人口要素会对产业发展和城市布局产生直接作用，最终影响产业集聚和城市集聚的过程。其次，产业集聚促进人口集聚，推动城市集聚。一方面，较高水平的产业集聚需要更多数量的劳动者，从而解决更多人的就业问题；另一方面，也为劳动者提供更多的就业选择，实现高质量、高水平的就业。可以说，一个区域中心城市的形成、发展和成熟，在很大程度上基于其主导支撑产业的规模和发展程度。产业的集聚必将会促进具有劳动者和消费者双重身份的人口进一步集中。另外，一个城市主导产业的集聚程度将会直接作用于该城市的主要功能和发展路径。只有一个城市具有相当规模的主要产业的集聚，才有可能集聚周边城市和其他腹地，从而发挥其中心城市的功能和作用。最后，城市集聚加剧人口集聚和产业集聚。通过上述分析可知，城市的形成和发展需要以大量的人口、集中的商业和密集的产业为基础，即人口的集聚和产业的集聚是城市集聚的前提条件。然而，城市的集聚同样可以反作用于人口的集聚和产业的集聚。归根结底，一个城市的根本性质之一是要素的集聚性，又可被称为集中性，主要用于表述城市要素在发展过程中不断集中，最终形成集聚效应的过程。在城市集聚的过程中，人口的集聚是其主要表现之一，主要表现为城市人口的持续增加、城市人口密度的连续升高、城市规模的不断扩大等。与此同时，城市集聚过程中导致的知识集聚、物化集聚、文化集聚等，会对其他腹地地区和周边城市产生相应的作用，这一切发展的前提是人口的集聚。通常情况下，城市的规模越大，相应的城市功能越发完善，交通运输等基础设施更为完善，共同为城市中产业的成熟发展和人民幸福的生活提供外部支持。长此以往，更多的相关产业更偏向于集中在城市发展，进而吸引更多的劳动者迁徙到该城市，城市的建设发展也会吸引更多的消费者，最终形成更大规模的人口集聚和产业集聚。总体来说，城市集聚主要是指城市范围内经济活动的集聚，在一定程度上会导致城市活动中其他层面的集聚，如基础设施使用程度的集聚、相关社会活动参加程度的集聚、环境污染程度等方面的集聚。可以说，此类集聚现象是否是集聚经济在很大程度上与城市集聚程度关联度较高。当城市集聚的规模达到一定程度时，会发生相应的集聚效应，当集聚进一步发展时，极有可能发生集聚不经济的效应。

城市集聚效应主要用以形容城市集聚所造成的种种现象，城市空间集聚背景下经济活动的频繁程度促进生产和交易的发展，从而推动规模经济的形成，知识、技术等软实力也可以突破地域的局限，实现溢出效应，以此降低货物、劳动者等要素的交通运输成本和流通成本。基于成本的外部性和集聚效应两者的关系角度进行分析，在城市集聚的背景下，企业、产业和城市三个方面都可以实现规模经济。成本外部性是市场交互条件下产生的副产品，可以被认为是集聚效应的具体表现形式，主要涉及产业间的关联程度，有且仅当其参与因价格机制变动所产生的交换时，才能够对企业或者消费者产生一定的影响（Fujita et al.，2002）。成本外部性的概念较为宽泛，不仅包括运输成本等生产成本，而且同样包括交易成本。不置可否，城市为当面直接交易、合作提供平台，集聚基础下的集聚效应可被类比为在空间尚未发生较大变化的条件下交易网络的增加，产生交易基础上的规模经济效应，减少交易的成本。换个角度来看，集聚所产生的成本外部性可以降低交易成本与生产成本。基于技术的外部性和集聚效应两者的关系角度进行分析，非市场的交互作用可以促进技术外部性的实现，需要建立在人力资本的积累和面对面交流的前提下，是一种技术外部性和扩散关联基础上的非市场行为（Fujita et al.，2002）。另外，在知识的创造过程中，异质性知识的作用不容忽视。但是，知识的转移、知识的扩散、先进技术的传播等均需要多种因素的共同支撑，如相关的支持政策和制度、知识的种类、地区壁垒等。城市集聚的空间下更利于上述因素的实现，因为城市空间范围的缩短形成的技术外部性可以减少知识、技术等要素的转移、扩散和使用成本，从而促进城市经济的增长发展。总体来说，城市集聚背景下劳动力的分工程度、知识的分工程度和市场规模间的内在互动和不断的循环积累，一方面可以降低运输成本、生产成本和交易成本，形成空间集聚条件下的成本外部性效应；另一方面，也可以降低知识、技术的使用、传播成本，形成空间集聚条件下的技术外部性效应，实现收益的递增，扩大社会收益。

从城市集聚机制的发生过程来看，城市空间集聚背景下经济活动密集程度的提高在一定程度上将会促进市场规模的持续扩大，在空间范围不变的情况下推动更大规模地实现产品的生产、交易和知识的创造、使用、传播等，促进分工的专业化，形成良性的发展趋势。城市的集聚使市场范围扩张，形成相应的劳动分工网络，优化组织结构，降低组织内部的成本，由此形成的规模经济也可以促进资源的高效配置，减少不必要的成本。另外，城市的集聚使市场范围扩张，同样可以形成相应的知识网络，提高其专业化程度和运转效率，进而促进劳动分工程度和生产率的提高，形成人口的集聚和产业的集聚，最终促进城市规模的扩张，实现内生发展。

（三）城市扩散

城市发展的另一个显著特征是城市空间扩散。总体来说，城市的集聚和城市的扩散是一种相辅相成的关系，城市的集聚是城市扩散进一步发展的基础，同时也会进一步推动集聚的发展，两者互相限制、互相推动。城市的发展在不断实现集聚的过程中，也会进行相应的扩散和辐射，即扩散的最终目的是实现更大范围的集聚，但同样，城市扩散也是促进城市集聚的有效手段之一。城市扩散主要是指城市的建成区范围、商品销售市场的范围、城市文化和生活方式的影响不断增加，进而使从前属于农村区域的土地和人员转变为城市所属的一部分的现象（杨波、李秀敏，2007）。城市扩散可以从如下两个方面进行分析，在主观层面，作为一个明确的利益主体，通常情况下城市会以自身的实力为基础持续拓宽自己的周围腹地，进而为该城市的产业、服务提供充足的发展空间。在客观层面，城市将会凭借其技术、资金、知识、体系、理念等优势提升和促进周围腹地的发展，进而进一步发挥其在腹地中的主体性角色（高鸿鹰、武康平，2007）。

在国内外研究中，城市扩散一般情况下也可被称为“郊区化”。西方学者持有的观点认为，当城市发展到一定的水平时，就会发生“郊区化”的现象，人员、就业机会、主体产业和附属产业等均会逐步从城市向原来的农业生产地区或者郊区转移，但是这样离心分散化的过程往往会使城市的发展趋缓，甚至停滞不前。日本地理志研究所编写的《地理学词典》认为，“郊区化”的主要对象是城市周边的农村区域，当其不断受到城市膨胀这一因素的影响时，使城市的主要因素和农村的主要因素相互融合，从而推动近城市区域农村发生变化的过程。由此可见，上述两种概念的共同特征均为城市扩散是一项城市离心分散化的过程。不同的是，西方学者通过研究认为，城市扩散即大城市中心向原来的农业生产地区和近郊转移，这样的离散化趋势通常会阻碍城市中心城区的发展。而日本的学者则持有相反的观点，其认为，由于城市膨胀的主要影响作用，城市周边的近郊地区将会融合城市的主要因素和农村的主要因素，并不涉及是否会阻碍城市中心地区的发展。

与城市扩散较为相似的概念是城市扩张，尚无统一明确的具体含义，争议较大。整合梳理现有的城市扩张方面的文献可知，城市扩张的内涵可大体分为两种类型，即内涵式和外延式。支持前者的学者持有的观点如下：城市扩张主要是指城市用地的低效率、土地开发方式的低密度和人口布局的分散程度（Brueckner，2000）。支持后者的学者认为，在城市发展过程中，城市扩张可以通过利用耕地或者附近郊区的土地等形式实现在空间范围上的扩展和增长（吴宏安等，2005）。

关于城市扩张的类型与模式层面，西方国家的研究开展较早，目前已有多项论述城市空间扩张，进而影响城市形态的文献。J E V（1964）将单个城市的扩张类型概括为两种，一是集聚型，二是扩散型。其中，蔓延模式、连片模式、非片模式属于集聚型，轴向模式、飞地模式属于扩散型。Forman 等（1995）基于景观生态学的角度，认为城市扩张模式可被划分为单核式、边缘式、多核式、廊道式、散步式 5 种。杨荣南等（1997）将城市扩张的主要模式概括为同心圆模式、以主要交通轴线为基准呈带状式扩展、跳跃式组团扩张模式以及呈低密度的形式连续蔓延模式。Knox（2001）通过分析认为，单个城市空间扩张的模式有两大类共五种，其中，集聚型的城市空间模式为蔓延式、连片式和分片式，扩散型的城市空间模式为轴向式和飞地式。Camagni 等（2002）认为城市扩张模式可被划分为五种，即增添、外延、以交通线为基础延伸、蔓延和卫星城模式。刘纪远等（2003）采用凸壳原理分析城市空间扩张，研究结论显示，城市扩张的类型分为填充型和外延型。Leorcy（2012）则认为城市增长的类型有紧密型、边缘型和廊道型三种（张荣天、张小林，2012）。

当然，城市形态的变更是一个融合多要素、交替多模式的复杂过程，应考虑到不同阶段、不同城市在不同条件下城市扩张类型也会发生相应的变化，单一的某一理论难以完全概括描绘其主要思想。以中国城市的扩张类型为例，众多学者在此方面进行了有益的探索。王红扬（1999）研究城镇土地演化系统时，将其划分为两个范围和层次，分别是个体化的城镇土地演化和区域性城镇群体的城镇土地演化。其中，城市扩张的过程就是个体城镇的土地演化过程，大体上经历的过程如下："基本没有功能调整的蔓延式扩张——调整局部功能的蔓延式扩张——较大范围调整功能的蔓延和跳跃式扩张——一定范围内调整功能的跳跃式扩张——相对稳定的微调局部功能"。钱紫华（2004）研究西安市的城市扩张模式，研究结果显示，1980 年之前，西安市的城市扩张模式以向外扩张为主，之后逐渐发展为以轴为中心向外逐步扩张，周边的腹地则是经历了"块状—星状—块状"的变化过程。Xu 等（2007）研究南京大都市区的城市扩张模式，得出结论：1979～2003 年的城市扩展模式可被概括为填充式、边缘扩张式和自发增长式。

另外，研究中国城市的扩张类型时，也应考虑不同的地理条件和社会经济发展水平，以此分析中国城市扩张的不同特征和模式。Deng 等（2005）通过研究 1990～2000 年中国 13 个特大城市的城市扩张研究发现，由于特殊的地理条件，广州和重庆以河湖沿岸为基础呈线性蔓延式扩张模式为主；考虑到港口的存在，大连市的城市扩张模式同时具备单中心模式和线性蔓延式的特征，是一种较为典型的混合型扩张城市；北京和成都在城市建设用地的影响下，城市扩张模式主要是单中心蔓延式模式；沈阳、哈尔滨和长春三市地处平原地区带，城市扩张模式与北京和成都较为相似，均是基于老城区周边沿不同方向扩散，是一种单中心的蔓延式扩张模式；上海、天津、西安的城市扩张模式是以旧城区外围或卫星城为基础，是一种蛙跳式的扩张模式；武汉和南京则是受到自身的地理条件和城市总体规划因素的影响，表现出多核式的城市扩张模式。从另一个层面来看，部分学者将单个城市作为研究对象，同样探讨中国主要城市的扩张模式，研究取得了较为一致的结论。一般情况下，北京市的城市扩张沿城市交通环线发展，并呈现同心圆的态势逐步向外蔓延（Xie et al.，2007），与此同时，在北京的个别城市扩张方向上又呈现出一定的条带式和活跃式的扩张特点（Jiang et al.，2007）。20 世纪 90 年代以前，成都市的城市扩张主要为蔓延式扩张模式，沿不同方向进行发散扩张；90 年代后，转变为沿交通线，呈现轴线式的扩张模式；2000 年之后，成都市的城市扩张模式则发展成为老城区的内部填充式扩张和卫星城的飞地式扩张同时并存的模式（Schneider et al.，2005）。长春市的城市扩张模式在 1978 年以前以沿交通线路呈廊道式扩张模式为主，之后逐渐转变为主要以边缘区填充式和边缘区蔓延式扩张为主的模式（匡文慧等，2005）。南京市的城市扩张模式在不同的阶段同样呈现出不同的态势。1979～1988 年，南京市的城市扩张模式主要是蔓延式扩张，飞地式扩张模式同样占有一定的比重；1988～2000 年，南京市蔓延式城市扩张模式所占的比例有所下降，填充式扩张模式逐步发展，所占比例不断上升；2000～2003 年，南京市蔓延式城市扩张模式占据绝对优势，仅在个别地区出现填充式和飞地式的扩张模式（Chi Xu et al.，2007）。杭州市的城市扩张模式在早期，以外延式和飞地式扩张模式为主，随着城市副中心的逐步发展，多中心蔓延式的城市扩张特征随之发展，逐步显现（Feng et al.，2010；Yue et al.，2010）。Liu 等（2005）、李书娟和曾辉（2004）、王新生等（2005）、程兰等（2009）在研究中国主要城市的扩张类型时，采用不同的数据和方法进行进一步的探讨，所得出的结论与上述分析基本相同。

三、理论基础

（一）集聚经济理论

城市化有效发展的必经过程之一便是集聚。在城市化发展的初期阶段，城市集聚的主要标志为农业人口、农业生产要素等农村资源逐渐向城市过渡和转移，从而推动城市人口增加、密度逐渐加大、城市规模随之扩大。可以说，正是农村资源的不断集中所产生的集聚效应对城市经济发展产生一定的影响。

集聚经济的研究，最早起源于亚当·斯密在《国富论》中关于空间层面产业集聚现象的分析，“很多类型的产业，即便是处于最初级水平的产业，也必须位居在一个较大的城市当中。例如，一名搬运工在其他地方是难以找到满意的工作并且获得相应的工资收入的”（周亮，2011）。通过这段话可以得知，亚当·斯密着重强调产业理应布局在一个较大的城市中，其本质上是因为在较大的城市中，考虑到不同产业和生产部门的集中程度，不同的企业和不同的劳动力之间的匹配程度更为高效，即企业可以进行更多的劳动力资源储备。换句话说，生产部门和劳动力双方均可以在若干产业的集中过程中获得相应的收益。亚当·斯密同样分析研究了分工的一系列相关问题。他认为，社会的合理分工可以提高一个民族甚至一个国家的生产力水平。所谓的分工是指集合具有相同属性或者相似属性的工种和资源，整合后的资源可以形成“1+1”大于“2”的效果，这样的分工效应便是工业化社会早期的集群效应。另外，值得注意的是，亚当·斯密早期关于集聚经济的论断中，研究结论将集聚经济规模的大小等同于城市规模的大小。上述思想在一定程度上影响了该时期城市经济学家的度量方法，其主要采用城市规模、产业规模等总量要素进行衡量。

经济学家马歇尔深入研究了经济集群的外部性。在研究城市集聚经济的理论时，早期的经济学家主要采用马歇尔对于内部经济和外部经济概念的论述，将城市集聚经济解析为完全使用外部经济。美国的管理学家波特认为，由于产业竞争的需要形成了经济集群，由此产生了一系列的产业价值链。总体来说，集聚经济是指市场主体和各种资源要素的集聚使投入成本不断降低和经济效益不断提高的过程（陶佳佳，2016）。基于经济活动的外部性原因，城市聚集经济可以被划分为三个层面和与之对应的三种类型，即企业内部的规模经济、对于企业层面是外部的，但是对于产业部门来说是内部的经济；在企业层面和产业层面均是外部的，但是因为集聚在某一个城市而形成的经济。其中，第二种类型的城市集聚经济可称为“地方化经济（localization economies）”，第三种类型的城市集聚经济可被称为“城市化经济（urbanization economies）”。在城市化的发展进程中，集聚经济主要体现在以下两个方面：一是地方化经济，二是城市化经济。地方化经济是指由于整体产业生产率的提高、产品数量的扩大，使各个行业内部的每个企业生产成本降低，这样的过程也可被称为行业内部的集聚经济。较之地方化经济，城市化经济的范围有所扩大，即由行业延伸至整个区域，主要是指因整体地区生产率的提高、产品总量的扩大而导致单个企业的生产成本随之下降的过程。

（二）扩散效应理论

关于经济扩散效应的研究最早起源于古典重商主义，古典重商主义持有的观点认为，贸易为社会财富的增长助力。凯恩斯主义学派对这一论述进行了深入的研究。例如，资源禀赋理论通过研究证实，因为各个国家的资源禀赋情况存在一定的差异，因此需要进行相关的交换，这种交换被称为扩散效应过程。在研究卡恩和凯恩斯两位经济学家关于投资乘数理论的基础上，罗伊·福布斯·哈罗德提出贸易乘数理论和 Roy Forbes Harrod 贸易乘数简单表达式。美籍奥地利经济学家弗里兹·马克卢普在研究 John Maynard Keynes 和 RoyForbes Harrod 提出的乘数理论的基础上，具体明确地提出了对外贸易乘数理论，分析了国际收支和国民收入两者之间的乘数关系。可以说，乘数效应是经济扩散的一种特殊的表现方式，促进经济扩散效应结果的显著程度明显提高。

与集聚过程多是发生在城市化进程的初期阶段不同，在城市化发展的中后期阶段，集聚效应同样发展到相当程度，此时便会产生相应向外扩散的情况。在这个阶段，城市人口总量日益增加，但是中心城区的人口密度却随之不断下降，并伴随着城市区域的逐步向外延伸，城市人口也相应地发生转移。扩展后的城区无论是经济发展水平，还是人口素质，抑或是各种资源要素的吸引力都与日俱增。相较之下，原中心城区的吸引度下降，发展速度放缓，多重因素的叠加使其逐渐被新的城区所淘汰，侧面印证了城市化的扩散效应。城市的扩散效应理论同样可以理解为：在城市区域逐渐向外扩展延伸时，城市的中心区域不仅可以发挥其自身独特优势辐射周边区域，推动其发展，而且相关的要素、资源同样逐渐转移扩散至新扩张的地区。同时，与新城区相匹配的各类基础设施、公共服务和公共产品也会相应完善，从而使新老城区变得有序发展。

城市发展的另一个典型特征是扩散，在主观层面，作为一个有明确利益目的的主体，城市通常情况下会持续不断地利用自己所具备的实力延伸自己的腹地范围，以此为促进自身发展的产品和服务寻找更大的进步空间。在客观层面，城市凭借其在科学技术、资金储备、管理方式、生产体系等方面的优势，深入提高和促进腹地地区的经济发展，以此进一步明确城市中心对腹地的主导性、主体性作用。一方面，城市在集聚的过程中会不断进行“扩散—辐射”。这种关系类似于贸易中的进口和出口关系一样，扩散的目的是实现更好的集聚。另一方面，扩散也是一种对于集聚的有效保护方式之一。仅从单纯的经济活动角度来看，城市集聚的目的是实现一定的规模效益，但是，规模经济并未要求城市经济的规模无限制的增加。过度的城市集聚通常会使集聚不经济的现象出现，如资源短缺、环境恶化等一系列的社会政治问题。在市场经济的前提下，由于收益和价值规律的双重制约，城市经济系统在本质上有一种与其他的经济系统在技术层面、经济层面、组织层面以及再生产过程中的相互影响、相互促进的趋向。上述趋向可以从如下四个方面进行理解，共同融合组成了城市的扩散效益：第一，工业产业内部各行业的相互影响；第二，产业之间的相互影响；第三，城市和农村之间的相互影响；第四，城市地区和周边区域之间的相互影响。这样的扩散趋向在一定程度上促进了集聚可以在一个适当的程度范围内进行，进而保证了集聚效益的实现。

此外，扩散的另一个目的是促进集聚能力的进一步增强。城市的产品和服务在最终环节必须在市场上才得以实现，但是城市囿于其本身的市场能力有限，因而城市须得向农村地区、其他城市地区进行一定的扩散。通过这样的扩散过程，城市的发展实力得以进一步的提高，集聚力也会实现进一步的增强。城市扩散功能的主要来源之一是中心城市自身结构的不断完善、科学技术的持续进步，但是也要考虑到规模效益的效力持续降低、土地价格的不断上涨、生活费用的连续增加。在经济发展到一定的阶段时，城市的扩散形式主要有周边式扩散、等级式扩散、跳跃式扩散和点轴式扩散等形式。需要注意的是，中心城市的扩散并不能以人的意志为客观转移。尽管在事实上，城市的扩散并非是选取某一种单一的形式，通常是采用混合式的扩散模式。然而，近年来点轴式的扩散模式受到越来越多的关注，这种形式的本质是中心城市沿着主要的交通干线呈现串珠状的模式向外延伸，进而形成若干的扩散轴线或产业密集轴带，以此显现出产业经济逐步向外扩散的基本传递手段，其在购置合理有序的经济布局，促进经济效益进一步增长的过程中扮演着非常重要的作用。

（三）投入产出理论

美国的经济学家瓦西里·列昂惕夫是投入产出理论的鼻祖，其在进一步深化研究经济活动相互间依存关系的基础上，提炼投入产出的核心内涵，提出投入产出理论。基于上述研究，瓦西里·列昂惕夫编制投入产出表，用于深化投入产出的基本定理，进一步明确其要义。投入产出的主要研究方向是建立一个数学模型，该模型可以真实地反映出社会各层经济结构和社会产品的二次生产及利用的过程。通过对这一模型的深入研究，得以进一步探讨存在于生产和消费单位两者之间的投入产出关系。投入产出理论在劳动价值观、生产资料生产和消费资料生产两大部类理论的基础上衍生发展起来，其主要内容有三部分：第一，制作投入产出表；第二，构建线性方程；第三，建立数学模型。通过上述三步的融合，共同分析探讨在各类经济体系中难以解决的、复杂的投入、产出、再投入、再产出的比例关系。投入产出理论不仅在国民经济的研究中广泛应用，还逐渐在分析积累和消费间的关系方面有一定的进展（陈璋、陈大权、徐宪鹏，2010）。作为一种成熟的经济分析方式，投入产出方法在国内的多个经济领域得到了深入广泛的应用。

投入产出分析具有显著的优势，其采用棋盘式的平衡表直观反映国民经济中所涉及的几百个部门间在产品的生产和消耗两者之间的直接关系或间接关系。据此，可以利用投入产出衡量计算各部门之间的关联程度，以此研究分析单个部门最终诉求发生变动以及产品价格有所波动时对于其他所有部门产生的影响，计算其他各种类型的完全消耗系数和各种乘数等内容，这是其他技术和方法难以完成的。现阶段，投入产出理论主要用于分析国民经济部门、再生产环节间的数量依存关系，可适用于政策模拟、经济分析和制定政策等方面。在初期阶段，投入产出理论聚焦于静态分析，随着研究的逐步深化，投入产出理论模型运用的领域在不断地延伸，逐渐趋向于动态分析。

在投入产出理论中，投入主要指的是社会生产过程中使用和消耗的生产要素。生产要素可以被划分为两类，即有形投入要素和无形投入要素，两者同等重要。其中，原材料、燃料、办公用品、辅助材料、固定资产折旧等实体物品均属于有形投入要素，时间、精力、服务等均属于无形投入要素。产出主要指的是生产活动中的最终成果以及对其的分配使用情况，同样被划分为两类，即中间产出和最终产出。因此，投入产出理论重点关注如何配置投入要素使其达到最优配置的同时，实现在该配置下的最大化产出。

在投入产出理论中，投入产出表的作用不容忽视。投入产出表是指生产任何一类产品都不可避免地要消耗一定的原材料、燃料、动力以及劳动力等要素，以此生产出来的产品主要的用途有五类，即供生产其他类的产品所使用、消费、形成固定资本、出口抑或增加存货。因此，投入产出表的主要作用之一就是具体明确地系统反映国民经济中各部门、各产品之间的生产关系、使用关系等。那么，投入产出表的关键要素之一投入主要是指各相关部门在生产产品和提供服务的过程中所进行的各种投入，中间投入和最终投入同样包含在其中，两者相加之和即为总投入。其中，最初投入主要是指所投入的各种要素，如固定资产的折旧、劳动者应得的工资报酬、生产税净额和营业盈余等。中间投入又被称为是中间消耗，用于描述国民经济中各部门在进行生产经营的过程中必须消耗的各类原材料、燃料、动力和各种服务的价值。投入产出表的另一关键要素是产出，主要是指各部门相应的产出和产出的主要流向，中间使用和最终使用同样包含在其中，两者相加之和即为总产出。其中，中间使用主要是指国民经济中各部门所生产的产品中被用于进行中间消耗的一环。最终使用主要是指被用于最终投资、出口和消费的一环。

投入产出理论的具体应用形式是投入产出分析法，其形式如表 4 - 22 所示。

表 4 - 22　　投入产出表基本模型

投入产出	中间产品	最终产品	总产品
物质消耗	(X_{ij})	Y	X
新创造价值	N		
总投入	X		

其中，X_{ij}是指生产过程中消耗的 i 部门产品的数量（或价值）；（X_{ij}）是消耗矩阵，主要用于代表国民经济中各部门的生产技术联系；N 是新创造价值的向量，用以表示国民经济发展所创造的产出效益；Y 反映最终产品的向量，主要代表物质产品和精神产品的总和；X 是社会总产品数量的向量。需要注意的是，在编制投入产出表前，一定要确保社会总产出量和总投入量的恒等关系。在此前提下，建构投入产出表的计算体系，但一定要明确（a_{ij}），即各环节生产时的直接消耗系数，主要反映生产单位 j 环节所需直接消耗的产品数量。

在编制投入产出表和建立线性方程式的基础上，便可以构建相应的投入产出模型，以此借鉴数学方法和计算机技术对于投入产出模型进行相关的分析，可以分析各个经济部门之间在生产和投入两者之间的数量关系。现阶段，关于投入产出的模型有很多的种类，在分析的时期不同这一前提下，可以将之划分为动态模型和静态模型；在计量单位不同这一前提下，可以将之划分为价值模型和实物模型。在具体的实际操作中，理应根据实际情况的变化，相应地选择适宜的分析模型。

（四）经济效率理论

根据发展阶段，效率理论可被划分为三个部分，即古典经济效率理论、新古典经济效率理论和现代经济效率理论。在分析效率层面时，古典经济效率理论将着重点确定为生产领域，注重分析投入要素的作用，并同时关注劳动生产率、资本生产率等层面。例如，诸多基于古典经济效率理论的研究将投入要素明确为劳动、土地和资本，产出为工资、租金和利润，在此基础上研究分析生产要素和最后产出两者的关系，据此提出，提高劳动生产率和积累资本在一定程度上可以提升生产效率。

新古典经济效率理论在理论研究的重点层面发生改变，即由单要素生产转向全要素生产，更加注重效率组成的复杂性和动态发展过程。以帕累托等新古典经济效率学家为例，其更为关注优化配置资源，使有限的资源发挥最大的效用。一方面，该理论重点探讨如何在既定的收入水平下使商品组合的配置实现个人效用的最大化；另一方面，同样关注如何在有限成本的约束条件下，采取措施优化生产行为，使利润或者产出实现最大化。以 Farrell 为代表的学者对现代经济效率理论进行全面系统的研究，其首先明确各类投入效率的测度方式，并将效率拆分为两个部分，即技术效率和配置效率。经济效率可以综合体现技术效率和配置效率，如果经济决策单元同时兼备以上两者，可证明此类决策单元的效率较高。其中，技术效率主要测度在既定投入的基础上，企业或相关部门获取产出最大化的现有能力和发展愿景，配置效率则是关注企业或相关部门在技术水平和价格既定的前提下优化投入资源组合的现有能力和发展愿景，以此获得净利润的最大化。

（五）新经济增长理论

20世纪60年代兴起的新古典经济增长理论，主要根据“柯布—道格拉斯”生产函数（以劳动投入和物质资本投入这两个要素为变量）构建增长模型，将技术进步作为外生变量用以分析经济增长的原因。但是，新古典增长理论不可避免地存在一定的缺陷，使其在实践过程中难以发挥应有的作用。一方面，新古典增长理论的一个重要思想是收敛定理，以此分析在长时间内各国的经济增长速度将逐渐趋于一致，这样的关键要点无法解释各国长期之间在经济增长方面存有的一定差异性。上述内容较为直观，以新古典增长理论为基础进行探讨，各国的长期经济增长率和技术进步率相同。但是，对于世界各国而言，作为一种外生因素，技术进步可以获得的机会和平台都是相同的。为此，各个国家的经济增长率最终都会趋向一致。另一方面，新古典增长理论把影响经济长期增长的根本性决定因素—技术进步归类为外生性因素，但是又没有明晰技术进步的具体来源和出处，这一点受到了很大的质疑。

直到20世纪80年代中后期，罗默和卢卡斯等学者在新古典增长理论的基础上着重讨论了经济增长可能出现的情况，提出新增长理论，旨在剖析经济增长根本性原因这一问题，使经济增长理论再一次成为经济学研究中的热点话题。新经济增长理论认为，外部力量并不能引发经济增长，经济增长主要是经济体系各种内部力量相互作用而导致的结果，其将经济增长的来源完全的内生化，因此新经济增长理论也可被称为内生经济增长理论。在收益递增和不完全竞争假设的前提下，新经济增长理论着重强调知识溢出效应、人力资源外部性、技术创新在经济增长中扮演的重要角色。可以说，知识的累积和人力资本的累积在新经济增长理论中被认为是促进经济增长的重要因素，主要是考虑到知识的累加和人力资本的累加均具有规模报酬递增的特点。在一个经济系统中，知识和人力资本的增加可以促进投资金额的增长，资本的累加又能够反向推动知识和人力资本的积累，经济系统长期处于良性的循环发展之中，进而促进经济的进一步增长。总体来说，新经济增长理论尤其是知识溢出效应、人力资本和技术创新等方面研究的出现，为分析探讨集聚效应对于经济增长的影响提供了全新的研究基础。20 世纪 80 年代后半期，在经济增长的内生化体系方面，新经济增长理论可以说取得了很大的成功。基于此，学术界通常也称新经济增长理论为内生增长理论。但是，新经济增长理论不可避免地存在一定的缺点。例如，前面着重分析介绍的几种增长模型仍旧存在一些难以忽视的缺陷，类似于阐述技术或知识的三种特征，上述模型都仅能描述和分析前两条，难以涉及对第三条特征内容的分析。这样的缺陷阻碍着新经济增长理论的进一步发展，直到 20 世纪 80 年代末和 90 年代初，罗默和卢卡斯的研究逐渐破解这一困境。

在阿罗增长模型的研究基础上，罗默开展相关研究分析，创新性地使新经济增长理论的发展进入了一个全新的发展时期。较之先前的研究，罗默突破性地在其知识积累增长模型中增加诸多要素，不仅包含诸如资本和劳动这样的生产要素，同样将人力资本和技术水平这两个要素纳入模型之中。罗默的模型同样得出了知识技术的开发和累加是经济增长的重要来源之一。罗默在其《递增报酬与长期增长》一文中分析得出，个别厂商的研发技术部门所发明的新知识和新技术会在一定程度上导致正外部性经济的出现。主要可以从以下两个方面进行分析，一方面，厂商会运用新知识和新技术来促进生产的增加和投资规模的扩大，投资还可以进一步推动新知识和新技术研发条件的增加和积累，共同推动劳动生产率的增加，进而推动经济的增长；另一方面，考虑到知识溢出效应带来的影响，新知识和新技术得以在厂商之间、社会各区域之间广泛的传播，从而推动经济社会整体知识水平的提高，最终达成促使整个区域经济增长目标的实现（Romer，1986）。

总体来说，罗默最大的贡献之一在于突出强调经济外部性的作用，认为知识和技术的外部性完全可以使产出相对资本与技术的弹性大于 1，因此推动资本的边际收益逐步从递减转变为递增。长此以往，经济增长会呈现出发散的过程，随时间的逐步发展，人均收入的增长率也会随之递增。可以说，罗默的这一结论克服了阿罗模型的不足。在此之前，“新增长理论”模型的共同特征是在分析中引入收益递增这一要素时，均以收益递增主要来源于外部经济性为前提假设。采取此类处理方法的优势是不会损害原有的假设——完全竞争市场结构，因此仍旧可以采用新古典增长理论作为模型框架，进而可以保证均衡技术进步率和经济增长率两者的存在。但是，倘若完全将技术进步或经济增长归因为是外部经济性的作用，这样的结果是不科学的。事实上，技术进步通常情况下和一些如研究与开发活动等有意识的经济活动相关联。但是如果将开发活动、技术发展和存有一定目的的研究联系起来，并且同时假设个人或者企业的创新和发展并不会马上扩散到其他人和其他企业，在此条件下，完全竞争市场结构的假设就会失效。因为考虑到规模经济的存在（需要注意的是，此类规模经济并不再由外部性引起），市场会转变为不完全竞争。为此，若是想要更好地描述分析技术进步的产生机理，就一定需要设立一个专门用于处理不完全竞争市场结构的模型框架。可以说，正是得益于产业组织理论这一经济学中的另一门学科分支的发展，推动新经济增长理论的不断优化。

新经济增长理论的另一代表人物卢卡斯从一个新的角度分析解释了经济增长的内在机理。基于20世纪60年代中期宇泽（Uzawa）建立的模型，卢卡斯增长模型的结构和阿罗—罗默模型较为贴近，但是更为重视和强调人力资本及其重要性。卢卡斯通过研究认为，对于人力资本的投资是溢出效应的主要来源之一，并非是来源于所投资的实物资本。可以说，每一单位人力资本的增加不仅可以推动产出水平的进一步提高，同时还可以促进社会平均人力资本水平的提升。值得注意的是，社会平均人力资本水平的高低直接影响着社会的平均运作效率，每个企业和个人都可以从总体效率的提高中获取一定的收益。换句话说，人力资本的累加方式具备一定的外部性特征。卢卡斯增长模型的重要释义主要有两个方面。一方面，不同于新古典增长理论的假设条件，资本积累的过程并不能推动经济增长水平的提高，而是主要依靠人力资本的积累过程得以实现。具体来看，即利用外部性的作用机制实现人力资本的逐步累加，进而推动经济系统的持续增长，这一点主要可以用于解释国际间的要素流动。另一方面，在谈及卢卡斯增长理论的研究背景时，卢卡斯主要说到了他的一项观察结果，结果显示，资本和劳动力两者在国际间的流动主要表现为从低收入国家流动至发达国家。考虑到根据新古典理论的研究内容，资本劳动力的正常流动程序应从资本和人力资本相对充裕的发达国家流向资本和劳动力相对稀缺的发展中国家，因此上述内容无法使用新古典增长理论进行解释。若在研究这一问题时，以卢卡斯的增长理论为基础，则可以较好地分析探讨这一现象。因为人力资本积累所具备的外部性，即使发达国家和发展中国家的资本与劳动比率相等，但是考虑到在人力资本水平方面，发达国家的水平明显高于发展中国家。为此，发达国家的资本和劳动力的边际收益也会大于发展中国家的水平，长此以往则会推动资本和劳动力从人力资本水平较低的发展中国家流向人力资本水平较高的发达国家。

另外，卢卡斯模型认为经济水平持续提高的主要原因是人力资本的不断积累。卢卡斯指出，通过技术进步这一方式，人力资本得以推动资本的收益率不断提高，进而促进经济水平的提高。与此同时，随着生产规模的不断扩大，专业化的人力资本也会呈现相应的增加趋势，同边际生产率递减的规律相似，人力资本增加的速度也同样呈现递减趋势。但是，具备某一种生产、制造某一类商品的技能同样可以成为生产另一种商品的基础，而对于新产品的需求也会进一步推动生产新产品所需的人力资本形成速度的提高，进而在原有水平上使人力资本得到一定的增加。因此，从整体水平来看，人力资本的累加是呈现递增趋势的，这将会导致人力资本的边际产出在总体层面呈现出递增的趋势，因其突破了劳动和物质资本两者边际产出递减规律的限制，从而使经济水平可以实现持续的增长。

四、城市形态与城市经济效率相互作用的机理

（一）分析框架

城市是集聚生产和消费活动的主要场所。马歇尔认为，经济活动的空间集聚通常情况下会产生三种外部经济的类型：一是只有当需求程度足够高时，单位成本较低的特殊投入品才能予以供给；二是本地的劳动力市场规模足够庞大，完全可以实现就业需求和劳动者技能的高度匹配，进而改善厂商和劳动者双方的经济状况；三是知识的快速传播及溢出效应的发生在一定程度上推动劳动生产率水平的提高，从而促进经济增长水平的提升（马歇尔，1964）。

目前，关于城市空间结构和城市经济发展方面的研究十分丰富。Alonso（1997）在分析城市规模对城市效率的影响时，建立城市成本—收益模型，通过该模型研究发现城市规模扩大时，城市边际收益和边际成本相应呈现递增趋势，同期显示边际收益递减但边际成本递增的现象，据此判断城市发展的最优规模是边际成本与边际收益两条曲线的交点处。王小鲁、夏小林（1999）在

参照新古典模型和内生增长模型的基础上，在C-D生产函数的原型上构建计量模型，选用对数非线性函数以表示不同规模城市的正负外部效应，通过分析可得前者边际收益递减而后者边际收益递增，由此论断我国城市人口规模在100万~400万时，城市净规模效益最大。唐杰（1989）、林筱文和陈静（1995）、金相郁和高雪莲（2004）、金相郁（2006）等人利用卡利诺模型分析中国城市的集聚经济效益。唐杰等（1990）以天津市为实例，研究其10个主要工业部门1952~1984年的城市聚集经济。林摸文和陈静（1995）立足于福建省，分析1980~1992年其7个主要工业部门的城市聚集经济情况。金相郁和高雪连（2004）同样以天津市为研究对象，剖析呈现1989~2001年城市聚集经济的变化现象。金相郁（2006）通过卡利诺模型，分析城市集聚带给经济的影响，并对城市规模进行回归分析，结果显示相较于大中小城市，特大和超大城市的集聚经济效应并不显著。亨德森（Henderson，2007）在研究我国城市发展规模时，得出“在过去几年时间，虽然中国的大部分城市经历了大规模的人口流入，但中国城市的发展在总体上仍然是城市数量众多，人口规模略显不足。如果一些地级城市的人口规模能够扩大一倍，那么便可以使这些城市的单位劳动力实际产出增长20%~35%”（唐杰、张灿、李家川，1990）。金相郁（2004）运用聚集经济和最小成本的方法，研究分析北京、天津和上海的最佳城市规模，结果显示有利于以上三个城市的最佳人口规模分别是1251万人、951万人、1795万人。

另外，城市作为产生经济活动和创造国民财富的主要区域，城市表现出高生产集中或集聚性特征。新增长理论和新经济地理理论两者认为城市是经济增长的主要驱动力（Black and Henderson，1999），结论显示在城市层面，知识、创意或者人力资本的外部性对于经济增长的促进作用尤为显著（Lucas，2001；Duranton et al.，2004；Moretti，2004）。Jones和Romer（2010）通过归纳分析，把由于城市化促进要素的流动而导致的市场范围扩大这一客观事实统称为新卡尔多事实（The New Kaldor Facts）之一。新经济地理学家Fujita（2004，2005）和克鲁格曼（Krugman）基于垄断竞争的前提背景，将边际报酬递增确定为基本假设，采用循环累积因果论解释分析城市集聚经济。一方面，该理论将因集聚所导致的垂直关联和移民、人力资本、实物资本的流动和知识溢出，技能劳动力的移动和知识溢出，贸易与创新成本、差异化产品等因素归纳至内生增长理论，以此为基础研究分析城市对于经济增长的作用和集聚与增长两者之间的累积因果循环。另一方面，该理论持有的观点认为，城市规模是拥挤效应和规模经济下的一种权衡机制，拥挤效应主要可以表现为要素价格的提高、交通拥堵、通勤成本、边际地租等方面（吴冕，2011；Reynolds，1963；Haynes，1973）。陈为民、蒋华园（2000）的研究结果显示，城市人口规模为100万~400万人时，城市规模所创造的净收益最大。王冬梅等（2002）通过研究，得出特大城市的城市经济效益最优，小城市居于次位，其他类型的城市据此产生的经济效益较低。王小钱（2002）假设城市收益函数呈递减趋势，城市成本函数呈递增趋势，通过两者分析城市规模的净效益，得出两者的差异即为规模净效益的结论。张宪平、石涛（2003）也在研究中尝试分析全国城市的平均规模收益率。

上述文献聚焦于城市聚集经济的发展态势，但是缺乏与城市规模的关联研究。现有文献从不同的角度对这一主题进行分析。第一类研究的视角集中在城市群和溢出效应方面。例如，Marshall（1920）和Henderson（1974）提出了集聚经济学，并强调了集聚地区的技术溢出效应。Segal（1976）和Moomaw（1985）等人的实证研究，也都重点研究这一领域。从城市和工业水平的层面来思考，技术溢出可以被看作是集聚经济的一种来源（Sveikauskas，1975）。但是，根据Moomaw（1998）的结论可知，几乎所有先前的研究结果都受到质疑，原因在于他们未能使用在更细分的层次上，定义的行业来估计集聚经济，因而结果存在夸大的可能。

第二类研究的视角集中在最优城市集中度方面。根据Williamson（1965）的研究可知，关于最优城市集中度的讨论中有相关的动态组成成分。在经济发展的早期阶段，城市高度集中被认为是提高效率的一个必要条件。Wheaton和Shishido（1981）的研究发现，随着收入的增加，各国的城市集中度呈现先增长后下降的趋势，这与各国随着时间的推移而出现的内部区域趋同的结果是一致的。具体来说，Richardson（1987）详细评估了城市规模扩大带来的成本和收益。Mills（1967）和Abdel－Rahman（1988）等人所从事的研究是集聚文献的另一个分支，即对企业规模经济的假设。Krugman（1991）证明，当运输成本较低时，集聚会产生规模经济，如果大多数的工人是流动的，那么规模经济就会受到影响。同时，Ciccone（1992）认为，内生技术的运用强化了集聚的模式。由此可见，城市空间结构的集聚与经济发展密切相关。

（二）城市空间集聚促进经济发展

在一定程度上城市集聚可以推动经济发展水平的提高，其主要路径如下：

（1）城市形态变更促进经济发展。在城市化的发展进程中，各类较为分散的资源或要素会逐渐集中在一起，进而形成集聚效应。集聚后的资源或要素的使用率明显高于资源或要素分散时的使用率，即城市化效率的提高。例如，在推进城市化的过程中，农村的劳动力等相关生产要素逐渐向城市转移。与转移前相比，集聚后的资源要素在利用效率方面显著提高。也就是说，同样的要素和资源投入较之从前可以创造出更多的产出价值，进而增加社会财富，最终推动经济发展。随着城市化发展进程的逐步推进，城市将进入向外扩展的阶段。此时，各类较为发达的生产技术、人才储备等资源也逐渐向外扩散，即形成辐射效应，以此带动周边地区生产效率和运营效率的提升。综上所述，城市形态变更使周边地区的整体经济发展水平得到相应的提高。

（2）推动产业进步促进经济发展。随着城市化进程的逐步推进，农村地区的人口逐渐向城市转移，为城市的发展提供有利的劳动力资源。此外，技术的进步推动农业生产日益朝向规模化和专业化的方向发展，土地使用效率不断提高。水源、土地、人力要素在同样的投入下创造了更多的产出。这同样是城市形态变更促进经济发展的一个重要表现。值得注意的是，城市发生集聚或扩散时，在工业方面，各类工业企业也会发生集聚，形成相应的工业区，周边诸如交通等基础设施、第三产业等服务业也会得到相应的发展。这一方面可以推动劳动分工专业化的发展；另一方面也便于减少交易成本，促进各类要素资源的合理配置，进而促进制造业和服务业的优化发展，最终推动城市经济水平的高效发展。

（3）升级就业结构促进经济发展。在城市化不断发展的过程中，就业结构也发生相应的调整和变化。随着机械化程度的不断提高，农业对劳动力数量的需求相应减少。此时，工业行业正在从劳动密集型转向资金密集型和技术密集型，同样对于劳动力数量的诉求逐渐减少。但是，服务业正在迅速发展，对劳动者的吸引力逐渐加强，已然成为劳动力的主要就业方向。由此可知，劳动力的就业结构正在不断优化升级，在其发展过程中，劳动要素的工作效率逐渐提高，收入水平也得到相应的提高，即城市形态的变更推动就业结构的优化，进而促进经济发展。

（4）技术更新促进经济发展。随着城市化发展进程的不断推进，在技术层面，一方面可以促进科学技术水平的提升力度，另一方面也会推动技术的研发、引进、利用等一系列工作的开展和深入。正是科学技术水平的持续提升促进产业结构的调整，在一定程度上使各类要素和资源发挥其最大的效用，因此推动城市形态的变更，最终促进经济发展。

（三）经济发展促进城市形态的变更

城市形态变更的根本动因是经济发展水平的提高，为城市经济的进一步发展奠定良好的基础，其主要路径如下：

（1）通过提升基础设施和公共服务水平推动城市形态的变更。在经济发展水平持续增长的同时，城市的配套基础设施也会得到相应的改善和提高，各类公共服务的水平也随之提高，既有利于降低城市化进程中的各项成本，也有利于提高办事效率，从而推动城市形态的稳步变更。

（2）通过优化产业结构和就业结构推动城市形态的变更。在经济逐步发展的过程中，农业在国内生产总值中所占的比重会有所下降，而工业和服务业的占比则相应提升。此时，农业的生产效率显著低于工业和服务业的生产效率，制造业、工业和服务业等行业极易聚集，进而产生集聚效应，提升行业的生产率，从而提高城市形态的变更效率。另外，随着产业结构的调整，就业结构也产生一定的变化，隶属于农业的劳动力资源日益减少，多流向工业、服务业等行业，从业人员的增加和从业素质的提高使生产资源得到更为合理的配置，进而为城市形态的变更提供良好的基础。

（3）通过提高科学技术水平推动城市形态的变更。科学技术水平的不断提高在一定程度上可以促进经济发展水平的提升，将之适用于产业层面，可以得到如下分析。一方面，可以推动农业的现代化发展，延长产业链并提高农业产品的附加值；另一方面，也可以减少工业、制造业和服务业的成本，提高这些行业的生产效率，即投入的要素和资源获得的产出明显增加，从而推动城市形态的变更。

（四）城市空间结构计算

现有文献从不同角度提出了城市空间结构指标，在特定分析中使用哪一类指标取决于数据的可得性和研究的需要。Huang 等（2007）使用紧凑性、中心性、复杂性、孔隙度和密度这 5 个指标。Tang 和 Wang（2007）利用建筑用地、道路空间、绿地和人均土地消费研究了城市空间结构和大气污染之间的关系。Zhang（2005）采用基于重力的模型测量空间可达性，McMillan（2007）设计了用于反映城市空间结构的指标，如交通安全感知和犯罪安全感知。同样地，Song（2005）制定了一系列包括密度、土地使用组合、无障碍环境和行人通道在内的指标。因此，对于衡量城市空间结构的公认指标可以做较为广泛的解释，最终取决于研究的目的。根据实际情况和可获得的高质量数据，选择了两个代表城市空间结构的指标，包括紧凑度（CR）使用最小边界圆作为标准测量区域的形状特征、伸延率（ER）测量区域的扩展程度。采用的公式如前面所述。

（五）城市空间结构数据收集与处理

有关城市空间结构指标和城市 GDP 的数据来源于我国的四个直辖市和 26 个省会（拉萨和台北由于数据缺失并未包含在内）。城市地区的量化，可定义为在城市陆地边界内的区域，使用陆地卫星图像和相关专题地图予以表示。利用卫星 TM/ETM 三年（2007 年、2010 年和 2016 年）的 30 幅图像来解读城市土地面积，采用 ERDAS 图像 9.1 和 ArcGIS9.3 进行数据处理。根据卫星图像和辅助专题地图的视觉解释，在行政边界图的协助下，可以对城市土地边界进行分析。在 RGB（红色、绿色和蓝色）空间中，由 5、4、3 组成流行的 TM 波段可以被用于标注城市土地和非城市土地的差异（Guindon et al.，2004）。

利用 LANDSAT 图像和相关专题地图计算出城区的紧凑度和伸延率，有利于全面描绘城市形态。但城区在我国并不是一个可以收集基本数据的行政单位。中国城市统计数据由行政单位收集。城市由市区和县、镇、乡组成。中国城市地区或区域的正常统计表示可以分别被称为“全城”和“市辖区”，分别指“市域”和“城区”。中国城市的郊区仅仅是农村或城郊，因此一般不能被视为城市群的一部分。在这种情况下，计算城区的唯一方法是对现有数据进行分析，并在必要时进行估计（Chen，Jia and Lau，2008）。图 4－5 以石家庄、南宁、贵阳为例进行说明。

此外，城市 GDP 的增长还可能受到资本投资、劳动力条件、产业结构和流通的影响（Kim，1995；Torstensson，1996；Ellison and Glaeser，1997；Duranton and Overman，2008；Krawiec and Szydlowski，2017）。为了更准确地探讨城市空间结构与城市 GDP 之间的关系，有必要对其他变量进行控制，以此作

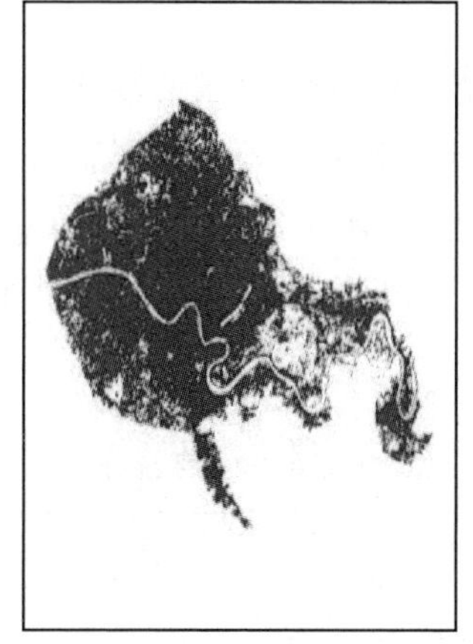

图 4-5　城市增长边界解释实例

为面板数据分析的一部分。因此，控制变量的选择是基于与城市 GDP 关联度较高的变量，以及数据的可用性。其中，包括全市第二产业从业人员比例（第二产业结构）、全市第三产业从业人员比例（第三产业结构）、30 个城市的货运量（流通）、全市人口数量（劳动力条件）、固定资产总投资（资本投资）。所有数据主要来源于《中国城市统计年鉴》和《中国统计年鉴》相关年份。

（六）计算结果与分析

变量描述统计。2007～2016 年，在对 30 个城市（见图 4-6）的国内生产总值标准化后，可以看出整体趋势显著增加。中国各大城市的国内生产总值都

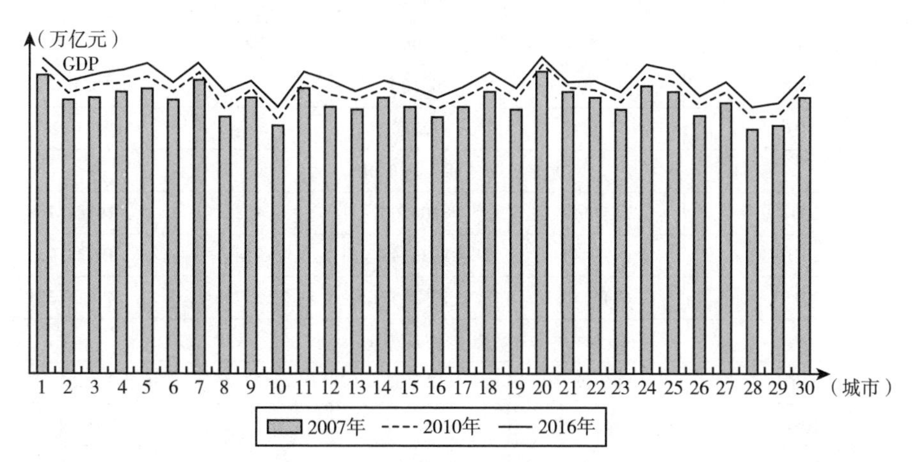

图 4-6　城市 GDP 的总体变化趋势

有不同程度的增长。

表4-23列出了30个中国城市地区的城市空间结构指标。2007~2016年，伸延率大于紧凑度。2007~2016年，城市的紧凑度总体呈下降趋势。既有的研究证实了这一结果。例如，Fang，Weifeng和Song（2008）对23个城市群的紧凑度进行分析，研究发现我国城市群的紧凑度不高，空间差异较大。

表4-23　　变量的描述性统计

年份	最小值	最大值	均值	标准偏差
紧凑度				
2007	0.094	0.446	0.240	0.083
2010	0.067	0.283	0.182	0.058
2016	0.012	0.539	0.210	0.129
伸延率				
2007	0.475	2.833	1.234	0.531
2010	0.030	1.629	0.423	0.283
2016	1.856	84.370	9.126	14.850
第二产业比重				
2007	26.030	53.190	4.306	7.629
2010	19.250	53.670	4.148	8.231
2016	18.500	62.420	4.183	10.410
第三产业比重				
2007	46.460	73.440	5.612	7.495
2010	46.300	80.100	5.799	8.140
2016	37.280	81.030	5.743	9.682
货运量（流通）（10^4吨）				
2007	2441.49	78108.00	1.88	16781.76
2010	2978.46	81385.49	2.45	19724.73
2016	6644.50	2.57E5	3.73E4	49015.38
人口数量（10^4 person）				
2007	86.08	1526.02	427.26	352.2791
2010	94.86	1542.77	447.17	358.511
2016	167.00	3392.00	787.63	601.353

续表

年份	最小值	最大值	均值	标准偏差
固定资产总投资（10^4元）				
2007	1.10E6	4.36E7	1.14E7	1.03E7
2010	2.54E6	5.81E7	2.09E7	1.57E7
2016	1.27E7	1.72E8	5.20E7	3.43E7

相反，研究结果表明，2007～2016年，城市伸延率总体呈上升趋势，这与Pan和Han（2013）的研究结果相呼应。在中国，城市延伸的主要手段是基础设施建设、开发区的建立和行政调整，这同样扩大了城市面积。地方政府刺激了城市的扩张，发展城市已成为地方政府具有竞争力的项目（Chiew Ping Yew，2012）。统计结果同样表明，各城市第二产业比重在下降，第三产业比重呈上升趋势。其余三个控制变量，包括货运量（流通）、人口和资本投资，均呈现上升趋势。

面板数据分析。面板数据既有横截面维度，也有时间序列维度，这可能为未观察到的因异质性所造成的偏差问题提供一个解决方案。此外，可以利用面板数据集来揭示横截面数据难以检测的动态特征。因此，它们在研究中得到了越来越多的成功应用（Mikhad and Zemcik，2009）。面板数据模型如下：

$$y_{it} = \alpha_i + \beta' x_{it} + \gamma' z_{it} + \mu_{it}, \quad i = 1, \cdots, N, \quad t = 1, \cdots, T \tag{4-22}$$

其中，i表示横截面的大小（30个城市），t（2007年、2010年和2016年）表示时间序列的维度，α_i是一个标量，$\beta(\gamma)$是一个$k \times 1$的向量，$\beta'(\gamma')$是$\beta(\gamma)$的转位，$x_{it}(z_{it})$是自变量观测量的$1 \times k$矢量，而且，y_{it}是在时间t上观察个体i的因变量。μ_{it}代表其他因素的影响，这些因素不仅是单个单位所特有的，而且对时间周期也是如此。这些因素可以用一个独立的、同分布的、均值和方差为零的随机变量（σ^2）来描述。选择合适的模型，可以采用F检验、冗余固定效应检验（RFE）、Hausman检验、Breusch Pagan和Lagrange乘数（BP－LM）检验。RFE检验表明，混合效应模型优于固定效应模型（p－值>0.05）（Hausman，1978）。Hausman检验表明，随机效应模型优于固定效应模型（p－值>0.05）（Hausman，1978）。最后，BP－LM检验表明固定效应模型优于随机效应模型（prob>chi>0.05）（Breusch and Pagan，1980）。因此，采用了固定效应模型。作为稳健性检验，回归模型选取第二产业结构、第三产业结构、流通等作为控制变量。

$$\mathrm{Ln(urban\ GDP)}_{it} = \alpha_i + \beta'\mathrm{Ln(urban\ compactness)}_{it} + \gamma'\mathrm{Ln(urban\ elongation)}_{it} + a'\mathrm{Ln(secondary\ industry)}_{it} + b'\mathrm{Ln(tertiary\ industry)}_{it} + c'\mathrm{Ln(circulation)}_{it} + d'\mathrm{Ln(population)}_{it} + e'\mathrm{Ln(capital\ investment)}_{it} + \mu_{it} \quad (4-23)$$

$i=1, \cdots, 30, t=2007, 2010, 2016$

根据表4-24的结果，城市扩展与城市GDP呈现显著的相关关系，说明城市空间结构可能是我国城市经济增长的一个重要因素。

表4-24　　　　控制变量回归函数的结果

自变量	Model1	Model2
Ln（城市空间紧凑度）	-0.0077 (-0.329)	
Ln（城市空间伸延率）	-0.071*** (-3.454)	-0.0768*** (-8.441)
Ln（第二产业）	0.209 (0.817)	
Ln（第三产业）	0.318 (0.887)	
Ln（流通）	0.093*** (2.878)	0.0916*** (2.917)
Ln（人口）	0.539*** (6.350)	0.541*** (6.188)
Ln（总投资）	0.440*** (11.235)	0.438*** (11.656)
调整 R^2	0.953	0.956
S.E.	0.111	0.106
F	261.435***	489.491***
方差膨胀因子	<7	<7

结果表明，城市空间结构，如城市空间的伸延率与城市GDP呈显著负相关。城市的空间紧凑度与城市GDP呈负相关，但不显著。集聚效应在我国各大城市尚未得到充分发挥。2007~2016年，中国城市人口密度有所下降，但城市化使城市人口密度增加（Wang，Jin and Ceng，2004）。农村向城市迁移已

成为中国城市化的主要特征，大量的农村人口向城市迁移。根据 Johnson (2013) 的报告，中国正在推进一项在未来十几年内将 2.5 亿农村居民迁移到新建城镇的计划。同时，与城市化速度相比，城市公共服务设施投入的增长速度有限（Zhang and Yuan，2000），这支持了 Huang 和 Wang（2006）的研究。因此，城市中心地区变得非常拥挤，特别是我国的交通拥堵，这对城市经济增长来说代价是高昂的（Feng，Zhou and Guo，2009）。城市过于拥挤，便无法促进经济增长，例如，当高房价和高拥堵成本时，此时城市就会扩展。制造业首先从大都市区的核心城市转移到附近的郊区，因为相对来说那里的土地成本要低得多。通过土地开发商和地方政府的主动行为，有效的工作要求能够自由地或积极地形成新城区。然而，我国缺乏强有力的土地市场管理和合同管理制度，这进一步抑制了城市经济的进一步增长。

我国的城市化是被动的，城市低密度扩张是由政府而不是市场主导的。财税体制改革后，土地出让成为地方财政收入的重要组成部分，这促进了政府雇员的晋升（Du et al.，2014）。地方各级政府都有鼓励土地开发的动机（Qian and Roland，1998；Li et al.，2015），许多土地被开发为房地产。1984～2005 年，我国城市建设面积从 8842 平方公里急剧扩大到 32520 平方公里，增长了 260%（China State Statistical Bureau，2006）。因此，城市空间扩张的速度十分迅速。由于对基础设施和土地财政收入的投资不断增加，在短期内刺激了城市 GDP 的增长。但是，靠空间扩张和资源的大量消耗所带来的经济增长是无法持续的。

事实上，很多新城区都缺乏如医院、学校和商场等公共服务基础设施（Xia and Wang，2010），而且许多新城区都空荡荡的，缺少“人气”。没有适量的生产性服务和城市资源不平衡配置的新区可能会使城市经济增长延缓。事实上，高质量的经济增长可以通过提高技术效率和技术进步来抑制城市空间扩张。技术进步通过改变要素间的替代弹性对城市土地的扩张产生抑制影响，而且可以加大土地利用力度，改变土地利用结构（Zhao，Zhang and Zhang，2014）。因此，城市空间结构的扩散与城市经济增长在长期呈现负相关。

（七）结论

本节对我国 30 个城市的空间结构与城市 GDP 之间的关系进行定量分析，发现城市空间结构可能受城市经济发展模式的影响。农村向城市迁移已成为我国城市化的一个显著特征，与城市化速度相比，城市公共服务设施投资的增长速度有限。在我国，城市都市区人口密度高且拥挤，无法长期促进经济增长。再加之，城市化是被动的。各级地方政府都有土地开发的各种动机，城市扩张发展迅速，在短期内促进了城市 GDP 的增长。然而，新区缺乏公共服务基础设施，封闭的边界和过度的延伸会削弱城市 GDP 的潜力，这会导致城市中心区的过度密集，抑制集聚效应。同时，由于城市空间的扩大，城市经济不能得到有效的持续发展。

结果表明，我国迫切需要改革现行的被动城市化模式。被动城市化是由政府通过土地征用、将农村土地改造成城市土地，把农民变成城市居民而进行的。积极的城市化应充分利用市场，推动农民自愿进入城市，由单一的政府主导模式转变为多主体合作模式。在城市化的进程中，在政府、社会团体、社会组织、相关专家和公共媒体之间建立合作伙伴关系。合理的城市发展模式可以通过内生协同效应和市场运作，使城市资源配置更加完善，以此形成松弛的边界，避免过度延伸。这将促进城市化的可持续发展。

第三节 城市空间形态与城市社会效率

城市社会效率是城市效率的重要组成部分，能够充分体现城市范围内特定时间和特定环境下个体间关系的融洽程度。人类在生产生活、教育、医疗等多个方面的效用，均可以通过城市社会效率得以体现。公共服务支出用于塑造和维系良好的社会关系，涉及教育、医疗等多个切实关乎群众利益的行业，还用于保障部门职能的正常运转和解决员工就业问题，能够真正地惠及全体民众。政府提供的公共产品和服务（由公共支出体现）增加会提升其为代表性消费者带来的边际效用，并且直接影响生产函数（程宇丹、龚六堂，2015），此外，公共支出能提供市场不愿或不易提供的公共产品和服务，实现对市场经济的有效补充（薛钢等，2015）。因此，将社会效率界定为公共服务支出方面，对城市形态与人均城市公共服务支出之间的关联机理进行剖析。结构安排如下：首先是研究的背景、研究现状分析、理论基础，紧接着是对城市公共服务支出分析、城市形态对城市公共服务支出的作用机理研究。

一、研究背景

作为经济、资源和文化聚集的重要区域，城市的建设对整个社会的可持续发展有着举足轻重的影响。1979 年我国开始经济改革，随之而来的城市政策变化使城市化进程日益加快。城市化带动了整个社会的进步，城市建设成为现代化建设的重要引擎，与快速城市化相伴随的是城市公共服务支出的明显增加。2015 年我国城市公共财政支出已达到 120984 亿元，较 2007 年增加了 4 倍，尽管如此，与居民对公共服务资源的需求相比，公共服务支出仍然存在滞后性，而且优质的公共服务资源还呈现分布失衡的特征。实际上，1999 年就已经有学者发现这一问题，认为中国的快速城镇化促使城市基础设施建设需求大幅增加，但出于多方面原因，难以实现设施数目的持续增加，导致财政赤字、维护不足等现象频发（Wu，1999）。而且我国的官员晋升“锦标赛”的体制使地方政府更加关注 GDP 的总值及增速，对公共服务的投入程度仍有待加强。根据中科院对 38 个城市的居民调查报告显示，公众对城市基础设施建设满意度仍处于较低水平，尤其是公共住房和公共交通方面（李慎明等，2016）。

而就城市的总体运行效率而言，我国 288 个城市中仅 28 个城市处于相对健康状态，超 9 成城市处于“亚健康”状态（颜彭莉，2016），其中，城市的公共服务支出存在诸多不合理而且效率低下的现象，严重阻碍了城市公共服务的健康和可持续发展。政府正在积极地进行着由管理型政府向服务型政府的职能改变，公共服务问题影响到居民的切身利益，公共服务支出不均且效率低的情况也引起了政府相关部门的高度重视。2011 年国家提出“包容性增长”的发展战略，着重强调了公众担心的社会问题，确保不同的社会群体能够享受到同样品质的服务。2017 年国务院印发了《“十三五”推进基本公共服务均等化规划》，明确提出了力争到 2020 年，“基本公共服务体系更加完善，体制机制更加健全，基本公共服务均等化总体实现”的目标。不仅中央部门颁布相关政策，地方政府也在其各自区域制定了许多针对性方案。例如，2015 年山东省在食品药品安全、环境保护、产品质量等行政管理和公共服务领域，推行信用记录和信用报告制度；2017 年天津进行优化公共服务资源布局的一系列措施，加快建设学校、医院、文化馆等重点项目，推进轨道交通发展，创立食品风险监管体系；江苏省在“十三五”期间深入推行“互联网+政务服务”，八成以上基本公共服务事项将可在网上完成。党的十九大报告中也指出中国社会的主要矛盾已经转变为人民日益增长的美好生活需要和不平衡不充分的发展之间的矛盾，直接体现居民需求与公共服务支出间的特征。公共服务支出对整个社会产生的影响是显而易见的，其中大量投资用于基础设施建设。基础设施作为一种无偿的生产要素，不仅可以提升资本和人力的生产力，还有助于提升家庭幸福度。1994 年世界发展报告发现，在所有国家中，公共支出投资建设的基础设施存量每增加 1%，GDP 水平就增加 1%，此外，发达国家每年投资 2000 亿美元用于设施建设，而国民生产总产值的 4%或者总投资的 1/5 用于交通、能源、通讯、水供应、卫生和灌溉（World Bank，1994）。

在此背景下，城市作为人类活动的主要场所和公共服务设施的聚集地，成为重要的研究对象。城市形态成为人们关注的重点，不仅是因为目前城市扩张势头迅猛，而且还因为它对环境、社会和经济均产生了巨大的影响。城市用地增加引发的交通线路增多会加剧城市拥挤现象，进而产生环境污染（Glaeser and Kahn，2004）。此外，过度的城市用地也会减少耕地和绿地的面积，失去了由开阔空间带来的舒适度（Sierra Club，1998）。其中，在城市不合理的形态引发的结果中，对财政支出的影响极其深远。尽管许多因素会对政府投入的总量、结构和地区分布产生影响，但毫无疑问城市空间结构是其中突出的因素。例如，城市扩张需要大量的资金投入来拓宽道路网及保证居民的水电暖供应（Carruthers and Ulfarsson，2002）。城市人口的分散也难以实现规模经济和公共服务最优化（Carruthers and Ulfarsson，2008）。但城市紧凑也不总是带来好处，它难以满足居民对更大生活空间、独户居住、亲近大自然、远离市中心等高生活品质的追求（Gordon and Richardson，1997），在某种程度上是居民不满的驱动器，可能会引发社会矛盾。此外，城市紧凑也会带来生活节奏加快、生活压力过大、垃圾清理不及时、城市“热岛”效应等现象。为了形成更适合国情的城市发展模式，美国政府提出了精明增长模式，致力于在市中心附近进行建设用地的增加，并且限制周边农村和环境敏感区域的发展。此外，精明增长模式还要求通过提高城市密度和采用混合利用模式来减少道路、水管及下水道建设。可是，这也带来了许多挑战：由于土地发展的限制，房屋的成本也在增加；中央政府推行成长管理制度出现了额外的政府支出；因为房地产市场的不可控性，潜在的发展也受到阻碍。Burchell 和 Mukherji（2003）认为传统的城市蔓延模式更受居民的欢迎，主要有以下原因：从市场角度，社会愿意通过牺牲距离来减少公共支出，即在远离市中心的位置提供较目前性价比更高的公共服务，相应地，近城郊区的大户型单户住宅的价格也会更优惠；从政策角度，如果抵押利息和不动产税可以扣减，并且汽油价格一直处于低水平（由于公路的修建和维护不体现在税收中），那么美国的城市发展将会持续扩张；从个人角度，如果在城市周边地区公共安全得以保障，近郊区物业税较低，城市也会出现蔓延。而在欧洲国家，政府也同样更加推崇紧凑城市，认为垂直模式的发展模式有利于提高城市公共资源的利用效率。1990 年，欧共体委员会在城市环境绿皮书指出以高密度和多样性为特点的紧凑城市可以在体现欧洲当地建筑风格的同时实现经济的高效发展（Commission of the European Communities，1990）。

尽管大量的研究显示通过提升城市密度并在现有建筑区域寻求新发展可以节省大量的设施成本，但总体来说，城市发展模式与城市公共服务支出之间的关系仍然是模糊和存在争议的。在公共服务支出与城市形态关系的界定方面，学术界仍没有达成一致的观点，甚至截然相反的结论也同时出现。针对我国而言，1994 年分税制改革后，地方财政支出逐渐占据财政结构的主导地位，这成为我国与西方发达国家的一大差异，也使相关研究更加重视地方政府在经济中的支出职责和作用机理。长期以来，针对城市发展模式与城市公共服务支出的相关研究都是以发达国家为研究对象，中国作为一个拥有最大的人口规模和快速城镇化的发展中国家，将会对既有研究提供城市空间治理的依据。自 1980 年以来，中国涌现了一大批新的城市，这与大部分国家稳定的城市增长过程截然不同，在如此众多的新兴城市中，构建合理的城市形态显得尤为重要。城市空间治理是城市发展、建设和管理的纲领和基本依据，随着中国特色社会主义进入新时代，我国城市面临的发展形势和环境也逐渐发生变化。因此，本书的主要目的就是通过实证研究确定我国的城市公共服务支出和城市形态特征及城市形态对我国城市公共服务支出的影响，试图寻求合理的城市发展模式，进行科学的城市空间治理，其中，人均公共服务支出总量及 8 种人均公共服务支出类款项被分别纳入研究。首先，对城市间公共服务支出水平及结构进行比较研究，分析公共服务支出的现状，并采用标准差椭圆的方法对基本公共服务支出的空间分布，时空差异进行阐述；其次，借助于遥感影像数据和地理信息系统解译技术，对城市形态进行准确的定量化描述；最后，通过面板数据回归模型，尝试从城市形态的视角剖析城市形态对城市公共服务支出的影响机理，发掘其中的关键作用因素。

本书的研究有助于我国整体和区域社会和经济的发展，完善公共服务设施和提升公共服务效率：第一，塑造可持续的城市发展模式。可持续城市旨在构建为居民提供可持续福利的城市，公共服务支出是重要的衡量标准。我国正在经历着由生产型为主导向以服务型为主导转变，但是，在此期间公共服务支出增长速度过快，公共服务使用效率有待提高。进行城市形态与城市公共服务支出的关联机理的分析，有利于寻求一条提升社会效率的途径。第二，挖掘公共服务的潜在影响因素。在现有研究中，学者们更多的是针对公共服务中的某一类进行分析，如教育支出、医疗卫生支出、社会保障与就业支出等，而对整体公共服务支出进行影响因子挖掘的研究仍较少。全面选择公共服务支出的组成部分，准确表达各个城市的真实公共服务支出水平，并探求对公共服务支出整体产生潜在影响的变量，有助于政府相关部门对公共服务整体进行针对性的改进，减少不必要的公共服务支出，改善社会关系。第三，实现基本公共服务均等化。我国各城市的财政支出结构和社会性服务支出总量均存在差异，对主要城市进行现状分析，也为缩小乃至消除城市间公共服务支出差距、优化公共服务支出、改善公共支出结构提供依据，对实现城市可持续发展有着重要的现实意义。通过对城市基本公共服务支出的空间分布时空演变研究，能够发现基本公共服务支出的主要区域，并且了解基本公共服务支出的变化趋势，对此做出相应调整。

二、研究现状分析

作为国民收入再分配的重要政策方法，公共服务支出是拉动经济增长的重要保障，也是实现社会公平、人民幸福的重要途径。公共服务支出不仅能体现政府财政支出的规模，还能挖掘深层次的民生问题，如政府支出偏好、地区服务差异等。关于公共服务支出的研究成果相当丰富，在公共服务支出规模及现状研究方面，李文军等（2012）借助于2001~2010年的统计数据，对我国财政公共服务支出的总量变化和结构演变进行系统分析，结果显示财政公共服务支出在2001~2006年变化平稳，2007年之后明显上升，其中教育、社会保障和“三农”支出是最主要的组成部分，而且财政公共服务支出地区差距明显（李文军、李家深，2012）。卢小君等（2015）采用变异系数、加权变异系数和区位熵的研究手段，对 2008～2012 年中小城市在教育、社会保障、医疗和科学技术四个方面的省级差异进行时间和空间上的动态演变分析，也得出了相同的结论，同时他们也指出公共服务支出正在向好的趋势发展，公共服务省级差异在减少，均等化程度在增加。程尔聪（2010）综合考虑了传统的三大区域和经济社会的发展状况，将中国划分为东部、中部和西部三个区域，以医疗卫生、基础教育、科学技术和社会保障作为基本公共服务支出的组成部分，利用泰尔指数对基本公共服务支出水平进行考察，结果发现中国基本公共服务支出总体差距自 2004 年后逐年减少，主要差异来自三大区域内部。容志（2017）将教育、医疗卫生、社会保障和城区建设发展四项作为公共服务支出，从国际、国内两个维度对公共服务支出进行比较，发现相比欧盟国家、OECD 国家，中国的公共服务支出占比仍处于较低水平，而且中央政府提供的公共服务支出过少，不利于公共服务的均等化。李英东等（2017）认为财政改革之后，地方政府倾向于加大生产性公共支出的投放力度，并借助于 21 个大中型城市面板数据，分析地方政府公共支出行为对于半城市化现象的影响机理，发现地方政府的公共支出结构扭曲，阻碍了流动人口进入城市公共福利体系，减缓半城市化进程。娄峥嵘等（2008）通过系统动力学仿真模型对公共服务支出的经济增长效应进行政策模拟，表示公共服务支出的增加是一个渐进的过程，更应注重公共服务支出结构的调整。而罗植（2014）认为财政分权下的地方竞争与溢出效应对财政支出结构产生影响，从公共服务拥挤性的角度出发，讨论财政支出供需问题，发现公共服务支出总量存在规模效应，且财政支出存在明显的地区差异。李斌等（2015）采用动态空间自回归及空间杜宾模型分析了中国 286 个城市的公共服务差异、城乡公共服务均等化对城市化产生的影响，研究表明地区间公共服务差异是促进人口异地城市化的显著要素，而城乡公共服务均等化会加快当地的城市化进程。李颖（2010）尝试从财政基本公共服务支出的视角探讨我国城乡居民消费的差距成因，结果发现实现城市基本公共服务的均等化，调整支出结构，对缩小城乡居民消费差距起着积极影响。刘娟等（2018）借助于结构分解技术探索经济发展水平、政府财政能力和政府支出偏好三个贡献要素对我国基本公共服务支出的作用，提出了进一步完善公共财政制度的建议。杨丞娟等（2013）以内生增长理论为模型，对武汉城市圈 9 个城市的 2007～2010 年的面板数据进行空间计量处理，发现虽然公共总支出与公共分类支出的空间外溢效应在方向上不具有一致性，但是城市的公共支出确实存在空间外溢效应。

作为重要的调节工具，公共服务支出还在多个方面对我国社会与经济发展产生作用。郑强通过非线性门槛回归模型，对公共支出在城镇化作用于绿色全要素指数的过程中的影响进行系统分析，发现公共支出规模（地区公共支出/GDP）处于12.34%～35.27%的范围时，城镇化建设有利于绿色全要素生产率的提升，且公共支出结构（福利性支出/公共支出）水平提升有助于城镇化，促进绿色增长发展（郑强，2018）。曾鹏等（2018）以消费函数理论为基础，从人力资本的角度对公共支出与城市群居民消费水平的机制进行分析，以中国23个城市群为样本数据进行实证研究发现，公共支出规模的扩大和人力资本的投入会显著提高居民消费水平。朱军等（2018）在一般均衡模型中纳入中央和地方两级政府考察财政分权制度下，地方财政对我国经济的作用机理，发现地方公共支出促进本地的经济发展，而且借助于区域间贸易对其他区域起正溢出效应。张斯琴等（2017）以空间杜宾模型为工具，探求政府用于创新支持的公共支出与创新要素集聚效应之间的关系，发现用于创新的公共支出强化了发达地区的虹吸效应，在促进生产率的同时，对周边区域产生负面影响。公共支出用于直接完成社会减贫任务，刘玮（2011）发现公共支出增长与城市贫困发生存在某种联系，调整公共支出结构与城市贫困结构的契合度可以更好地解决城市贫困问题。黄少安等（2018）将福利刚性纳入包括政府公共支出的内生增长模型中，指出较强的福利刚性使经济增长和家庭效用降低，需要寻求最优的公共福利支出水平。吴伟平等（2016）以一般均衡理论为基础并考虑了拥挤效应，借助于283个城市面板数据和非线性门槛模型，分析异质性公共支出对劳动力迁移的影响机理，结果显示生产型公共支出、消费型公共支出对劳动力迁移呈现不同的作用，分别为倒“U”形和“U”形的单一门槛效应，据此可以实施不同的公共财政措施。张权（2018）通过构建包含公共支出效率的产业结构升级的一般静态均衡模型，发现公共支出效率提升会促进产业结构升级，有助于劳动密集型企业向技术密集型企业发展。储德银等（2018）构建了财政纵向失衡的指标体系，并通过动态面板数据模型和系统GMM估计探求财政纵向失衡与我国公共支出结构偏向之间的关系，指出财政制度失衡程度提高会使地方政府公共支出结构偏向问题更加严重。

正是对不同区域间公共服务支出的差异、公共服务均等化的必要性及公共服务支出的影响有了清楚的认识，优化公共服务支出成为研究目标，学者从不同的视角挖掘城市公共服务支出的影响因素。刘晓凤基于教育支出、经济增长和收入分配的理论框架对高等教育的地区影响因素进行实证研究，得出高等教育地区的财政支出受到财政存量、支出效率共同影响的结论，而支出效率又取决于高等教育集群环境等因素的影响（刘晓凤，2017）。借助于2007~2012年31个省区市的面板数据，王贺等（2015）将存在多重共线性的变量删除后进行回归分析，结果发现城乡收入差异、对外贸易程度、民族人口比重和老年抚养比是中国社会性财政支出的重要影响因素。罗雪蕾（2015）以江西省为例，采用多变量的VAR模型进行贸易开放度与政府财政支出的关系讨论，发现江西省贸易开放度和财政支出存在长期的协整关系，两者之间呈现显著的负相关。严思齐等（2017）采用空间计量模型，对土地财政收入与地方公共物品供给水平的关系进行了研究，结果显示土地财政收入的增长会显著提高投资周期短、资本化速度快的非经济性公共物品的供给水平。刘德吉（2011）基于中国省级面板数据，选择教育、医疗和社会保障三方面的支出，探究公共服务支出比重的影响因素，发现财政分权、官员考核模式使地方政府更加关注经济建设，进而导致公共服务支出减少，政府规模、转移支付制度也对民生性公共服务支出存在明显的负面影响。同时，既有研究还对城市形态的变化与城市公共服务之间的关联机理进行了卓有成效的分析。比较有代表性的包括Altshuler等（2000）认为，城市蔓延会降低各项服务的收益，因为在发展过程中，人口密度会减小进而导致单位支出的增加。更有针对性的是Ewing的研究，对城市蔓延与城市基础设施、公共服务支出的关系进行了分析，结果表明城市蔓延会带来公共服务支出的剧增，同时提出了针对性的政策，包括运用高公共服务支出作为城市规划的一种调控手段，进而促进城市的紧凑型发展（Ewing，1997）。与此观点相类似的是Carruthers的研究，结论表明，低密度、空间扩散的城市发展类型会导致高支出，因为此类城市的发展模式需要大量的资金，用于拓宽城市道路和建设水电传送装置、下水道等基础公共设施，而且可能出现公共服务设施使用人数较少的情况（Carruthers，2002）。部分学者采用成本仿真模型分析不同的发展模式（城市蔓延和紧凑模式）对公共服务成本产生的效应（Burchell and Mukherji，2003；Cameron Speir and Kurt Stephenson，2002），一致认为土地利用模式与邻里社区服务如道路、水供应、污水处理和学校建设有着密切的联系。就我国的情况而言，基于空间经济理论，有学者指出我国城市空间集中和分散程度直接影响城市经济增长，进而将影响对房屋、土地和公共服务设施等的需求（刁琳琳，2010）。张蕊等（2014）以单投入多产出的随机成本前沿模型为工具，测算我国286个地级市2004~2010年的城市规模与公共支出效率间的关系，发现公共服务支出效率与城市规模呈倒"U"形曲线，指出从公共支出效率视角来看，城市承载639万人时达到最优。Fernández - Aracil等（2016）在控制其他关键变量的基础上评估了土地利用形态对公共服务支出的影响，显示紧凑的城市形态发展有助于减少公共服务支出并保证公共服务质量。考虑到仅研究某些特定地区而不考虑其他潜在影响因素，可能会导致研究结论出现的偏差，诸多学者进行了针对性的改进，典型的包括Ladd和Yinger的研究，采取了回归分析对城市蔓延进行研究，结果显示人口密度和公共服务支出有关，同时借助截面数据，并引入控制变量，进而得出的结论与特定地区的研究相反：服务成本会随人口密度的上升而增加（Ladd and Yinger，1991）。然后，通过分段式回归分析，Ladd（1992）对其进行解释，认为人口密度和公共服务支出之间的关系可能是"U"形的，公共服务支出刚开始会随着人口密度的增大而减少，之后就会急剧增加。Pendall（1999）研究了美国25个最大的都市圈，共159个城市，发现城市蔓延与公共债务有关，进而间接表明了与高人口密度的发展模式相比，低人口密度的城市发展模式需要更高的公共支出来进行补贴。除此之外，Carruthers和Ulfarsson（2002）在对283个城市的截面数据研究中也发现人口密度与基础设施（如道路、下水道等）的支出呈负相关关系。基于河北省11个城市面板数据的实证研究表明，城市化使城市规模扩大，带来规模效应的同时，也使政府倾向于增加公共服务支出（刘国余，2013）。牛煜虹等（2013）采用市辖区人均建成区面积与市辖区建成区面积占行政区面积之比作为城市形态指标，同时考虑城市外来人口、旅游者等控制变量，选取中国城市2010年的横截面数据，探讨城市蔓延与地方公共财政支出的关系，发现城市低密度蔓延会引起地方政府公共支出的明显增加。张权等（2012）通过向量自回归模型对我国1994~2008年的地级以上城市进行城市化水平（城市人口/总人口）与城市公共支出的回归分析，发现城市化程度的提升使城市公共支出增加，城市化是城市公共支出的格兰杰原因，而城市公共支出不是城市化的格兰杰原因。王伟同等（2016）考虑公共支出规模效应和不同规模城市间的异质性，采用双向固定效应模型计算不同规模城市间公共支出的人口规模弹性，指出大城市具有更强的规模效应，人口向大城市集中较小城市会更加节约公共支出。

三、理论基础

1. 核心—边缘理论

该理论是新经济地理学的基础模型，也是重要的区域空间结构系统认知模型之一，由美国学者克鲁格曼于1991年在著作《收益递增和经济地理》中进行了完整的描述。核心—边缘理论被总结为一种普遍的城市发展模式，可以用于解释区域或城乡的由孤立的不均衡发展模式走向彼此联系的平衡发展模式的过程。克鲁格曼认为即使在纯外部性经济缺失的情况下，经济规模、交通成本和要素流通也会彼此作用产生聚集效应，这使一个区域内生地分化为一个工业化“核心”和一个农业化“边缘”。核心—边缘理论用于分析与归纳上述两类地区之间的相互作用机理，并将其分为极化现象和扩散现象。极化现象是指生产要素（原材料、资金等）从“边缘”向“核心”转移的过程，“核心”要素逐渐聚集的过程。扩散现象是指“核心”的发展产物（优质人才、重要技术等）与“边缘”之间的互动，促使其向“边缘”回流的过程。核心区（工业）和边缘区（农业）的形成是由多个原因共同决定的。农业产品以规模报酬不变和具有不动性的耕地集约利用为主要特征，因此，农业产品的地理分布主要是耕地所处位置这一外部因素决定的。制造业产品以规模报酬递增和土地的适度利用为特点，同时为了形成规模经济，制造业生产的地点数量会尽量少。为了在实现规模经济的同时保证最低的交通成本，制造业工厂会倾向于将地点安置在有着更大需求的区域，但需求本身的定位又是依赖于制造业的分布，以此促成了核心区的建立。总体来说，核心—边缘模式是由交通成本、经济规模和制造业在国家收入中所占比例共同决定的（Krugman，1991）。从另一角度来说，由于资源禀赋等自然条件的外部性，使区域的交通、人口和经济产生差异，进而形成了工业的特定区位。目前，世界呈现出本地产业聚集与全球产业扩散同时并存的现象，核心—边缘理论在此契机之下又有了进一步的发展。区域空间结构变化的多样性使核心—边缘理论不仅仅局限于地理学方面，逐渐涉及多个应用领域，如旅游空间的发展、都市圈的建设、产业发展模式研究等。核心—边缘理论是区域形态变化的解释模型，它将空间结构演变与经济发展阶段进行了关联，为区域的合理规划提供了理论支撑，可以用于处理城市和乡村、国内发达区域和落后区域、发达国家和发展中国家之间的关系。核心地区作为经济发展的引擎，须充分发挥自身优势，在提升其影响力的同时要加强与邻近经济区的合作交流，增强辐射力。边缘地区也要积极响应核心地区的人才、技术等资源的转移，努力缩小地区间的差异。在我国城乡、区域差异明显，经济全球化趋势显著的背景下，该理论具有积极的政策建议作用。但是，核心—边缘理论也存在一些亟待改善的地方。首先，核心和边缘区域没有进行绝对的界定，只是一个相对的概念；其次，在形成因素方面，制度和社会文化原因考虑较少，知识溢出的外部性没有涉及，这阻碍了地区差异的深入研究。核心—边缘理论的提出表明经济发展需要考虑空间因素，经济空间存在非均质性，而公共服务作为经济发展的标志，与经济存在必然的联系，也会存在着相同的问题。

2. 福利经济学理论

该理论最早在西方创立，经历了从古典福利经济学到新福利经济学，再到现代福利经济学的发展历程，致力于探求增进社会福利的政策和方法，现在已经发展至全世界，被各国的经济学家所运用。最初，边沁创立功利主义哲学，为福利经济学提供了一个基础。功利主义哲学强调人的主观感受，认为对幸福的追求是人类行为的决定性因素。人们的理性行为就是规避痛苦、寻求幸福，个人是为了自身福利的提升，社会是为了最大多数人的最大福利（边沁，2000）。之后，受功利主义哲学的感染，英国经济学家庇古最先构建了福利经济学的完整体系，是古典福利经济学的代表人，他从福利的视角对经济体系的运行进行评价，研究如何通过合理的资源配置实现效用的最大化和社会福利化，其观点主要分为以下三个方面：首先，福利是指一种意识形态，可以通过人们对生活的满足程度来表现。庇古认为福利有广义和狭义之分，广义即社会福利，狭义即经济福利。经济福利对社会福利有决定性的影响。社会福利难以计量及研究，而经济福利可以通过货币的形式进行测度。经济福利是由效用构成的，效用意味着人们追求的最大限度的满足，即效用最大化，效用可以用货币来计量（蒯正明，2014），这为社会公平提供了一个衡量标准。如果人的欲望是稳定的，那么根据边际效用递减规律，可以通过增加持有的商品数量实现单位商品的效用值为零，按照此想法，财富从富人到穷人的转移会使社会总效用增加。其次，国民收入与经济福利息息相关，收入没有实现均等化，经济福利就还有上升空间。最后，可以采用富人自愿转移和政府出台相关政策强制转移两种方法进行财产的再分配，实现福利最大化。20 世纪 20 年代后，古典福利经济学中效用可以被计量这一观点被多位经济学家质疑和否定，自此，新福利经济学被创立。新福利经济学主张采用序数效用研究分析社会福利问题，通过比较商品彼此之间的爱好进行选择，无须对商品像定价一样有确定的基数。帕累托最优标准也从效率为研究社会经济的最优状态提供了新的思路。从一种社会状态向另一种社会状态进行转换，在没有令任何人的福利减少的同时使至少一个人的福利增加，就符合帕累托最优的标准。阿罗提出的一般可能性定理，即使社会状态仅有 3 种，个人偏好投票选择一致的社会结果也是无法实现的（许崴，2009）。20 世纪 70 年代后，福利经济学逐渐呈现多元化发展，尝试解决序数效用和社会状态排序之间的矛盾，以放弃序数效用论或福利主义两种方式为处理方案，摆脱福利经济学存在的困境。例如，阿玛蒂亚森提出了“贫苦指数”，尝试从制度、政策、技术等原因探求福利增进的方法。福利经济学为了实现人们的福利，充分考虑了国民收入、顾客偏好等多个因素和社会福利最大化之间的关系，为政府制定政策提供指导原则，为福利最大化提供了一种实现途径。

3. 瓦格纳法则

该法则是指政府职能的扩展和经济发展水平的提升会促使政府财政支出增加，即人均收入与财政支出规模呈显著正相关关系。瓦格纳是首位对公共支出增长速度比经济增长速度还快这一现象进行解释的德国财政学家，他对西方国家 18～19 世纪近百年财政进行研究，提出政府财政主要受政治和经济的影响（杨志勇、张馨，2013）。在政治方面，由于工业化发展导致市场关系复杂，市场当事人之间的交流沟通增加，从而引起治安、法律等方面的支出增加；在经济方面，城市化进程的加快促进人口居住集中化，产生拥挤等外部性问题，政府进行相应的管理和调节，导致公共支出增加。公共部门的服务包括法律、治安和金融等多个领域。教育、娱乐与文化、医疗卫生和服务方面的公共服务支出，瓦格纳认为这些服务意味着更高一级的或具有收入弹性的需要。随着人民的可支配收入的增加，这些公共服务支出占国民总值的比例也会相应提高。瓦格纳模型对公共支出的需求因素进行了深入剖析，它假设国家作为一个有机体，技术是重要的影响方式，并认为收入增长是导致公共部门扩张的决定因素。同时，瓦格纳认为公共活动范围扩大有以下三个原因：第一，法律关系和人际沟通的复杂性。随着工业时代的来临，人与人之间的交流更加频繁，法律关系也趋向多样化，国家的管理与保护职能也将不断扩张。同时，市场扩张过程中行为主体的增加，需要有完善的法律体系和管理制度作为保障。第二，城市化进程和人口集中。外部性和拥挤现象均需要政府出面进行干预和管制，因此，更多的公共支出用于促进社会公平正义和安定。第三，与私人部门提供的资本相比，工业化社会发展科技资本要更高，因此，政府将会提供大量资本以实现项目融资。工业化的不断扩大使不完全竞争的市场模式更加突出，仅靠市场机制无法将全部社会资源进行有效配置，需要政府予以调控，提升资源配置效率。总体而言，瓦格纳法则的实现是各国政府实现其职能目标的必然表现。瓦格纳法则说明政府职能和收入的调节及合理分配有助于保障公共服务均等化，为公共服务建设的改善提供了方向。

4. 工业区位理论

该理论又被称为“最小运输理论”，是研究工业活动的空间配置的理论，由德国经济学家韦伯于1909年首次阐述。区位是用于确定生产场所的，是企业为满足生产成本最小、支出费用最少而寻求的最佳位置。合适的区位能对工业的生产起到积极的促进作用。韦伯在1909年出版的《工业区位论：区位的纯理论》将影响区位的因素确定为运输成本、人力支出和空间分布（聚集或分散）。运输成本主要取决于货物重量、运输距离和运输方式等因素的影响。其中，工业生产与分配过程中的运输重量主要是原料，因此，韦伯研究了在劳动成本变化的同时区位的改变，发现工业的区位与原料指数（原料的重量和产品产量之比）有关，指出工业的产品原料指数不大于1时，区位处于消费地。同时，韦伯还将运输成本引入区位与劳动成本函数中，结果发现与运输成本不变时不同，考虑运输成本时，不是所有生产向劳动力成本最低的区位靠拢，而是部分趋向于上述区位。而空间分布是作为间接因素产生作用，集聚是指技术设备、劳动组织等生产规模的增加而产生优势，会带来生产或销售的成本降低，分散是指工业集聚导致地租增长，使生活或销售的成本增加。根据韦伯的观点，集聚经济效益可以通过两种方式实现：由扩大规模实现的生产集聚；企业空间集中形成的集聚。韦伯首次以抽象的方法进行了工业区位的研究，形成了完善的工业区位理论体系，为其之后的学者提供了一个研究工业区位方法和理论的基础。而且，工业区位理论已经得到了发展，成为经济区位布局的重要理论。尽管韦伯做出了重要的理论贡献，但是工业区位理论在某些方面与现实仍有所不同。首先，研究中的运费（重量/距离）呈比例增加，现实中可能存在随着距离的增加运费递减的情况，而且也没有考虑交通线路及地形等诸多复杂的情形。其次，假设的完全竞争模式在现实中也几乎无法实现，需求与供给之间的关系需深入分析，而且，除成本外，利润也是企业家重点关注的因素。再次，工厂经营模式也有生计性和企业型之分。生计性经营规模较小，对生产成本的场所关注较少，最小费用和成本考虑得也不多，而企业型经营更加倾向于经营利润高的区位。最后，还有许多外部因素是未知的，如区域政策、经营者主观因素、技术等。韦伯提出工业区位论时，正值工业化快速发展阶段，伴随着大量人口向大城市集中，在这种背景下，韦伯从经济学的视角，试图对人口的地域间大规模移动以及城市的人口与产业集聚的原因进行解释。工业区位理论对工业的地理位置的形成原因进行了系统说明，而工业化是城市化发展的起源和重要的驱动力，工业区位与城市区位是存在必然联系的，其工业区位的分布也对城市形态的形成具有明显的影响。

四、城市社会公共服务支出

公共服务支出是指政府在公共服务方面的资产的流出。从严格意义上讲，公共服务是公共产品的衍生物，是指政府为了满足社会公共需要而提供的服务，它被公众视为无形的产品，具有“非排他性”和“非竞用性”的特征，即不会因个人使用某种产品而影响其他人对该产品的消费，也不会因使用的人数变化而引起公共服务成本的变化，并且无法通过市场进行有效供给（王锋、陶学荣，2005）。从广义的角度来讲，公共服务与公共产品并无区别，它们均是为了保障人们的生活需求，提升生活品质而提供的产品。政府提供公共服务的目的是惠及全体公民，而公共服务支出可以通过有形和无形两种形式存在的，因此，不对公共产品和公共服务进行区分。公共服务支出规模及其结构的调整及优化是政府调控经济、配置资源的重要方式，本部分对我国城市公共服务支出进行深入研究，为提出针对性建议提供理论依据。

（一）城市公共服务支出规模

在我国，公共服务支出的主要用途为基础设施建设、就业岗位提供、公共事业发展和公共信息公布等（徐中生，2010）。公共服务支出能够提供市场短缺的服务和产品，具有典型的正外部性，也可以通过支出的合理分配实现社会需求满足、劳动力有效供给、技术进步等，是维持社会公平稳定的重要工具和渠道。政府公共服务职能的实现是以公共财政支出为主要手段，根据联合国《政府职能分类》的说明，一国的财政支出主要是由四个部分形成[①]：一是一

① http：//yss. mof. gov. cn/zhuantilanmu/yusuanguanligaige/zfszflgg/200806/t20080630_55275. html.

般政府服务支出，主要体现政府需要且与个人和企业劳务不相干的活动，包括一般公共管理、国防、公共秩序与安全等；二是社会服务支出，主要体现政府直接向社会、家庭和个人供应的服务，如教育、卫生、社会保障等；三是经济服务支出，主要体现政府经济管理、提升运作效率的支出，如交通、电力、农业和工业等；四是其他支出，如利息、政府间的转移支付。一般来讲，经济性政府支出和其他支出不能像生活财政支出一样直接进入居民的效用函数中，只能间接为公共服务提供资金（Barro，1988），根据我国的实际情况，居民在一次分配时获得的经济性政府支出很少（汪利锬，2014），所以本书将排除经济性政府支出和其他支出的财政支出部分作为公共服务支出。此外，由于国防支出属于中央财政支出（成军，2014），各项经费均由中央军委负责管理，不属于地方财政支出行列，因此同样从城市公共服务支出中剔除。按照统计年鉴所列的中央财政支出科目，公共服务支出分为一般公共服务支出、公共安全支出、教育支出、科学技术支出、文化体育与传媒支出、社会保障与就业支出、医疗卫生支出、环境保护支出和城乡社区事务支出共9种类别，具体用途如表4－25所示。

表4－25　公共服务支出类款项及用途

指标	用途
一般公共服务	保障机关事业单位正常运转的资金投入，包括人大事务、政协事务、统计信息、食品和药品监督管理等32款事务支出
公共安全	武装警察、公安、国家安全、检察、法院等11款支出
教育	教育管理事务、普通教育、职业教育、成人教育、教师进修及干部继续教育等10款支出
科学技术	科学技术管理事务、基础研究、应用研究、技术研究与开发等9款支出
文化、体育与传媒	文化、文物、体育、广播影视、新闻出版、其他科学技术支出共6款支出
社会保障与就业	社会保障与就业管理事务、民政管理事务、就业补助、抚恤、退役安置、社会福利等17款支出
医疗卫生	医疗卫生管理事务、医疗服务、社区卫生服务、医疗保障、疾病预防控制、卫生监督等10款支出
环境保护	环境保护管理事务、环境监测与监察、污染防治、自然生态保护、天然林保护等10款支出
城乡社区事务	城乡社区管理事务、城乡社区规划与管理、城乡社区公共设施、城乡社区住宅、城乡社区环境卫生等12款支出

资料来源：中华人民共和国财政部。

城市公共服务支出规模可以反映城市公共服务整体水平及城市间公共服务差异，体现政府公共服务职能的发挥程度，因此，本部分对我国主要城市的公共服务支出规模进行描述分析。值得注意的是，由于城市间的人口数量不同，以公共服务支出的绝对数量难以准确表达城市居民享受的公共服务真实水平，因此采用人均公共服务支出作为反映公共服务水平的指标。同时考虑到中国在2006年公共财政支出分类进行了调整且数据存在缺失的情况，选取2007～2014年我国30个代表性城市（直辖市及省会城市，不包括拉萨及台北）作为样本。

公共服务支出数据来自国家统计局、《中国城市统计年鉴》及各个城市的统计年鉴（2008～2015年），采用预算内财政支出中用于公共服务的部分作为研究数据，具体数据如表4－26所示。

表4－26　人均公共服务支出规模　　单位：元

指标	年份	最小值	最大值	平均值	标准差
一般公共服务	2007	283.37	1479.96	600.98	288.66
	2008	316.88	1509.92	678.81	312.74
	2009	334.59	1703.36	746.30	343.67
	2010	350.01	1904.68	787.10	370.04
	2011	412.16	2045.35	927.31	397.67
	2012	478.96	2208.62	1052.08	421.63
	2013	480.16	2257.24	1128.77	447.06
	2014	460.85	2049.79	1126.56	449.23
公共安全	2007	140.27	1102.81	347.81	247.30
	2008	155.45	1234.45	394.24	275.82
	2009	177.89	1295.36	445.08	294.10
	2010	217.18	1438.54	518.17	332.32
	2011	243.76	1711.25	580.83	360.88
	2012	252.67	1825.59	645.91	371.76
	2013	290.79	1943.48	698.83	395.56
	2014	312.31	2098.25	747.82	432.56

续表

指标	年份	最小值	最大值	平均值	标准差
教育	2007	294. 37	2167. 75	662. 28	440. 53
	2008	377. 12	2433. 32	800. 72	492. 51
	2009	458. 26	2935. 13	936. 92	555. 50
	2010	607. 55	3579. 39	1124. 26	677. 64
	2011	755. 08	4069. 78	1415. 78	830. 39
	2012	925. 97	4845. 09	1816. 24	961. 09
	2013	966. 40	5174. 94	1920. 12	1072. 34
	2014	1034. 62	5565. 13	1980. 23	1158. 42
科学技术	2007	24. 96	767. 08	120. 05	183. 66
	2008	30. 09	864. 60	151. 52	212. 71
	2009	34. 73	1537. 16	200. 12	320. 54
	2010	19. 70	1430. 48	225. 89	347. 18
	2011	15. 44	1539. 38	270. 11	368. 65
	2012	57. 91	1720. 02	314. 87	402. 44
	2013	73. 37	1798. 92	359. 67	440. 26
	2014	62. 95	2120. 23	405. 83	493. 23
文化体育与传媒	2007	25. 46	441. 94	85. 70	88. 74
	2008	31. 61	470. 16	113. 95	102. 32
	2009	33. 47	600. 02	131. 67	127. 73
	2010	37. 82	650. 86	146. 34	152. 62
	2011	58. 89	691. 97	176. 43	163. 55
	2012	45. 65	1089. 58	201. 70	197. 02
	2013	79. 88	1175. 33	235. 39	215. 10
	2014	75. 38	1229. 21	250. 13	221. 20
社会保障与就业	2007	147. 31	1988. 74	515. 09	393. 38
	2008	187. 99	2408. 05	642. 19	454. 84
	2009	211. 30	2399. 37	756. 67	458. 72
	2010	233. 34	2567. 12	807. 07	521. 37
	2011	293. 82	2941. 38	995. 20	611. 46
	2012	371. 89	3270. 23	1105. 12	680. 82
	2013	428. 02	3564. 02	1227. 60	726. 24
	2014	472. 51	3817. 37	1360. 14	782. 35

续表

指标	年份	最小值	最大值	平均值	标准差
医疗卫生	2007	88.48	980.44	218.27	182.93
	2008	152.73	1115.91	288.25	212.08
	2009	209.41	1337.48	377.09	235.41
	2010	263.80	1485.33	439.46	265.59
	2011	316.61	1764.50	565.62	305.81
	2012	416.07	1973.51	644.79	326.83
	2013	451.47	2097.75	731.85	347.04
	2014	531.30	2417.07	886.82	416.76
环境保护	2007	11.60	241.27	60.99	48.38
	2008	32.11	272.87	100.10	59.81
	2009	46.91	433.81	137.55	89.50
	2010	48.72	483.81	194.24	105.76
	2011	52.52	739.60	239.11	154.24
	2012	77.04	875.04	302.25	181.74
	2013	87.46	1049.66	342.55	239.28
	2014	76.91	1600.08	401.50	298.36
城乡社区事务	2007	126.57	2798.33	613.22	576.79
	2008	164.09	3368.92	755.41	648.72
	2009	225.68	4300.42	940.44	894.65
	2010	233.50	3607.53	1053.43	842.83
	2011	374.38	4871.78	1405.85	1063.11
	2012	464.59	5943.02	1631.19	1221.48
	2013	521.33	7201.54	2030.59	1415.89
	2014	608.67	8101.70	2326.66	1560.91

由表4－26可知，在人均公共服务支出平均值方面，除了人均一般公共服务支出2014年有小幅度的下降外，2007～2014年的各项人均公共服务支出增加明显。人均一般公共服务支出的减少可能是政府规模精简、部门合并等原因形成的。其中，人均城乡社区事务支出的增长幅度最大，人均城乡社区事务支出的平均值从2007年的613.22元，到2014年的2326.66元，增长了3.79倍，年增长率为20.98%；人均教育支出的增长幅度次之，人均教育支出的平均值

从2007年的662.28元，增长到2014年的1980.23元，增长了2.99倍，年增长率为16.94%；而人均环境保护支出的增长幅度最小，人均环境保护支出的平均值从2007年的60.99元增加到2014年的401.50元，增长了6.58倍，年增长率为30.89%，增长速度是最快的，但是由于人均环境保护支出的基数过小，因此2014年只增加了340.51元，因此增长幅度最小这表明地方政府对教育及城乡事务管理给予高度重视，在此方面的投入一直处于较高水平。而且，由于目前环境状况急需改善，各个城市一致加大了对环境保护方面的投入，直接体现在环保支出的增长速度上，但是开始阶段的支出过少（9类公共服务支出中最少）导致环境保护支出总量仍处于较低水平。

在人均公共服务支出最小值方面，除一般公共服务、科学技术、文化体育与传媒和环境保护外，其余类别的人均公共服务支出的最小值均呈逐年递增趋势，而且人均一般公共服务和人均环境保护支出最小值仅在2009年有所减少。人均公共服务支出最大值方面，除一般公共服务、科学技术和社会保障与就业外，其余类别的人均公共服务支出最大值均呈逐年增加的趋势，其中人均一般公共服务支出仅在2014年有所减少，人均科学技术支出仅在2010年有所减少。人均公共服务支出标准差方面，各项人均公共服务支出均呈现明显的增长趋势，说明城市间各项人均公共服务支出的差距在增加。

从整体上看，公共服务支出呈逐年增长趋势，但是城市间公共服务支出差距也在逐年增加。2007~2013年，各项人均公共服务支出的标准差不断扩大，特别是人均城乡社区事务支出，从2007年的573.43元，提升到了2014年的1560.91元，这种特征同样体现在人均教育支出方面，从2007年的440.53元，提升到2014年的1158.42元。

（二）城市公共服务支出结构

由于地区间本身存在的经济、社会、资源禀赋等差异，导致城市间公共服务支出基数本身就存在不同，仅从公共服务支出规模进行分析不能完全体现问题，公共服务支出结构（公共服务支出占财政总支出的比重）可以体现地方政府财政支出的倾向及政治意愿，反映地方政府对不同类型的公共服务类款项的重视程度及公共服务支出的合理程度。在我国城镇化过程中，城市财政支出偏好决定了能否实现以人为本的根本服务宗旨（中国城市政府支出政治分析），故对城市公共服务支出结构进行描述性统计分析。具体结果如表4-27所示。

表 4-27 公共服务支出结构分析 单位:%

指标	年份	最小值	最大值	平均值	标准差
一般公共服务支出占比	2007	8.37	22.04	15.93	3.63
	2008	7.66	19.10	14.05	2.76
	2009	6.91	17.26	13.07	2.33
	2010	6.84	15.29	11.33	2.22
	2011	6.03	16.52	10.77	2.51
	2012	5.28	19.07	10.67	2.89
	2013	5.25	19.12	10.27	3.27
	2014	5.01	19.38	9.47	3.46
公共安全支出占比	2007	5.17	11.68	8.41	1.70
	2008	4.31	11.37	7.63	1.53
	2009	4.60	11.63	7.26	1.59
	2010	4.23	11.40	6.99	1.49
	2011	3.81	9.14	6.21	1.19
	2012	3.37	8.97	6.14	1.31
	2013	3.28	8.90	5.89	1.28
	2014	3.63	8.55	5.78	1.31
教育支出占比	2007	11.07	24.68	16.66	3.13
	2008	11.16	25.36	16.41	3.28
	2009	11.61	25.43	16.08	3.12
	2010	11.52	22.94	15.80	2.84
	2011	11.15	21.69	15.79	2.43
	2012	10.02	23.55	17.66	2.77
	2013	10.98	22.21	16.36	2.30
	2014	10.06	21.20	15.44	2.56
科学技术支出占比	2007	0.71	5.50	2.18	1.11
	2008	1.00	5.73	2.28	1.19
	2009	0.98	7.20	2.39	1.45
	2010	0.40	6.58	2.31	1.59
	2011	0.23	5.64	2.29	1.42
	2012	0.67	5.87	2.41	1.45
	2013	0.80	5.69	2.48	1.45
	2014	0.69	6.25	2.57	1.61

续表

指标	年份	最小值	最大值	平均值	标准差
文化体育与传媒支出占比	2007	1.14	3.25	1.90	0.54
	2008	0.29	6.20	2.10	1.24
	2009	0.74	4.93	2.01	0.99
	2010	1.06	5.37	1.80	0.84
	2011	0.89	4.77	1.79	0.74
	2012	0.57	3.84	1.76	0.66
	2013	0.99	3.71	1.86	0.68
	2014	0.88	3.62	1.85	0.67
社会保障与就业支出占比	2007	7.92	22.32	12.53	3.22
	2008	6.98	21.42	12.84	3.65
	2009	7.31	20.10	12.94	3.48
	2010	4.98	18.35	11.17	3.04
	2011	5.81	17.12	10.91	2.48
	2012	5.93	16.36	10.38	2.23
	2013	6.34	15.65	10.33	2.21
	2014	6.26	17.18	10.60	2.68
医疗卫生支出占比	2007	2.54	8.24	5.27	1.18
	2008	3.40	7.69	5.76	1.14
	2009	4.44	9.03	6.48	1.29
	2010	4.25	9.04	6.23	1.28
	2011	4.45	9.85	6.49	1.40
	2012	3.70	9.14	6.43	1.42
	2013	3.53	9.62	6.53	1.52
	2014	3.90	10.94	7.25	1.67
环境保护支出占比	2007	0.49	4.98	1.49	0.87
	2008	0.80	5.21	2.09	1.08
	2009	1.07	7.12	2.39	1.25
	2010	1.30	6.82	2.80	1.40
	2011	1.24	6.37	2.70	1.34
	2012	1.32	5.81	2.94	1.31
	2013	1.06	10.33	2.97	1.85
	2014	0.84	6.07	3.05	1.29

续表

指标	年份	最小值	最大值	平均值	标准差
城乡社区事务支出占比	2007	5.58	24.15	13.45	4.92
	2008	5.86	28.27	14.05	5.07
	2009	7.32	26.26	14.12	5.26
	2010	7.34	32.28	13.72	5.74
	2011	6.33	27.02	14.67	5.47
	2012	6.72	27.54	14.63	4.65
	2013	7.45	28.36	16.59	5.43
	2014	7.06	28.55	17.75	6.10

如表4－27所示，在平均值方面，除一般公共服务支出占比呈明显的逐年减少趋势（由2007年的15.93%减少至2014年的9.47%）外，其他类型的公共服务支出占财政总支出比重的变化趋势并不明显。公共安全支出占比略有下降，由2007年的8.41%减少至2014年的5.78%；环境保护支出占比略有上升，由2007年的1.49%上升至2014年的3.05%。除2010年较上年有所回落外，城乡社区事务支出占比也呈小幅度的上升趋势，由2007年的13.45%上升至2014年的17.75%。其余类型的公共服务支出占比处于稳定状态，上下变化范围不超过2%。

最小值方面，各项公共服务支出占比2007～2014年变化趋势也同样处于稳定状态，除了人均一般公共服务支出占比呈逐年减少趋势外，其余的公共服务支出占比上下浮动范围不超过2%。最大值方面，各项公共服务支出起伏较大，没有表现出明显的变化趋势。标准差方面，公共服务支出占比变动幅度相对较小，上下变化范围不超过1%，没有明显的变化趋势。上述数据表明公共财政的支出结构一直处于相对稳定状态，对一般公共服务支出和公共安全支出占比进行有规律的缩减，环境保护支出比率进行适度的增加。

（三）城市基本公共服务差异及空间分布特征

基本公共服务支出是指公共服务支出的基础部分，也是最主要的部分，用于维护公众的生存权和发展权，属于社会性财政支出。综合考虑基本公共服务的概念及数据可获得性，选择教育、医疗卫生、科学技术和社会保障与就业作为基本公共服务支出的组成部分，采用标准差椭圆的方法对我国2007～2013年286个地级及以上城市的基本公共服务支出空间分布进行分析。

标准差椭圆（standard deviational ellipse，SDE）能从重心、分布范围、密集度、方向等多个视角充分表现地理要素的空间分布特征和时空演变过程，主要通过中心、长轴、短轴、方位角作为基本参数，对所研究的地理要素特征进行定量描述。标准差椭圆包含的地区表示研究地理要素的主要部分，中心代表地理要素在二维空间上的位置，方位角表示分布的主趋势方向，即正北方向顺时针旋转到椭圆长轴的角度，长轴反映地理要素在主趋势上的离散程度。标准差椭圆基本参数的具体计算如下：

平均中心：

$$\overline{X_{\omega}} = \frac{\sum_{i=1}^{n} \omega_i x_i}{\sum_{i=1}^{n} \omega_i};\overline{Y_{\omega}} = \frac{\sum_{i=1}^{n} \omega_i}{\sum_{i=1}^{n} \omega_i} \tag{4-24}$$

方位角：

$$\tan\theta = \frac{\left(\sum_{i=1}^{n} \omega_i^2 \tilde{x}_i^2 - \sum_{i=1}^{n} \omega_i^2 \tilde{y}_i^2\right) + \sqrt{\left(\sum_{i=1}^{n} \omega_i^2 \tilde{x}_i^2 - \sum_{i=1}^{n} \omega_i^2 \tilde{y}_i^2\right)^2 + 4\sum_{i=1}^{n} \omega_i^2 \tilde{x}_i^2 \tilde{y}_i^2}}{2\sum_{i=1}^{n} \omega_i^2 \tilde{x}_i \tilde{y}_i} \tag{4-25}$$

X 轴标准差：

$$\sigma_x = \sqrt{\frac{\sum_{i=1}^{n} (\omega_i \tilde{x}_i \cos\theta - \omega_i \tilde{y}_i \sin\theta)^2}{\sum_{i=1}^{n} \omega_i^2}} \tag{4-26}$$

Y 轴标准差：

$$\sigma_y = \sqrt{\frac{\sum_{i=1}^{n} (\omega_i \tilde{x}_i \sin\theta - \omega_i \tilde{y}_i \cos\theta)^2}{\sum_{i=1}^{n} \omega_i^2}} \tag{4-27}$$

其中，(x_i, y_i) 表示研究对象的空间坐标，ω_i 表示不同地区地理要素体现的权重值，$(\overline{x_{\omega}}, \overline{y_{\omega}})$ 表示加权中的标准差椭圆的中心坐标，θ 为标准差椭圆的方位角，代表正北方向顺时针旋转到椭圆长轴所形成的夹角，$\tilde{x}_i$、$\tilde{y}_i$分别表示研究对象区位到平均中心的坐标偏差，σ_x、σ_y分别表示 x 轴和 y 轴的标准差。

空间分异指数以定量的方式描述不同对象空间分布的差异程度。人是社会经济活动的基础，根据“用脚投票”理论，居民根据自然、社会经济等条件在不同地区自由流动，因此，一个均衡的基本公共服务支出空间分布应该与人口的空间分布相同（赵璐、赵作权，2014），两者之间的空间不一致程度可以反映基本公共服务的空间差异，具体计算方法如下：

$$SDE_{j,p} = 1 - \frac{Area(SDE_j \cap SDE_p)}{Area(SDE_j \cup SDE_p)} \tag{4-28}$$

其中，SDE_j、SDE_p分别表示基本公共服务支出 j 和人口 p 的空间分布标准差椭圆，Area 为面积。$SDE_{j,p}$为基本公共服务支出 j 和人口 p 分布的空间差异指数，数值范围为 0 ~ 1，数值越大，空间差异越大。

采用的数据包括城市区位数据、2007 ~ 2013 年的基本公共服务支出及人口数据①。城市区位经纬度数据通过 Google Earth 查询获得，其他数据来自 2008 ~ 2014 年的中国城市统计年鉴、中国区域经济统计年鉴及国家统计局。标准差椭圆的一系列计算通过 Arcgis10.2 软件完成，由于研究对象涉及全国城市，故采用等面积的 Albers 投影坐标系统作为空间参考（中央经线为 105°E，标准纬线分别为 25°N、47°N）。

1. 城市基本公共服务差异动态变化特征

从空间差异指数的计算结果可知，尽管 2008 ~ 2010 年的基本公共服务支出—人口空间分布差异有小幅度的上涨，但整体上全国城市基本公共服务支出与人口之间的空间分布差异呈现下降趋势。具体计算结果如表 4 - 28 所示。

表 4 - 28　2007 ~ 2013 年中国城市基本公共服务空间差异指数变化

年份	2007	2008	2009	2010	2011	2012	2013
空间差异系数	0.1728	0.1521	0.1569	0.1596	0.1457	0.1340	0.1289

通过对比城市基本公共服务支出和人口空间分布椭圆可以看出，2007 ~ 2013 年 286 个地级及以上城市基本公共服务支出和人口空间分布总体呈现“南（偏西）—北（偏东）”的空间格局。分布在基本公共服务支出标准差椭圆内部的地区主要是东部城市，由此可见，京津冀地区、湖南、湖北、山东、河南、江苏等东部城市在城市基本公共服务支出中占主体部分。与人口空间分

① 全书涉及的人口指标均指年末总人口。

布椭圆相比，基本公共服务支出的空间分布偏东北方向，且分布范围更加分散（基本公共服务支出的标准差椭圆比人口空间分布椭圆大），基本公共服务支出椭圆有缩小趋势，人口分布椭圆有扩大趋势，两者之间的偏差正在减少。

2. 城市基本公共服务空间格局变化

通过标准差椭圆的基本参数，从中心性、分布范围、空间形状、分布方向和空间密度这5个方面对基本公共服务支出空间格局进行定量研究。

（1）空间分布重心变化。根据研究要素的定量表达对各个城市区位赋予权重形成的标准差椭圆的中心即为研究对象在空间分布形成的重心。2007～2013年，全国城市基本公共服务支出、人口重心空间变化轨迹及两者之间的距离变化如表4－29及图4－7所示。基本公共服务支出重心在2008～2009年主要向东北方向移动，2009～2010年主要向东南方向移动，其余时间内向西南方向移动；人口重心2010～2011年主要向东南方向移动，2012～2013年主要向西北方向移动，其余时间向西南方向移动。中国基本公共服务支出重心和人口重心总体上呈现出相同的迁移轨迹，均向西南方向移动，这说明与位于轴线西南部的城市相比，位于相应标准差椭圆轴线东北部的城市增长速度要慢，对总体空间分布格局的影响作用变小。

基本公共服务支出重心与人口重心的距离整体呈下降趋势，2008～2010年两者距离略有增加，2013年达到最低，为71.99千米，说明全国城市基本公共服务支出与人口的空间差异正在减小。

基本公共服务支出重心及人口重心位置如表4－29和图4－7所示，两者重心的距离如图4－8所示。

表4－29　　基本公共服务支出重心及人口重心位置

年份	人口		基本公共服务支出	
	经纬度坐标	重心所在城市	经纬度坐标	重心所在城市
2007	114.34°E，32.83°N	驻马店市	115.40°E，33.37°N	周口市
2008	114.34°E，32.82°N	驻马店市	115.20°E，33.34°N	周口市
2009	114.33°E，32.81°N	驻马店市	115.15°E，33.44°N	周口市
2010	114.33°E，32.81°N	驻马店市	115.19°E，33.39°N	周口市
2011	114.32°E，32.78°N	驻马店市	115.09°E，33.30°N	周口市
2012	114.30°E，32.76°N	驻马店市	114.96°E，33.23°N	周口市
2013	114.33°E，32.81°N	驻马店市	114.94°E，33.13°N	驻马店市

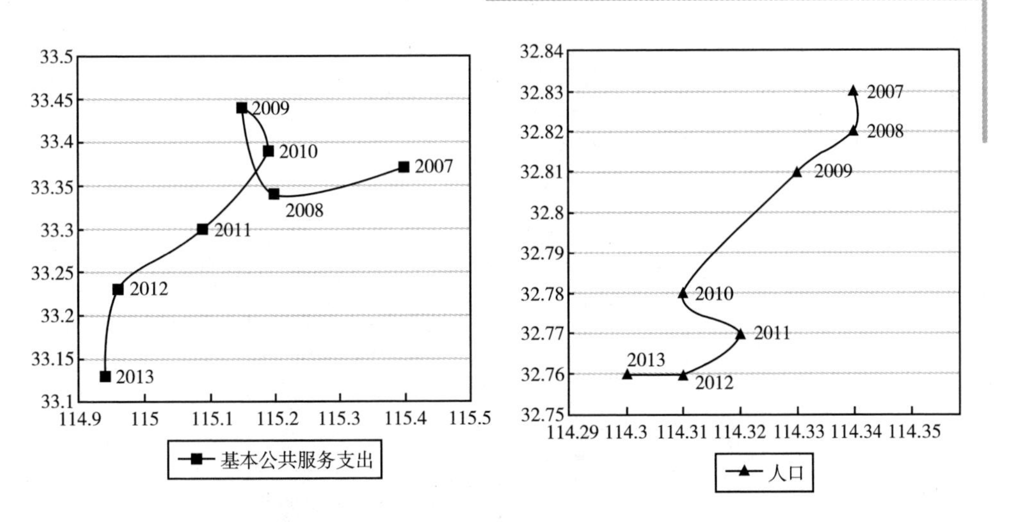

图4－7　我国城市基本公共服务支出及人口重心空间变化（2007～2013年）

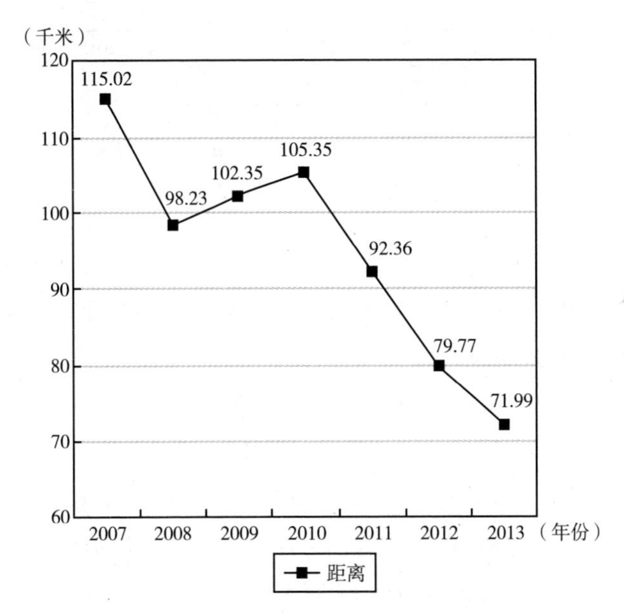

图4－8　我国城市基本公共服务支出重心与人口重心距离变化（2007～2013年）

（2）空间分布范围变化。分布在标准差椭圆内部的地区是全国城市基本公共服务支出的主体区域，其长轴标准差可以反映基本公共服务支出分布的范围。2007～2013年，中国城市基本公共服务支出、人口空间分布范围变化如图4－9所示。

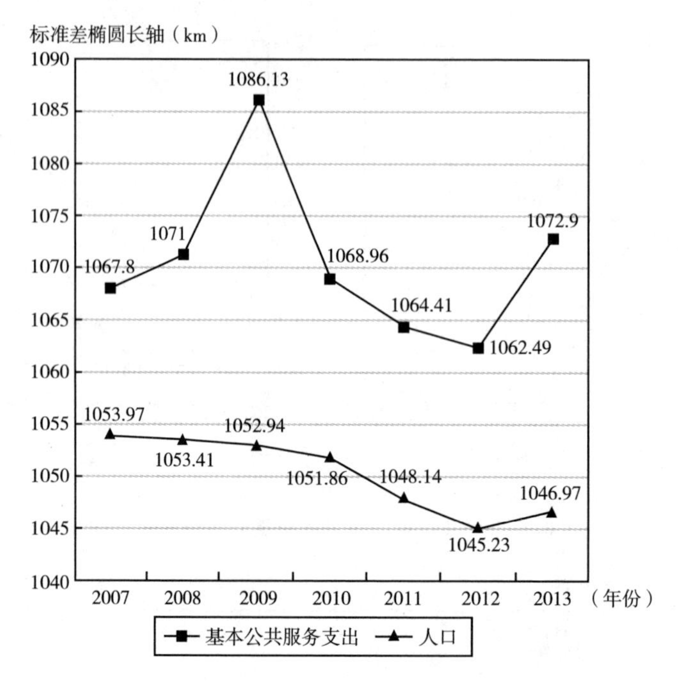

图4-9　我国城市基本公共服务支出与人口空间分布范围变化（2007～2013年）

我国城市基本公共服务支出的空间分布范围呈明显的波动趋势，2007～2009年呈增长趋势，2010～2012年呈减少趋势，之后标准差椭圆分布范围又开始扩大，2009年标准差椭圆长轴标准差达到峰值，为1086.13千米。人口空间分布范围总体上呈减少趋势，标准差椭圆长轴标准差由2007年的1053.97千米减少至2012年的1045.23千米，2012～2013年略有增加，增加至1046.97千米。此外，通过计算得出，2007～2013年，我国城市基本公共服务支出空间分布标准差椭圆面积由227.15万平方千米，增加至232.47万平方千米，人口空间分布椭圆面积由209.17万平方千米减少至208.58万平方千米。

我国城市基本公共服务支出空间分布椭圆面积的扩大意味着位于空间分布椭圆外部的城市，基本公共服务支出增速较空间分布椭圆内部的城市快，使空间分布有所分散；人口空间分布椭圆面积的减小意味着位于空间分布椭圆内部的城市，人口增长速度比空间分布椭圆外部的城市快，使空间分布回缩。

（3）空间分布形状变化。标准差椭圆短轴与长轴标准差的比值反映研究要素的空间分布形态，比值越接近于1，空间分布形态越接近于圆形，研究要素就越集中。2007～2013 年，中国城市基本公共服务支出、人口空间分布形状变化如图 4－10 所示。在基本公共服务支出方面，整体上空间分布表现“趋圆性”，长轴在逐渐减小、短轴在逐渐增加，尽管有小幅度的浮动（2008～2009 年和 2012～2013 年短轴与长轴之比有所下降），但总体上短轴与长轴之比呈上升趋势。在人口方面，空间分布椭圆呈现稳定的“趋圆性”，研究期间的短轴与长轴之比在持续上升，与基本公共服务支出相似，长轴在逐渐减小、短轴在逐渐增加。这说明，在研究期间内城市基本公共服务支出与人口空间分布呈相似的增长态势，在代表短轴方向（东—西）上的要素增长速度比在代表长轴方向（南—北）上的要素增长速度快。

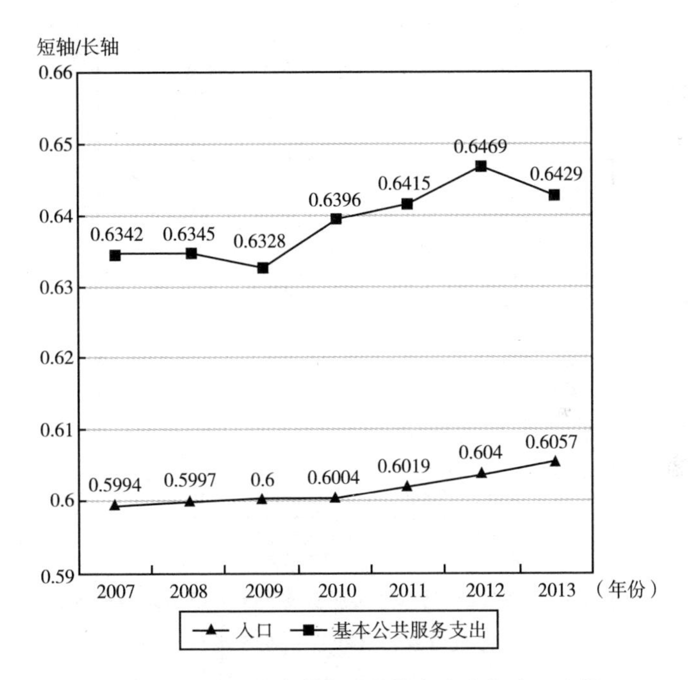

图 4－10　我国城市基本公共服务支出与人口空间形状变化（2007～2013 年）

（4）空间分布方向变化。标准差椭圆的方位角（正北方位与顺时针旋转的长轴之间的夹角）体现了研究要素散布的主趋势方向。2007～2013 年，中国城市基本公共服务支出、人口空间分布变化见图 4－11。中国城市基本公共服务支出空间分布方位角在波动中有所增长，其空间标准差椭圆在空间上呈现出小幅度的顺时针旋转，方位角由 2007 年的 21.97 度增加至 2013 年的 24.36

度。人口空间分布方位角保持小幅度的减小趋势，由2007年的25.63度减少至25.2度。基本公共服务支出与人口空间分布方位角的变化趋势的不同说明在相同城市，各自变量的增速存在差异。位于相应空间分布椭圆东北部的城市基本公共服务支出，与位于相应空间分布椭圆西南部的城市相比，增长速度要快；位于相应空间分布椭圆东北部的城市人口，与位于相应空间分布椭圆西南部的城市相比，增长速度要慢。从而使城市基本公共服务支出分布椭圆呈顺时针旋转、人口分布椭圆呈逆时针旋转。

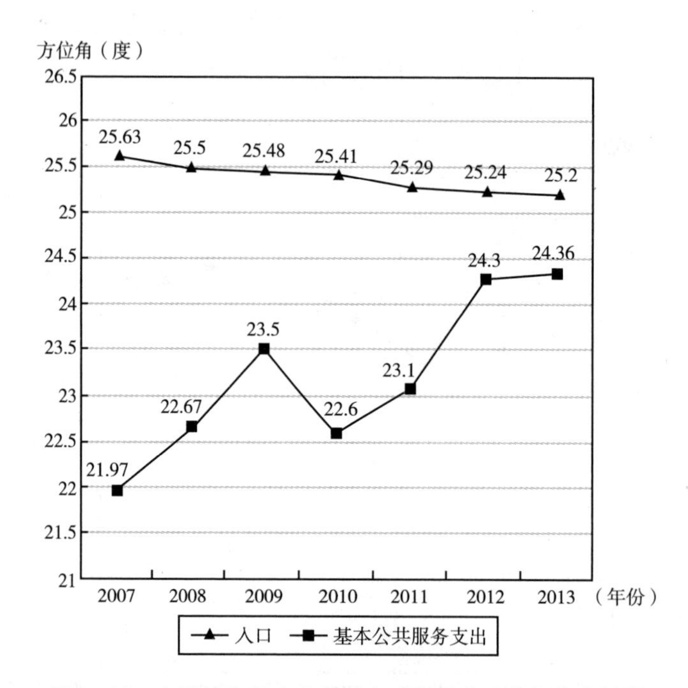

图4-11　中国城市基本公共服务支出及人口空间分布椭圆方位角变化（2007~2013年）

（5）空间密集度变化。单位标准差椭圆上分布的要素总量可以体现其要素在区域中的集中程度。2007~2013年，中国城市基本公共服务支出、人口空间分布密集度变化如图4-12所示。中国城市基本公共服务支出空间密集度逐年增加，由30.85万元/平方千米增加至112.26万元/平方千米。人口空间密集度在2007~2012年逐年增加，由349.2人/平方千米增加至370.07人/平方千米，2013年降至367.60人/平方千米。这说明，城市聚集效应愈加明显，公共服务支出水平的提高成为吸引人口集聚的重要因素。

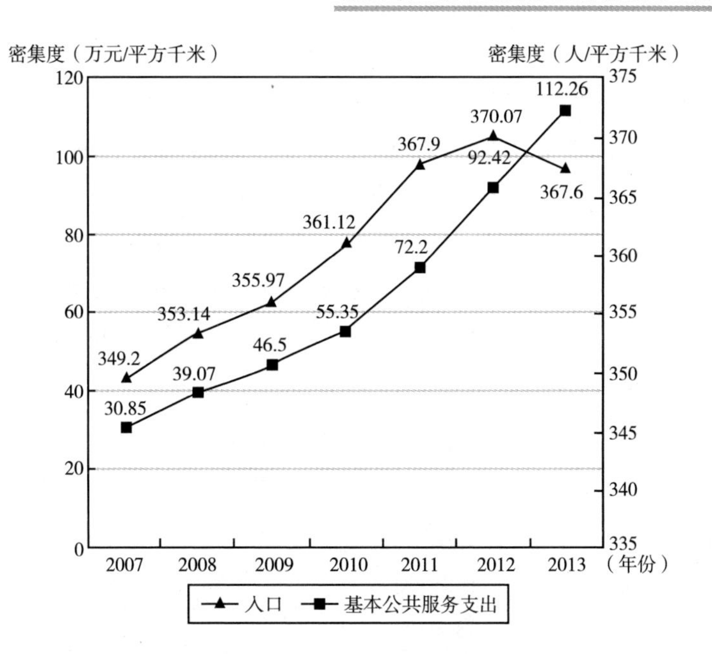

图4－12　中国城市基本公共服务支出及人口空间密集度变化（2007～2013年）

五、城市形态对城市公共服务支出的作用机理

采用面板数据回归模型，选取合适的城市空间形态指标——城市紧凑度和城市伸延率，与城市公共服务总支出和8种公共支出类款项分别进行回归分析，根据实证研究的结果得出结论，探求不同的城市空间发展模式对城市公共服务支出产生的影响。

（一）变量的选取及分析

为了能够准确地探求城市形态和城市公共服务支出的关联机理，保证模型估计的稳健性，减少内生性误差，在实证研究过程中引入其他的变量是十分必要的。如果在测量城市形态与城市公共服务支出的关联机理的过程中没有综合考虑其他影响因素，则可能导致得出的结论和评价失真，并造成针对性建议偏离正常轨道。因此，除了自变量（城市紧凑度及伸延率）之外，有必要将控制变量纳入面板数据模型的运算框架中。目前大部分研究认同的观点是由于我国地区间的经济水平、社会发展和自然环境等因素的不同，导致城市间公共服务支出产生了差异。

根据现有文献理论分析和实证研究支持，并结合数据的可获得性、质量和相关程度等实际情况，共选取8个公共服务支出的潜在决定因素作为自变量，将其纳入面板数据回归模型，分别为城市道路数量、城市用地面积、工业化程度、收入水平、GDP水平、教育发展程度、政府规模和失业率水平（徐中生，2010；鲍曙光、姜永华，2016；李建振，2015；王伟同，2009）。控制变量的符号含义及数据来源如表4－30所示。

表4－30　　变量的含义及数据来源

变量	单位	变量定义	数据来源
城市道路数量	平方公里	拥有道路数量	中国城市建设统计年鉴
城市用地面积	平方公里	当年城市的土地面积	中国城市统计年鉴
工业化程度	%	第二产业总值/地区生产总值	中国城市统计年鉴
收入水平	元	城市从业人员工资/从业人员数量	各个省会城市及直辖市统计年鉴
GDP水平	元	地区生产总值/人口总数	中国城市统计年鉴
教育发展程度	%	城市高等学校在校学生数/城市人口总数	中国城市统计年鉴
政府规模	%	城市机关单位从业人口数/城市人口总数	中国城市统计年鉴
失业率水平	%	城市失业人口/城市人口总数	中国城市建设统计年鉴

在进行面板数据分析之前，为了全面地了解各个变量的特征，便于进行城市间的自然、经济和社会因素差异比较，对控制变量进行了描述性统计分析，具体结果如表4－31所示。

表4－31　　控制变量的描述性统计分析

控制变量	年份	最小值	最大值	平均值	标准差
教育水平	2007	1.28	11.02	5.70	2.47
	2010	1.71	12.55	6.54	2.74
	2013	2.11	12.61	7.32	3.05
GDP水平	2007	14660	71808	34088.63	14892.95
	2010	25622	103625	50345.47	18625.16
	2013	37691	185338	84162.53	37939.88

续表

控制变量	年份	最小值	最大值	平均值	标准差
收入水平	2007	19991.83	49311.11	27891.14	7259.35
	2010	31128.48	71875.36	40786.25	10606.22
	2013	43653.04	93996.77	56380.37	12154.55
工业化程度	2007	26.83	57.27	45.35	7.10
	2010	24.00	56.17	45.05	8.00
	2013	22.32	55.96	44.37	8.88
城市土地面积	2007	2305	82010	15227.43	15493.7
	2010	2305	82010	15227.43	15493.7
	2013	2305	82374	15385	15494.04
城市道路面积	2007	4.45	18.41	10.79	3.80
	2010	4.04	22.52	12.33	4.79
	2013	4.11	26.51	13.97	4.91
政府规模	2007	0.58	2.22	1.22	0.39
	2010	0.63	2.37	1.23	0.37
	2013	0.74	3.10	1.36	0.59
城市失业率	2007	1.8	6.5	3.15	0.97
	2010	1.3	4.2	3.19	0.77
	2013	1.2	4	2.93	0.80

如表4－31所示，我国城市的教育水平、GDP水平和收入水平都在呈逐年增长趋势，不论是最小值、最大值，还是平均值，都在明显上升，这说明我国城市的经济发展状况良好，人民受教育程度在加强。在工业化程度方面，我国呈逐年递减趋势，工业化程度平均值由2007年的45.35%降至2013年的44.37%，最小值、最大值也在进行小幅度的下降，说明我国正在经历着经济结构的变化，正在推动工业化向第三产业的改革，实现经济又好又快发展。在城市土地面积方面，2013年的城市土地面积有所增加，2007年和2010年的城市土地面积没有变化。而我国城市的政府规模在逐年递增，政府机关单位从业人员规模不断增长，在平均值方面，由2007年的1.22%上升至2013年的1.36%。失业是城市贫困的重要标志，城市失业率在最小值、最大值都呈逐年下降趋势，平均值由2007年的3.15%，上升到2010年的3.19%，之后又下降至2013年的2.93%，这说明城市的就业岗位仍有波动，相应的政策措施有

待于进一步的完善和改进。在变量的标准差方面，除了政府规模和城市失业率呈不规则变化外，其余变量都在逐渐增加，这表明城市间的社会、经济、环境条件等方面的差距在逐渐增大。

（二）面板数据模型

为了定量且全面地分析城市形态与其公共服务支出间的关系，采用面板模型进行定量刻画。面板数据包含横截面、时间和变量三个维度，构建面板数据模型比单独采用横截面数据或时间序列数据更加准确真实，可以对研究问题进行更加深入的解释，而且，利用面板数据能够揭示横截面数据难以发现的动态变化特征（高铁梅，2009）。面板数据通常含有大量的观测值，被广泛而且成功地运用于众多研究（Mikhed and Zemčík，2009）。面板数据采用双下标表示：

$$y_{it} = \alpha_i + \beta' x_{it} + \mu_{it},\ i = 1,\ \cdots,\ N,\ t = 1,\ \cdots,\ T \tag{4-29}$$

其中 i 表示横截面的大小（30 个城市），t 表示时间序列维度（2007 年，2010 年和 2013 年），α_i为常数项。β 为 k×1 维向量，β′是向量 β 的转置，x_{it}（紧凑度）为 1×k 维解释变量的观测值，k 为解释变量的个数。y_{it}（公共服务支出）是指被解释变量在时间 t 横截面 i 时的观测值。μ_{it}表示其他因素产生的影响，它在个体成员和时间序列上都是唯一的，并且相互独立，满足零均值、等方差为σ_μ^2的假设。面板数据模型可分为 3 种类型。当式（4-29）系数受到限制如下：

$$y_{it} = \alpha + \beta' x_{it} + \mu_{it},\ i = 1,\ \cdots,\ N,\ t = 1,\ \cdots,\ T \tag{4-30}$$

其中斜率 β 为常数，截距项 α 对每个个体均相同。该模型各截面成员在个体影响和时间结构均无变化，被称为联合回归模型。式（4-30）的一般形式是斜率 β 为常数，而截距项在个体与时间上存在差异。具体如下：

$$y_{it} = \alpha_{it} + \beta' x_{it} + \mu_{it},\ i = 1,\ \cdots,\ N,\ t = 1,\ \cdots,\ T \tag{4-31}$$

当式（4-31）中的系数在个体方面均存在差异时而无时间结构变化时，该模型被称为变截距模型。具体如下：

$$y_{it} = \alpha_i + \beta_i' x_{it} + \mu_{it},\ i = 1,\ \cdots,\ N,\ t = 1,\ \cdots,\ T \tag{4-32}$$

当式（4-32）中的所有系数在个体影响和时间结构方面均不同时，该模型被称为变系数模型，具体如下：

$$y_{it} = \alpha_{it} + \beta'_{it}x_{it} + \mu_{it},\ i = 1,\ \cdots,\ N,\ t = 1,\ \cdots,\ T \tag{4-33}$$

对公共服务支出和城市形态指标均进行了对数化处理以确保数据平滑，为了选取合适的面板数据模型，F 检验、冗余固定效应检验（redundant fixed effects test）、哈斯曼检验（Hausman test）和 BP－LM 检验被采用。固定效应检验 p 值大于 0.05 时，联合回归模型比固定效应模型更合适（Hausman，1978），哈斯曼检验 p 值大于 0.05 时，随机效应模型比固定效应模型更合适（Hausman，1978）。而 BP－LM 检验是在联合回归模型与随机效应模型之间进行选择，当 p 值大于 0.05 时，联合回归模型更加合适（Breusch and Pagan，1980）。通过 EViews 软件和 Stata 软件进行上述模型检验，之后选用合适的面板数据模型分别对不同的公共服务支出变量进行回归。具体的模型检验结果如表 4－32 所示。

表 4－32　面板数据回归模型检验结果

检验值	公共服务总支出	一般公共服务	公共安全	教育	文化体育与传媒
F 值	3.76***	8.44***	11.94***	2.51***	4.09***
卡方值	87.09***	128.54***	147.21***	68.98***	91.03***
Hausman	55.64***	57.66***	77.26***	40.37***	31.23***
BP－LM	Prob＝0.3106	Prob＝0.0065	Prob＝0.0436	Prob＝0.1965	Prob＝0.1085
模型	固定效应	固定效应	固定效应	固定效应	固定效应
检验值	医疗卫生	科学技术	社会保障与就业	环境保护	城乡社区事务
F 值	3.08***	17.08***	8.02***	1.55	3.68***
卡方值	77.85***	168.67***	125.79***	48.98***	86.09***
Hausman	36.84***	71.93***	27.36***	8.46	32.57***
BP－LM	Prob＝0.2788	Prob＝0.0028	Prob＝0.0009	Prob＝0.2223	Prob＝0.0854
模型	固定效应	固定效应	固定效应	混合回归	固定效应

注：*** 表示在 1% 的水平下显著。

因为样本数量的增加会使数据的自由度增大，解释变量间的共线性减小，所以包含在面板数据模型中的数据尽可能大时，数据拟合效果越好，估计结果越准确。Steyerberg 解释样本数量时表示进行回归分析时预测变量对应的数据点的增加会使选择性偏差减小（Steyerberg，1999）。Peduzzi 等（1996）建议进行面板数据分析时每个自变量对应的数据点不要超过 10 个，而 Vittinghoff 和 McCulloch（2007）则表示在某些特定的场合下，预测变量仅对应 10 个结果显得太过保守。

通过选取城市形态定量指标和控制变量，并采用模型检验确定合适的面板数据回归模型，计算结果可以体现城市形态对10种类型的人均公共服务支出的作用关系。需要说明的是，由于主要关注的是城市公共服务支出与城市形态及其控制变量的系数正负和t检验结果（是否存在显著相关关系），系数的大小尽管也具有很强的现实意义，但并不在讨论当中。在表4－33中提供了每一个模型的计算结果，显示了所有解释变量的最小二乘法估计结果和t统计值。

表4－33　　城市形态与人均公共服务支出的分析结果

人均支出用于：	总公共服务		一般公共服务		医疗卫生	
	系数	T统计值	系数	T统计值	系数	T统计值
常数	2.98**	2.50	1.38	0.16	－2.70	－1.53
城市紧凑度	0.30	0.36	0.55	0.41	1.55	1.27
城市伸延率	0.21**	2.34	1.1E－01	0.15	0.32**	1.27
教育水平	0.14**	3.33	8.3E－02**	0.02	0.21**	3.34
GDP水平	2.3E－06	1.11	2.0E－07	0.90	－4.5E－07	－0.15
人均收入	2.2E－05**	4.89	1.3E－05**	0.00	3.2E－05**	4.73
工业化程度	0.03**	2.57	0.02**	0.01	0.02	1.70
城市土地面积	4.7E－05	0.91	0.00**	0.01	0.00	1.87
城市道路面积	0.01	0.77	0.02	0.08	0.02	0.86
政府规模	0.39**	2.28	0.21	0.12	0.11	0.46
城市失业率	0.12	1.96	0.00	0.93	0.31**	3.41
人均支出用于：	公共安全		教育		科学技术	
	系数	T统计值	系数	T统计值	系数	T统计值
常数	2.12**	2.56	0.07	0.06	－0.82	－0.55
城市紧凑度	0.33	0.51	0.38	0.41	0.92	0.89
城市伸延率	0.03	0.31	0.27**	2.62	0.57**	5.04
教育水平	0.22**	5.95	0.11**	2.28	0.28**	5.08
GDP水平	1.2E－06	0.88	1.7E－06	0.748	2.7E－06	1.05
人均收入	1.3E－05**	3.85	2.4E－05**	4.78	2.6E－05**	4.55
工业化程度	0.01	0.97	0.02	1.82	0.03**	2.18
城市土地面积	4.0E－05	1.07	0.00**	2.32	－3.0E－05	－0.45
城市道路面积	0.00	0.03	0.03	1.37	－0.03	－1.61
政府规模	0.37**	3.06	0.38	2.00	0.59**	2.75
城市失业率	0.10**	2.31	0.12	1.78	0.08	1.04

续表

人均支出用于：	文化体育与传媒		社会保障与就业			
	系数	T 统计值	系数	T 统计值		
常数	-1.01	-0.54	-0.31	-0.24		
城市紧凑度	-1.04	-0.81	0.61	0.67		
城市伸延率	0.40**	2.81	0.24**	2.41		
教育水平	0.14	2.01	0.15**	3.10		
GDP 水平	4.1E-06	1.27	2.4E-06	1.08		
人均收入	2.3E-05	3.16	1.7E-05**	3.38		
工业化程度	0.03**	2.08	0.01	1.01		
城市土地面积	3.4E-05	0.41	0.00**	2.32		
城市道路面积	0.04	0.03	0.03	1.62		
政府规模	0.28	1.03	0.61**	3.23		
城市失业率	0.05	0.51	0.17**	2.4		
人均支出用于：	环境保护		城乡社区事务			
	系数	T 统计值	系数	T 统计值		
常数	-1.24	-1.51	1.51	0.54		
城市紧凑度	1.48	1.91	0.11	0.06		
城市伸延率	0.09**	2.22	0.20	1.99		
教育水平	0.06**	2.11	0.32	1.51		
GDP 水平	5.5E-06	1.33	3.5E-06	0.74		
人均支出用于：	环境保护		城乡社区事务			
	系数	T 统计值	系数	T 统计值		
人均收入	3.6E-05**	4.56	2.8E-05**	2.65		
工业化程度	0.03**	3.19	0.06**	2.71		
城市土地面积	2.6E-05**	5.17	-8.8E-05	-0.73		
城市道路面积	0.01	0.53	-0.04	-0.91		
政府规模	0.98**	5.47	0.54	1.36		
城市失业率	0.07	0.90	0.11	0.74		

注：** 代表 5% 的水平下显著。

如表 4-33 所示，城市紧凑度与人均公共服务总支出和 10 种人均公共服务支出之间没有显示有显著相关关系，即城市紧凑度的变化不会对城市公共服务支出产生影响。然而，城市伸延率与人均公共服务总支出、人均公共教育支出、人均文化、体育与传媒支出、人均社会保障与就业支出、人均医疗卫生支出、人均环境保护支出共7种类型的公共服务支出存在显著正相关关系。这意味着随着城市伸延率的增加，上述类别的城市公共服务支出会上升。

考虑控制变量与城市公共服务支出的关系，不同的公共服务支出类款项受控制变量的影响也有所差异。教育水平对人均公共服务总支出、人均一般公共服务支出、人均公共安全支出、人均教育支出、人均科学技术支出、人均社会保障与就业支出、人均医疗卫生支出、人均环境保护支出均呈显著正相关，表明居民教育水平的提高使上述8种公共服务支出增加。这是因为随着人们的教育水平的提高，他们拥有的人力资本也更丰富，了解的信息和知识更全面，对公共服务的重要性也有了更加深层次的理解，使居民对优质的公共服务的需求更加迫切，相应的公共服务支出也会增加。此外，居民的受教育程度的提高，也会提升对政府的监督意识和水平，使政府更加重视公共服务的支出而不仅仅是经济建设方面的投入。人均收入与人均公共服务总支出、人均一般公共服务支出、人均公共安全支出、人均教育支出、人均社会保障与就业支出、人均医疗卫生支出、人均环境保护支出、人均城乡社区事务支出共8种公共服务支出存在显著正相关，这表明人均收入的增加，直接提高了地区的消费水平，改变了其消费结构，也改变了需求层次，根据马斯洛需求层次理论，在满足温饱的前提下，居民将会向安全、社会等高层次需求发展，会更加注重生活品质、生活环境及质量、教育医疗水平等，导致公共服务支出的增加。按照纳瓦格定律（Narayan et al.，2012），人均收入的增加使居民更加注重生活服务的数量和质量，引起公共服务支出的增加。工业化程度与人均公共服务总支出、人均一般公共服务支出、人均文化体育与传媒支出、人均环境保护和人均城乡社区事务支出呈显著正相关，一方面是工业化过程提高了经济发展水平，使人们对公共服务需求增加；另一方面是工业化产生了大量的废水、废气和废渣，增加了环境保护和有关部门督查检查和工作人员聘用费用。城市土地面积与人均一般公共服务支出、人均教育支出、人均社会保障与就业支出、人均环境保护支出存在显著正相关。城市土地面积扩张引起的交通可达性变差、公共服务资源浪费和社会贫富差异分化、人与人之间缺乏充分的沟通等问题，也会使公共服务支出增加。城市道路面积与人均公共服务总支出显著正相关，这是因为城市道路面积的增加会引起城市道路建设和维修的费用支出增加，道路附近相应的基础设施数量、城市道路清扫工作人员也会相应增加。政府规模与人均公共服务总支出、人均公共安全支出、人均社会保障与就业支出和人均环境保护支出呈显著正相关，这意味着政府行政人员的增加伴随着公共服务支出的增加。实际上，国外主张的大都市政府理论早就将大都市区内过多的独立行政单位视为政府公共服务效率和均衡的主要障碍。由于公共服务是由政府提供和保障的，尤其是上述的社会型公共服务会需要大量的工作人员，因此政府规模的扩大会对公共服务支出具有明显的促进作用。在城市失业率方面，与人均公共安全支出、人均社会保障与就业支出和人均医疗卫生支出呈显著正相关。失业率的增加会加大贫富差距，激化社会矛盾，严重时甚至会导致社会动荡。为了避免出现这种情况，公共服务支出就会增加。此外，失业率的增加也可能是失业人员缺乏劳动意愿、依赖政府救济导致的，直接造成社会保障与就业支出的增加。Brenner（1971）发现国家失业率水平可能会影响精神疾病和心血管疾病的发生率，相应的，医疗卫生方面的投入会增加。而且城市失业率引起的社会动荡、居民生活压力增加等现象也有引起冲突、造成伤病增多的可能，间接地导致政府加大医疗卫生的支出力度。

（三）城市蔓延增加公共服务支出

面板数据回归分析的结果为城市形态与城市公共服务支出之间存在紧密联系的假设提供了有力支持。城市蔓延是城市化空间区域失控的产物，它引起了公共服务支出的增加。

在公共教育方面，在人们选择学校时，到达学校的便利程度、学校的基础设施建设和师资水平都是不容忽视的关键因素。在城市紧凑的状态下，城市人口会较城市扩张时更加集中居住和就业（Carruthers and Ulfarsson，2003），工作场所和家庭住址到达学校的距离相应缩短，使学校的数量减少，但是每所学校的学生会更多，从而提高了学校的利用效率，也会提高学校的规模。从另一个角度看，城市紧凑会使同样总额的公共服务支出用于相较城市扩张时数目更少的学校，进而提高了学校的基础设施建设水平并刺激学校加强师资力量投入，在提升学校质量的同时惠及更多的受教育人群。在城市扩张的情况下，学校质量难以实现均等化，考虑就近原则，居民们会选择将子女安置在离家或工作地点近的学校，这就导致了学校的数量较多但是教学水平及基础设施提供（如操场、食堂等）难以得到保证，有的学校学生数量过少，单位公共服务支出过高，导致公共教育支出效率低下且支出过高。

在公共文化、体育与传媒方面，城市形态也会对其支出产生影响。文化产业被认为是未来城市经济发展的最大驱动力（Yusuf and Nabeshima，2005），尤其是针对我国正处于快速城市化和亟须完善结构改革的阶段，因此提升文化类服务质量已经成为相关政府部门的重要任务和目标。研究发现城市间文化产业存在正向的空间溢出效应，提高某个城市的文化产业，其他相邻城市也会受益，而且城市的文化产业聚集也会吸引更多的文化公司（Ko and Mok，2014）。体育、传媒产业作为与文化产业类似的公共服务类型，也具有同样的特性，这意味着城市紧凑会促使公共文化、体育与传媒产生聚集效应，提高其支出效率，减少其非必要支出。

在科学技术方面，大量的科研院校、研发公司等在城市空间上的集中，有利于形成“集聚经济效益”，便于彼此之间的合作交流，在促进科技水平提升、提高经济效益的同时还能节约交易成本费用，产生聚集效应，实现资源有效配置，从而使科学技术支出减少，该结论也验证了许箫迪等人的研究，知识溢出与空间距离呈反比关系，企业之间距离的缩短有利于企业技术知识的共享，形成产业集群（许箫迪等，2007）。资源配置效果的提升会增强城市的盈利水平，而且，随着资本和技术的积累，也会吸引更多的剩余劳动力迁入，进而吸引更多的资源进入，继续进行着优化配置，实现城市和社会效率的循环变化。

在社会保障与就业方面，城市蔓延会减少社会群体间的交流沟通，造成社会经济的分离和贫富差距的拉大，不利于社会公平和谐，而政府为了改善这种情况，倾向于增加公共服务方面的支出。城市蔓延现象严重时，在贫穷的地区也可能会出现犯罪率上升、人民就业意愿低、等待政府资金救助的现象，相应的，公共服务支出就会增加。

在医疗卫生方面，与学校类似，医院作为社会服务型资源，城市紧凑有助于提高医院的医疗水平和配套设施标准，提高医院的质量。另外，城市蔓延也会降低服务设施的可达性，使医院不能充分发挥公共医疗服务水平，导致医疗卫生支出的增加。而且医院作为重要的公共服务设施，由于其位置的固定性，在人口密度高的地区能够被更多的人共享、更加充分利用（Ewing，1997）。

在环境保护方面，紧凑城市能够有效地减少交通距离，降低能耗，减少尾气污染，同时还会减少由于城市蔓延占用的绿地和耕地（李红娟、曹现强，2014），增强城市环境的自净能力，进而最终减少了城市环境污染，从而使环境保护支出减少。在城市蔓延状态下，城市服务设施的低可达性也是造成低效率公共服务表现的重要原因，例如，如果居民的住址距离公交车站和工作地点太远，则会倾向于选择私家车作为主要的代步工具，这样在减少公共交通的使用频次的同时还增加了污染气体的排放，增加了环境负担。除此之外，城市扩张也代表着农用地和森林用地转变为城市建设用地的过程，这会降低城市的空气净化能力，造成环境保护方面的支出增加。

我国城市形态正在经历着快速的动态变化，这主要是由两种城市发展道路造成的，分别是被动城市化和主动城市化。被动城市化是指通过政府鼓励刺激，主要以征收农用地的形式，促使农村土地成为城市用地的现象，这种方式不是出于农民自己的意愿，而且容易出现城市蔓延（城市建筑面积增加）和失业率增加的问题（余剑等，2013）。主动城市化则是受到城市发达的工业化和经济发展水平所吸引，农民自发性地从较低效率的农村进入较高效率的城市寻求更好的生活环境。在主动城市化过程中，城市伸延率或城市紧凑度的增加，主要由居住地位于城市中心地带还是郊区所决定（李强，2013）。由此看来，被动城市化会增加城市伸延率，进而增加不必要的公共服务支出。因此，有必要限制被动型城市发展，鼓励主动型城市发展作为减少公共服务支出的方式。

在城市公共服务支出方面，对城市公共服务支出水平及支出结构进行描述性统计分析，结果发现我国城市间人均公共服务支出总量差距仍然明显且有增加趋势，除一般公共服务支出外，各种类型的公共服务支出逐年增加，其中环境保护支出增长速度最快，说明地方政府均对环保问题予以重视。在公共服务支出结构方面，地方政府对公共服务支出类型的倾向性相似，均将城乡社区事务、教育及社会保障与就业作为主要的支出项，均在逐渐减少一般公共服务的支出投入比例。对中国城市基本公共服务支出的空间分布差异进行分析，发现东部城市是基本公共服务支出的主要区域，但西部城市正在加大基本公共服务支出力度，支出的增长速度比东部城市快，而且东—西方向的城市基本公共服务支出增速比南—北方向的城市增速快，东北方的城市比西南方的城市基本公共服务支出增速快。总的来说，城市基本公共服务支出与人口的空间分布差异正在逐渐缩小。

在城市形态方面，城市用地演变过程呈现明显的趋圆性特点，说明城镇化的过程中也考虑了城市空间的填充发展和圈层式扩张。紧凑城市是为了遏制城市的无序蔓延而提出的城市发展模式，旨在节约土地的同时提升城市运行效率。我国主要城市承载着重要的经济发展任务，解决了众多的劳动力就业问题，在此情境下，缓解主要城市的功能，辐射带动其他城市，构建合理的空间结构，更好更快地提升区域空间紧凑度是一条重要途径。对 30 个代表性城市的城市形态进行整体评估，尝试从城市规模、城市交通、生态环境和社会服务四个方面展开城市形态的评价，发现北京、重庆和广州处于最高水平，海口、贵阳和西宁的城市形态急需调整。同时，从主成分分析法获取的指标权重结果来看，城市交通处于最重要的位置，在调整城市发展模式时应首先考虑。

在城市形态对城市公共服务支出的影响机理方面，城市形态与城市公共服务支出的实证研究结果显示城市形态与城市用地的物质结构存在必然联系，城市形态在决定公共服务的资金投入中起着重要作用。尽管城市紧凑度的增加与公共服务支出没有显著相关关系，但是城市蔓延导致公共服务的质量和效率的下降。目前我国的城市发展模式是以高人口密度、机动车导向和高工业聚集为主要特征，城市紧凑度提高的同时也会增加城市密度，因此在这其中要把握一个转折点，避免城市紧凑带来的交通阻塞、环境污染等负面影响抵消掉其积极影响。总的来说，虽然城市紧凑度不能显著影响城市公共服务支出，但是考虑城市伸延率与城市公共服务支出的关系，塑造紧凑型城市是符合我国国情的可持续城市发展模式。通过限制被动型城市发展方式，以鼓励主动型城市发展作为减少公共服务支出的方式。考虑控制变量与城市公共服务支出的关系，在紧凑型城市区域内转变经济发展结构，加快工业向服务业的转变有助于提高公共服务支出的效率，在不影响社会经济和失业率的情况下减少不必要的公共服务支出，对形成合理的城市形态有着巨大的推动作用。

本部分基于“圆形最紧凑”的假设，以 30 个代表性城市建成区为研究对象，进行城市形态的计算，用于分析城市形态对城市公共服务支出的作用机理。城市形态是在自然、社会和经济等多种因素共同影响下形成的，如何在测度城市形态时排除城市的多中心问题及资源禀赋等自然条件的影响是未来研究的重点。此外，由于数据的限制，控制变量的选取数量仍需增加，这对提高城市形态对城市公共服务支出作用机理的准确性具有重要的意义。

第四节 本章小结

城市的空间形态对城市效率产生作用，其核心是对城市的经济发展产生作用。与此相联系的是空间与经济的密切关联。这种关联是基于各类资源在城市空间的配置，以及各类经济活动所对应的城市空间区位。把城市的空间视为城市效率的核心要素之一，是城市空间与城市效率相互作用的基本特征。最初的区位理论奠定了这种作用机理的基础，尽管有着久远的发展历史，并做出了许多理论和实践贡献，但空间作为一种要素，融入城市效率的提升过程，却从未形成过一套完整严密的理论体系。通常只是将城市空间与城市的制度与心理等变量一样，作为城市发展的前提条件出现。与此相伴随而产生的是一系列相关的研究领域，包括处于基础位置的区位论，以及区域经济学、城市经济学、经济地理等（洪开荣，2002）。尽管如此，城市空间形态对城市效率所产生的实质性作用已经得到了越来越多的理论和实证研究的认可。其中包括从土地利用方式的变化所导致的城市效率的变化，以及交通路网是如何改变城市形态，进而影响城市效率，同时，还包括各类城市要素对城市效率的综合影响。

一、以土地利用方式变化为载体

城市的形态涉及多个层次，其中空间形态以土地为载体，土地是城市得以存在和发展的基础载体与平台。不同的城市土地利用方式，包括城市地块的不同划分，以及城市自然具有的地形和地貌特征，还包括城市发展过程中的土地利用和人为规划的功能分区等，共同导致了城市空间形态的另一个关键因素：城市交通路网等基础设施的空间形态。同时，这些因素又共同影响着城市的建筑形态，以及城市的经济活动布局、城市的空间密度和环境质量等。并且，城市空间形态的形成过程中，城市交通路网的布局在城市空间形态中具有独特的重要地位。城市交通网络格局受到城市的土地利用方式的影响，同时也会影响城市人口与城市各类资源要素的流动、城市经济活动的效率，进而最终影响到城市土地利用与城市空间形态。城市土地利用通常指基于城市社会与经济发展的需要，将有限的土地资源，进行分配，使各个不同的部门、产业和经济主体有相应的土地可以使用。土地同时也是各类自然资源的载体，并不是所有的土地都可以开发和使用，在城市土地的开发和利用过程中，应该遵循客观的自然规律。土地还是重要的生产要素，与城市的资金和劳动力等不同的经济要素相结合，共同促进城市经济的发展，因此，土地作为重要的经济要素，在城市土地的开发和利用过程中，又要合乎城市的经济规律。由此可见，土地是城市生存和发展的基础载体，城市的各种功能与经济活动，都是在土地的载体之上进行的。城市土地所固有的自然特性，以及人为利用土地的合理性与效率，都将对城市空间形态产生显著影响。如城市土地所固有的自然特性，包括面积、质量、可自然更新等，都决定了城市土地的开发和利用的基本方向，进而形成特定地貌特征之下的不同的城市空间特征。

（一）土地利用方式的内涵

土地利用方式也可理解为土地的用途，是在一定社会的生产方式下，为了一定的目的，依据土地的自然属性及其开发规律，对土地进行的开发、利用、保护和改造活动。其中，生产性土地利用包括生产性利用和非生产性利用。生产性利用的土地是指把土地视为主要的生产资料或者劳动对象，以生产各种产品或矿产品为主要目的的利用方式。而土地的非生产性利用方式是把土地作为各类社会活动场所以及建筑物载体的利用。

我国规定将土地的利用方式分为：农用地、建设用地和未利用地三类。在针对土地利用的现状调查中，土地用途是指调查当时的实际用途，按土地利用现状分类表中的主要项目进行划分。在土地登记申请中，土地用途填写登记时的实际用途，如工厂等。在进行土地登记时，建设用地的用途以城镇土地分类中的二级地类为准，包括商业用地、工业用地、住宅用地、城市水域和其他用地。农业土地的用途以土地利用现状调查中土地分类的一级地类为准，一般为耕地、园地、林地、牧草地、水域及其他农用地。申请土地登记的土地用途必须符合土地利用总体规划的规定。在城镇，主要应与城市规划和城市土地利用规划、环境保护相协调；在农村，主要符合村庄、集镇规划，与合理利用每寸土地，切实保护耕地的基本国策相吻合。土地权利人不得擅自改变土地用途，不按规定用途使用土地和闲置土地的，都要追究责任并进行处理。土地使用者需要改变土地使用权出让合同约定的土地用途的，必须取得出让方和市、县人民政府城市规划行政主管部门的同意，签订土地使用权出让合同变更协议或者重新签订土地使用权出让合同，相应调整土地使用权出让金。土地利用方式一般应根据土地适宜性和社会经济发展的要求，因地制宜地确定。

（二）土地利用方式变化与城市经济效率

由于城市土地资源的稀缺性，使土地的利用方式一旦确定，便具有一定的“空间锁定”效应，使其调整的难度比较大。并且，利用产生的后果还具有规范的社会性和持续性。这些效应中最重要的是由于城市土地利用方式不同所导致的“集聚经济”与城市“拥堵非效率”可能同时并存，进而最终通过空间形态的变化作用于城市的经济效率。城市的经济收益是影响城市的土地开发和利用的重要因素。城市的土地资源有限，如何将有限的土地资源进行最有效率地开发和利用，通常是城市的经济效应为衡量标准，然后，根据该标准制定相应的土地利用和开发规划以及相应的开发顺序。城市空间结构的特殊性还在于一旦特定的城市土地利用方式得以相对固定，不但在短期内无法改变，而且还会导致一系列连锁反应，如影响城市的产业布局、人口密度和交通路网。从城市空间形态的层面影响着城市的整体经济效率。其中，通过各类要素的空间集聚产生效应是主要的作用渠道。

城市的土地利用方式一旦确定，如工业用地或者商业用地，就会集聚一定数量的企业在该区域。按照集聚的不同类型，可以分为两种：一种是同类型的企业集中在一起，形成产业链条，共同归属同一产业。以充分发挥产业效应扩大生产规模，进而使该空间所承载的经济总量增加。并且，随着各个企业之间的分工和协作的深化，还会拉动相关配套产业的集聚，通过提高生产率和降低生产成本，带来该空间的外部经济。另一种空间上的集聚类型是不同类型企业的集中，同样可以带来集聚经济效应，主要是得益于空间的集聚所带来的集聚效应，包括共享的市场规模扩大。大量的不同类型或者是相同类型企业和人口的集聚，可以促进市场的形成并扩大既有市场的规模，进而产生规模经济，使各个集聚的主体利益均沾。另外，彼此的邻近，还可以节约交易成本，降低运输费用，进而降低了整个产品的成本。大量的企业集聚在特定的空间，企业之间可以互相提供市场，互相提供原材料，或者生产的中间产品等。这种集聚不仅使彼此的生产协作更加便利，而且一旦彼此的供销关系得以建立，会由于彼此的邻近性而更容易相对固定下来，减少交易成本，增强了产品的竞争力。

空间集聚所带来的另一个效应就是共享经济效应。最明显的就是共享集聚空间内的基础设施和公共服务。任何企业和相关商业机构进行日常运营，都需要配套的交通、物流、水电等各项基础设施。城市空间的集聚使这些基础设施的建设更加快捷，而且增加了共享这些设施的企业，这种集中建设、共享使用、集中管理的方式，比为了单个企业进行单独建设和使用，要节约大量的成本。使空间集聚的经济效益进一步凸显。同时，大量企业在空间的集中，还会引致各类人力资源的集中，包括熟练的劳动力，以及各类技术人才和经营管理人才，不但方便企业进行人力资源的招聘，还有利于人力资源本身的合理流动和配置。最后，各类要素的集聚，包括生产资料和人才等，使相互的交流和学习更加便捷，为广泛的协作和推广技术奠定了基础，进而有利于企业改进生产和开发新产品，创造出集聚的经济效益。

由此可见，城市土地利用方式的变化导致城市空间结构的变化，城市空间结构的集聚会产生聚集经济效益，而且这种正效应会“溢出”。集聚空间里的单个企业的生产经营活动会对集聚中的其他企业或者个体产生影响，这种影响就包括正的溢出效应。城市空间的集聚导致明显的聚集经济效益，会促使更多的企业向城市聚集，增加城市的集聚效应。事实上，在城市空间集聚的区域，有着大量的生产企业和各类商业机构，这些区域的劳动生产率和人均产值等经济指标，都高于其他地区。与此相对应的是集聚所导致的“集聚不经济”。城市空间的过度集聚会产生相反的效果，不是集中的规模越大，经济效益就越大。企业和人口过分的大量集中，会导致集聚的不经济，增加城市的交通拥堵和环境污染，导致聚集经济效益下降，甚至出现负效益。因此，城市空间的集聚需要合理规划。

（三）土地利用方式变化与城市生态环境效率

城市土地利用方式的变化会对城市的生态环境系统产生巨大的显著影响，进而作用于城市生态环境效率。城市的土地利用方式的转变，包括对原来的城市植被覆盖的区域进行开发，会转变城市工业用地或者商业用地，这种转变会对城市生态系统的功能产生影响，进而作用于城市的生态环境效率。

将城市土地转变成工业用地或者商业用地，会改变城市地表的发射率和单位土地面积的温室气体排放量等影响因素，从而最终影响了整个城市区域的气候特征，比较显著的变化是会导致城市区域的“热岛”效应。城市“热岛”效应是由于城市集中了大量人工发热、建筑物和道路等高蓄热体及城市绿地减少等造成的城市高温，明显高于城市外围郊区。因为城市郊区的气温变化不大，而主城区却是高温区，类似突出海面的岛屿，因而得名城市“热岛”。

城市土地利用方式的变化还会导致城市土地的覆被变化，如原来的绿地或者湿地转变城市商场或者房地产，进而影响了该区域的各种物质和能量的交换。使区域生物循环受到影响，进而作用于土壤的主要生态过程。城市不同的土地利用方式和土地覆被类型的空间组合，还作用于城市土壤的养分在空间上进行迁移，最终导致该区域的生态服务价值发生显著的变化。

城市土地利用方式的变化还会导致对城市水质的影响。特别是将土地利用方式转变为工业用地之后，大量的工业企业集中，会排放大量的污染物，会改变城市的污染源，并增加一些非点源的污染途径（郭旭东、陈利顶，1999），降低了城市的生态环境效率。

因此，城市土地利用方式的变化会直接影响城市的生态环境效率，而土地利用方式的变化最终会反映在城市的空间形态上，为此，城市空间形态便与城市生态环境效率产生了密切的关系。

（四）土地利用方式变化与城市社会效率

城市土地利用方式的变化会影响城市的社会效率，主要的原因在于城市大量的工业用地扩张与城市的公共服务设施建设之间不协调，特别是时序和空间上的不协调，导致城市社会效率受到城市空间结构的影响。

城市土地利用方式变化的典型特征就是大量的土地转变为工业和商业用地。这些土地转变之前可能是耕地或老城区的居民居住用地。这种转变过程涉及与土地相关的多个利益主体之间的纠结与博弈。其中最为典型的就是拆迁过程的各种矛盾，以及大量失地农民导致的各种社会问题，这种问题和冲突不仅包括直接的暴力冲突，还包括强拆、拒拆、自焚等各种冲突，然而，就实质上而言，这些冲突都是因为土地收益的分配所导致的问题，也可以视为城市社会的公共资源的分配不公平所引发的社会各个阶层的矛盾的集中体现。城市土地利用方式的变化会带来不同的经济收益，而这些经济收益涉及地方政府、开发商和当地居民等多个主体，一旦在利益的分配方面出现问题，就非常容易导致社会问题。

同时，由于土地利用方式的转变的时序是不同的，涉及的利益方需要协调的时间长度也是不同的，导致了在开发空间里存在多种土地利用方式，出现了所谓的在城乡结合区域，同时存在商业用地、工业用地和公共设施用地，甚至还有大量的农用地。这些区域同时也集聚了各种类型的人群，往往成为“三不管”地区，造成各种社会问题的集中发生。

还有一种情况是在快速的工业化用地转变和商业化用地转变过程中，与之配套的公共服务设施却显著滞后。在地方政府主导的各类型“新区”和“高新区”建设过程中，这种情况最为突出。企业和商业用地得以快速转变，高楼大厦拔地而起，宽阔的道路也快速修建，但是在集聚“人气”方面却显著滞后。相关的公共服务设施配套也没有跟进，导致了“空城”或者“鬼城”的出现。住宅和商业用地以及其他生活服务等公共设施用地没有能够协调规划和开展，在时序和空间上具有明显的脱节特征。因此，工业用地在空间结构上的集聚经济效应没有得到有效发挥，使城市社会的公共服务建设用地的正向反馈和相互促进机制没有相得益彰（陈竹、黄凌翔，2017）。这两大类空间实体形态之间的相互矛盾，再加之各类利益主体之间的博弈，使城市空间形态会显著影响城市的社会效率，特别是公共服务方面的效率。

二、以交通路网扩张为纽带

城市的各种交通路网是城市空间形态得以实现和延展的纽带，而且城市的各类交通路网与城市空间形态之间还存在显著的互动关系。无论城市在空间形态上是紧凑的还是延伸的，都会伴随着交通路网的改变，而一旦交通路网得以最终建成，又会反过来作用于城市的空间形态。其中的纽带主要是交通路网可以改变城市空间的可达性。一旦可达性得以形成，就会影响城市的土地价值以及土地利用方式的变化，其中的交通成本和通勤距离导致的居民购买偏好等，会影响城市各类资源的集聚和空间配置，进而最终影响城市的各类效率。

（一）交通路网推动城市空间形态的形成与发展

城市的演变和发展历程呈现出较为清晰的轨迹，城市大多发源并且集聚在自然交通优势明显的区域。古代的两河流域集聚了大量的城市，是因为该流域的交通方便，适应了当时的经济发展水平，因此集聚了大量的人口，最终使城市得以形成。随着生产力的发展，现代交通运输的进步，交通技术得以不断创新，使城市不仅仅集聚在河流附近，其他的区域也集聚了城市文明，因此，交通技术的进步在一定程度上促进了城市空间结构的演变。正是鉴于交通路网在城市空间形态的形成，以及城市空间形态的变迁中存在非常显著的基础性作用，现代城市的交通路网的规划，已经不仅仅是满足城市的运输需求，而是更多地向构建高效率的城市空间形态演变，最终的目的是促进城市效率的提升。

随着城市形态的不断演进，在城市的内部，布满了轨道交通网，这些网络与城市空间形态之间，有着非常显著的互动演进机制。这些轨道交通对缓解现代城市的交通拥堵有着极大的促进作用。组成现代城市轨道交通网络的主要包括城市地铁、轻轨以及铁路等，这些不同类型的交通路网结构不但直接影响着城市的交通效率，而且还间接作用于城市的经济、社会和环境效率，并最终作用于城市空间形态的不断变化。例如，在我国快速城市化的过程中，城市的空间规模逐渐扩大，有些城市呈现出明显的城市功能区分化，在原有城区的空间结构集聚到一定的规模后，城区会向周围扩张，呈现出单中心向多中心的空间结构演变，伴随着的是部分城市功能的外围空间转移。这种多中心的空间结构，使多个城市中心之间的交通需求量不断增加，为了适应这种要求，有些城市将运量大，速度快而且环保的市郊铁路纳入城市交通路网结构，以期望解决城市的交通拥堵问题，同时，也促进城市中心与外围地区的空间联系，进而疏导人口和各类生产要素的聚集、扩散，引导医疗教育等公共服务设施布局的扩展和优化，最终对城市效率产生显著影响。

（二）交通路网与城市经济效率

交通路网在城市经济系统中起着非常重要的作用。在城市的“极核式”空间形态中，城市交通路网沿线上的站点，由于交通方便，因而使其空间区位条件相对优越，进而对各种经济要素颇具吸引力，促进这些要素的集聚，形成城市经济发展的增长极。同时，由于交通路网本身就是沿线各个区域上的连接通道，往往成为各个区域点轴系统的轴线，这些轴线是区域开发战略制定的基础，带动城市区域经济的集聚与发展。在城市空间结构中，区域内的交通网络通常是区域网络空间结构形成的前提和基础。交通路网的改善，可以有效降低城市各地区之间的交通成本，使经济增长极和开发轴线通过支配效应、乘数效应、极化效应与扩散效应等，对城市经济活动产生拉动作用，进而使城市空间形态与城市经济效率之间产生关联（金凤君、武文杰，2007）。

交通路网对城市经济区位的确定有显著影响，进而影响城市的经济效率。

城市的交通路网对城市的经济区位选择有显著的影响，其主要的作用渠道是通过交通费用的差异实现。追求经济效应最大化的经济主体，在选择区位方面，通常的原则是要尽量减少原料和制成产品的长距离运输，不但可以减少运输成本，还可以减少长途运输的产品损耗。这与经典的理论具有很好的一致性，包括杜能的农业区位论所提出的运费与运输距离及重量成比例，运费因产品不同而不同，并由此在空间上提出了农业土地利用的杜能圈结构。在工业方面，韦伯在工业区位论中提出最小运费原则，并在空间上将该点确定为最佳区位点。此外，还包括帕兰德的市场竞争区位理论和廖什的市场区位理论。

交通路网对城市空间的集聚和延伸有显著影响，进而影响城市的经济效率。其理论基础来自核心与外围理论。该理论将经济体系的市场结构、要素流动和空间区位进行综合分析，认为城市空间的集聚和延伸是一对相互作用的力量，这对力量的彼此消长共同决定了空间均衡时企业在空间上的布局。这种均衡力量的重要影响因素是来自运输成本。便捷的城市交通路网带来城市交通基础设施的改善，降低了空间上的运输成本，使空间结构发生变化（丁嵩、李红，2014）。城市交通路网作用于城市空间形态的另一个渠道便是城市空间的可达性，可以体现出城市空间实体之间相互沟通和交流的便捷程度。城市的交通网络改变了特定城市空间的可达性，促使各类资源向交通沿线，特别是交通枢纽进行空间集聚，可以拉动沿线地区的土地、房地产价格的变化，促进各类经济要素的集聚，形成商机，带动城市经济的发展。这种经济发展的产业结构也与交通路网的特征有密切的联系。城市的交通运输具有不同的主导类型，如铁路运输、海运、高速公路或者航空，由此形成的城市产业结构也是不同的，包括靠近原料产地的产业布局、临海工业布局及空港型产业布局等，进而最终作用于整个城市的经济效率。

（三）交通路网与城市生态环境效率

城市交通路网对城市生态环境效率的影响是通过改变和影响城市的生态环境产生的，并且具有显著性和直观性。城市的交通路网会直接污染城市的生态环境，导致环境质量恶化。这种污染效应是与城市交通路网相关的人为活动导致的，会向城市环境直接排放污染物。如汽车尾气中的有害气体对城市空气的污染，会直接加重城市雾霾。城市交通带来的大量噪声污染，交通路网沿线的基础服务设施还会产生各种固体废物、洗车废水和污水，以及路面径流对城市地表水环境及植被土壤环境的污染。城市的交通路网还会占用城市的土地，如果是永久性占用，将带来更加严重的生态环境影响，包括丧失土地原有的生态涵养功能。即使是临时占用，也会影响城市土地表面的植被，并改变土壤的理化性质。交通路网工程会使土壤受到侵蚀，干扰该区域正常的水流和土壤之间的相互作用机制，特别是在地质条件较差的区域，还会导致山体滑坡，甚至会造成泥石流等灾害。

另外，在交通路网的建设过程中也会对城市的生态环境效率带来不利影响。建设工程需要的各种筑路料场和取土弃场等，不但会造成植被的破坏，还会产生扬尘，施工机械排放的有害气体会污染城市的空气。城市的交通路网一旦形成，如果规划不当，就会严重影响城市的生态景观。增加城市生态景观的碎裂度，出现景观斑块（徐斌、刘丹、杨立中，2005）。这些因素都会影响城市的生态环境效率。

（四）交通路网与城市社会效率

交通网络的建设和运营会影响周边沿线的居民社区，由于交通路网带来的各种效应，使其容易与周边居民产生矛盾，诱发多种社会问题，进而影响城市的社会效率。交通路网在建设的过程中涉及周边居民的拆迁等一系列社会问题，极易诱发社会性的群体事件。这些事件的诱因包括周边环境的污染，以及赔偿的问题。在交通路网建设完成之后，伴随着的是长期的噪声、机动车尾气的污染，甚至因为该工程导致的各种地质灾害，都会使周边社区的居民对这些工程不满。

交通路网正式营运之后，会带动周边区域的经济发展，使相应的公共基础设施得以跟进，但是，这些基础设施的空间布局存在利益的博弈。通常是在交通路网沿线的部分节点规划医院、学校、行政中心等公共服务基础设施，这些节点的选择如果没有科学合理的依据，就会导致空间配置效率的低下，进而影响城市的公共服务支出效率。

三、以各类资源要素为手段

城市空间结构的变化会导致城市效率的变化，其中的主要渠道之一是因为城市空间配置的变化会牵引各类经济要素配置的变化，同时，城市中多种要素构成一个相互作用、相互影响的城市复杂适应系统，其中某一要素的变化会引起城市整体要素组合的变化，进而影响城市的综合效率。

城市空间结构的变化，会直接导致各类商业主体的经济行为变化。最直接的驱动因素就是土地成本的变化。不同的土地利用方式会导致土地的价格差异。对于政府集中修建的各类商业中心、工业园区等，是鼓励各类商业主体入驻，因而会在地租方面给予优惠，这些商业主体在有利可图的情况下，会改变其行为，逐渐向这些区域集聚，产生空间的集聚效应，不但在空间上促进了城市形态的改变，而且也影响着城市的效率。特别是在市场机制起基础性配置作用的情况下，商业主体对价格的敏感度较高，进而通过改变自身的逐利行为而实现城市空间形态的实质性改变，并作用于城市效率。

城市空间结构的变化，正如前所述，是通过交通路网的空间延伸实现的。交通路网会不断地延伸，周边会牵引各类商业主体，特别是房地产的发展，进而作用于消费者的行为。消费者会根据交通路网的规划选择合适的住所，规划自己的通勤距离。同时，在各大商业中心集聚的节点，消费者也会前往消费。

最后，消费者本身也是劳动者，为了寻找合适的工作，劳动者会向商业或者工厂集聚的区域靠近，方便工作，进而在交通出行和居住地选择方面改变自己的行为模式。因此，城市空间结构的变化会直接影响居民的行为，而居民的行为在一定程度上也促进了城市空间形态的演进。

第五章

优化城市形态与提升效率的空间治理体系

基于城市空间形态与城市各方面效率之间的显著关联机制，本章主要分析如何从优化城市空间形态方面，着力提升城市的综合效率，并试图将这些政策进行有机整合，形成较为完整的城市空间治理体系。其中，城市的效率主要包括城市的经济效率、环境效率和社会效率。

第一节 城市空间治理的基本理念

树立正确的治理理念是构建城市空间治理体系的前提，同时也是增强城市综合效率、提高城市空间竞争力、促进城市可持续发展能力的重要条件之一。

一、科学的空间发展观

提高城市综合效率的重要理念基础是坚持科学的空间发展观。总体来说，需要明确科学的空间发展观的内涵，在落实科学的空间发展观的过程中，必须坚持城市的空间理论与空间治理实践相结合的原则，因地制宜、因时制宜地将科学的空间发展观的基本要义，贯穿于提高城市综合效率，构建科学的空间治理体系的全方位节点。

第一，应确立科学合理的城市空间发展战略，提高城市空间规划、建设的协同程度。提高城市的综合效率，推进城市空间治理的深入发展，必须明确战略规划。一方面，需要出台统一而且具体明确的提高城市综合效率的总体目标和分目标，此举有利于各城市内部各个区域，依据城市的总体空间发展和分阶段发展目标，结合自身的实际情况进行一定的调整，以便提高落实的力度。另一方面，一个大的城市区域是由不同的各类行政主体所组成的，各级地方政府理应在充分沟通协调的基础上，达成共识，共同努力实施城市综合效率的提升策略，并从整体空间治理的视角进行协调。如此，既可以减少空间治理方面的交易成本，又可以降低行政阻力，提升行政效率，双重因素共同推进城市综合效率的快速提高，构建合理科学的空间治理体系。

第二，提高城市的产业空间协调度，加强城市空间核心竞争力。各城市应在所属的空间范围内统一布局产业，重点培育优势产业。加速产业的空间集聚发展的同时，遵循城市各行业在空间分工协作方面的基本原则，打破空间地域的分割以及流通阻塞，实现城市生产力在空间层面的合理优化和布局，进而推动城市内各行业特别是优势行业的空间横向一体化，以此在城市空间资源优势和生产优势互补的基础上，配以一定的产业倾斜政策，优化空间资源的合理配置。

第三，增强城市经济集聚发展，提高城市市场建设的协调度。一方面，城市经济集聚发展的过程中，需要坚持以人为本的原则，进一步优化城市发展所需的人才储备，充实城市劳动力市场，整合各类人力资源市场，构建城市人力资源共享发展的平台。另一方面，加快建立和完善城市金融市场，减少人为空间设限，打造一个统一规范的城市金融市场体系，帮助城市区域内的各种金融资源在空间内快速而且自由地流动，实现城市空间的高效和高速配置。

二、空间效率和效益并行发展

城市化策略不断推进着城市空间形态的变更，扩大城市空间规模，力求提高城市发展的综合竞争力，进而增加城市的经济效益。但是，凡事皆具有两面性。城市空间形态的变更的确可以带来一定的空间集聚效益和范围效益，但是过度的空间集聚也会造成诸多的弊端。倘若城市一再盲目扩张空间规模，加大空间发展力度，其目光仅仅聚焦于城市空间发展的短期经济效益，极有可能导致城市空间发展进入城市空间规模聚集的负效应，落入“空间效率陷阱”，使城市经济发展的整体效益无法达到预期目标，最终损害城市经济的平稳和可持续发展路径（刘爱梅、杨德才，2010）。

城市空间变更所取得的空间经济效益，在本质上是城市经济效率的实现与延展，在原有既定的城市生产关系条件下，城市经济效益的提高只有依靠技术进步和资源的有效配置，即通过城市经济效率的提升来加以实现。需要注意的是，城市经济效率的提高是经济效益增长的必要条件，但绝非充分条件（崔宇明、代斌、王萍萍，2013）。其主要原因是：如果缺乏科学的空间效益评估机制与体系，或者是空间效益分配的失衡，两者都会阻碍城市空间集群效益的发挥，最终会导致高效率难以生产出高效益，从而使空间治理低效益情况的出现。基于空间经济效率和经济效益两者的关系分析，可以充分了解到，过于盲目地执行城市空间集聚经济效率或经济效益的发展理念是不科学的。辩证地看，既要正面看待城市空间变更发展带来的经济效益的"正外部效益"，又要重点关注并着力提升城市空间集聚经济效率的优化与提升，避免"集聚负效应"，进而进一步提升城市的空间经济效益。为此，要树立并强化城市空间的效率与效益并重的空间治理理念，才能促进城市空间集聚经济的高效、合理发展。

树立城市空间效率全局观念。在城市空间集聚发展的过程中，城市的各个区域均有其自身的空间目标并为之努力，但是过分注重局部空间活动，通常会影响城市空间发展的总体目标的实现。此类现象存在的主因是各区域并未充分认识到，正是各区域之间的空间协调统一，才能达成城市空间发展的总体目标。为此，在城市空间集聚经济的发展历程中，全局观点至关重要。具体来看，城市空间集聚经济效率由两个方面构成，分别是纯技术效率和规模效率。基于此，应该从全局观念出发，提高城市空间集聚的经济效率，一是要尽力增加城市空间集群个体经济的效率，二是要关注影响城市空间集聚经济效率的因素，并减少相关障碍，使各类因素的效用最大化。

从时间维度的层面进行分析，城市空间集聚经济效率不仅涉及长期效率，还包括短期效率。当然，长期目标也需要从短期开始，为了长期经济效率的实现，理应重视短期的经济效率，从短期做起。不过，两者虽然互有关系，但同样互有矛盾。部分短期的空间经济效率会阻碍长期的空间经济效率的实现。从截面维度的层面进行分析，各个个体的空间经济效率共同构成城市空间集聚的经济效率。倘若个体的经济效率较低，将会直接导致城市整体空间经济效率水平的下降。若个体经济效率的水平有高有低，城市整体空间的经济效率将会随之产生波动。从影响城市空间集聚经济效率的影响因素层面进行分析，某一个或某几个因素若有阻碍整体的倾向，从而使城市空间区域总体经济效率难以提升。当然，也不可过分强调某些个别因素的决定性作用，这同样会阻碍城市空间集聚总体经济效率的提高。

总体来说，树立空间效率的全局理念，就要立足于城市空间经济的可持续发展的视角，统筹兼顾、综合处理城市空间集聚经济效率的长期与短期关系，稳步提升城市空间集聚经济效率，促进城市空间集聚经济效率相关影响因素发挥正面积极的作用。

三、空间治理的相机决策

较之单一的城市空间治理模式，城市空间形态变更后形成的集聚或扩散所面临的空间治理问题更为复杂。城市空间治理不应去寻求一种唯一正确的组织治理模式，而是应该关注各种可能的空间治理模式。当然，城市空间治理缺乏一个适应于各类城市治理需要的、全面通用的普适的空间治理模式，需要根据实际情况的变化不断调整，是一个动态的治理过程。为此，在提高城市空间集聚经济效率的过程中，空间治理模式绝不可以墨守成规的单一化，而是应该多元化设计。根据城市空间集聚的实际发展水平，可以选择的空间治理模式如下：

（一）多层级委员会空间治理模式

考虑到城市空间的集聚直接关联到全国范围内各城市区域的协调发展，影响人口、环境、资源的可持续发展能力，为此，关于城市空间治理问题，政府必须在宏观层面给予具体、明确的指导。中央政府要总体部署城市空间治理战略，推动城市空间集聚的健康、统一和协调发展。同时，各城市也应根据自身的实际空间情况和发展目标，成立小规模而且跨行政区的区域空间治理委员会。

现阶段，我国缺乏考核城市空间集聚经济效率的治理机构，衡量的指标体系存在不健全、不完善的情况，并且国家层面的与空间相关的规章制度不健全。因此，可以成立全国性的城市空间集聚治理委员会，发布相关的城市空间治理规范条理，制定考核的指标和考评体系。另外，在各城市层面，也需要根据前期订立的相关原则成立区域性的城市空间治理委员会，考评城市区域空间的治理效率，以此支持城市整体空间治理的协调发展。

（二）分散的多主体空间治理模式

从我国目前城市空间治理的发展情况来看，政府主导的空间治理模式由来已久且根深蒂固，多主体共同参与的城市空间治理模式发展较为缓慢，即政府之外的其他参与主体远远没有发挥其在城市空间治理过程中应发挥的积极作用。具体来说，居民主体、非营利组织等第三方部门的参与程度较低，城市空间集聚中的行业协会组织尚未建立，第三方“智库”等机构在城市空间变更的过程中，对于专业问题的咨询角色不足，社区、居民等直接主体的城市空间治理参与意识和理念较为欠缺。

在提高城市空间治理效率的过程中，分散的多主体参与模式是一个重点考虑的路径。所谓分散的多主体参与模式是指以城市空间为依托，在不同空间内构建一个以政府主体为核心的、较分散的多主体协作治理的组织，其主要功能是为城市空间治理的统一发展和经济效率的显著提升提供交流、交互的平台（王恩才，2007）。可以说，此类较为松散的多主体参与模式具有志愿性的特征，并具有操作简便、运行便利的优点。另外，我国市场经济体制日益完善，在提升城市空间治理效率的过程中，这一模式可以发挥更大程度的积极作用。

（三）城市联盟空间治理模式

相较于前述两种模式，城市联盟空间治理的模式是一种层次更高的方式，适用于集聚过程中内部各区域经济联系更为密切的城市空间集群。在运行的过程中，可以着手优先构建多层级的委员会空间治理模式或分散的多主体共同参与的城市空间治理模式，在此基础上，根据外部条件的变化，适时调整，逐渐延伸发展至城市联盟空间治理模式。考虑到城市联盟合作空间治理模式具有的权威性和约束性，需要城市在此模式中逐步放权，使成员拥有更多的空间自主权力。为此，只有培育成员对于该城市联盟空间合作组织强烈的信任感和归属感时才能得以实现，并且需要中央政府给予政策上的支持和鼓励。

（四）“混合式”空间治理模式

因为每个城市空间集聚、扩散后所面临的现实空间情况不同，外部的环境因素也大不相同，所以理应采取不同类型的空间治理模式。以某个单独的城市空间为例，多种形式并存的空间治理模式同样适用。因此可以在某一个城市建立空间治理委员会，配以分散的多主体空间治理模式，甚至可以搭建城市联盟空间合作治理模式。整合各类城市空间的治理模式，探寻共同点，剖析不同之处，进行一定的凝练总结，取其精华去其糟粕，共同为提高城市空间治理效率发挥作用。需要注意的是，城市空间选择哪种类型的治理模式，主要考虑该城市空间的实际发展情况，特别是城市空间内部的政府治理能力和创新理念、企业发展水平和居民的素养，并辅之城市空间内部市场经济体制的发展程度、法律法规的完备程度、经济效率的现状等因素。

四、空间治理的规范化

空间治理运行机制的规范化是提高城市空间治理效率的重要途径之一，涉及空间治理事务存在和发展的内在机理及运作方式。可以从以下方面进行提升：

首先，形成规范化的空间治理方案和运行机制。为了提高城市空间治理效率，其方案应该具备科学性、合理性和高效性。第一，定期召开城市空间治理效果评估的联动会议，对相关的城市空间治理效率的提升方案进行讨论；第二，广泛征求意见，整合形成城市空间的治理方案，并邀请专家学者进行论证，以保证该方案的严谨性和可实施性；第三，利用投票的方式，选择最优化的提升城市空间治理效率的方案，尤其需要明确的是，在确定城市空间治理效率的提升方案中，必须遵循公平、公正、公开的原则。另外，在执行城市空间治理效率提升方案前，要进行相关的物资准备和组织准备，在执行过程中，需要提前铺排，全面宣传推广、及时沟通和反馈，在执行方案后，根据完成情况进行反思，总结优势经验，针对不足之处予以改进，为下一次的执行工作积累经验，保证逐步升级优化。

其次，制订执行方案的奖惩机制。奖惩机制具有一定的激励作用，便于激发相关人员的积极性，提高空间治理政策落地后的执行效率。例如，大力奖励落实城市空间治理效率相关政策的机构。可以采取的措施包括在舆论上进行宣传，起到正面的推动渲染作用；中央政府给予该区域一定的政策优惠；可以在内部对于表现优秀的人员进行公开的表扬等。同时，也要严惩执行城市空间治理相关政策积极性不高、执行力不强的机构。例如，对于相关责任官员进行通报批评，督促整改，严格时间节点进行考核，并予以公示。

最后，确立部门间的协调机制。第一，联席会议是常见的一种协调组织方式，通过召开联席会议，在一定程度上能够发扬集体决策的优点，增强决策的科学性和合理性。另外，提高信息沟通的及时性和便利性可以更好地统筹协调不同区域间的工作，以此提高城市空间治理效率。第二，采用城市空间发展座谈会的形式，邀请诸如政府官员、专家学者、居民、第三方等主体参加论坛，重点探讨提高城市空间治理效率中的关键性问题，并拟订初步的解决方案，明确各方职责。第三，借鉴成熟的空间治理经验，搭建合理健全的城市空间治理效率的提升体系。因而可以考虑推行云办公的形式，建立空间电子政务平台，定期公示文件，发布重点问题，并设置讨论区，以供多方主体表达自己的想法，共同促进空间治理政策的优化。

五、空间治理的多样化

单一的空间治理模式难以应对城市空间治理效率提升过程中面临的复杂问题，为进一步提升城市空间治理效率，增强其可持续发展的能力，可从以下措施入手，丰富治理政策。

首先，提高空间资源的利用效率，加强与环境保护的统筹规划。立足于现实空间发展情况，空间资源和其他相关资源的供需矛盾成为影响城市空间治理效率进一步提升的重要“瓶颈”因素。城市化和工业化的逐步推进，导致土地、水、电等资源能源的供应远远不能与城市空间扩张的实际需求相匹配。长江三角洲、珠江三角洲等地均已出现不同程度的“电荒”“地荒”乃至因水质性缺水造成的“水荒”（李忠，2007）。另外，过度的城市空间扩张加重了生态污染问题，加之城市地区的环境污染具有明显的外部性特征。因此，地方政府考虑到政绩、财政收入等因素，经常性地对所属辖区内企业的污染问题坐视不理。基于此，为了增强发展后劲，城市环境的保护力度应加快提升，与城市空间治理效率的提高步伐协调一致。可以说，提高城市空间资源利用效率，统筹规划部署城市空间内的生态环境建设，是提高城市空间治理效率，增强城市可持续发展能力的重要方式之一。在落实这一目标的过程中，各级政府应根据科学发展观的总体要求，提高城市空间治理过程在环境保护、资源能源利用、生态治理等方面的协同合作。在保护生态的过程中，区域内的重点领头城市要主动承担更多的职责，率先牵头构建并优化生态补偿机制。需要注意的是，对于大力发展城市空间集群内的生态环保区域，可能面临产业发展的限制，甚至影响经济发展的速度，此时应给予一定的补偿和战略支持。另外，城市空间治理还需要考虑如何提高环保政策的落地实施性，减少各个区域因环境污染的空间外部性所导致的困境，提高资源利用的程度和环境保护的力度。不仅如此，保证规划的实施和监督区域内各利益主体是否有损害环境的行为，也是空间治理的重要环节（李忠，2007）。

其次，促进产业的空间协调发展。在全球化的大背景下，城市发展的外部环境有所变化，城市的产业结构也应发生相应的改变，向合理化、深入化的方向发展。城市的产业结构是国民经济系统和区域系统交叉的产物，产业结构的不断调整在很大程度上可以担负起城市空间持续优化的任务（张伟，2012）。在科学技术、资本以及产业发展方面具有显著优势的机构或者区域，应该发挥其在优化升级产业结构层面的先锋作用，通过不断地调整产业空间布局，增强实力，此举也可为周边区域增加空间竞争优势，带来发展机遇。中心城市之外的空间区域，也应根据自身的空间发展现状和优势条件、持续优化升级产业结构以适应环境的变化，形成自身的空间竞争优势。我国空间资源有限，在此条件的约束下，亟须建成与城市空间资源现状相匹配的产业结构，帮助其成长和发展，以此实现城市空间的比较优势。不同的地区产业结构不尽相同，进而影响了不同的空间资源投入。因此，城市产业结构与本地区空间资源的匹配程度，影响了区域空间经济效率提高的可能性。为此，应加速实现空间资源的优化配置，促进形成分工合理、协同发展、优势互补的空间产业分工体系。在该体系中，中心区域应发挥主导作用，加强与周边区域的交流合作。

在城市空间治理优化的推进过程中，第三产业是其结构优化升级的重要组成部分，行政主体也应重点关注城市空间集聚中第三产业的兴起和发展。为了提高城市空间的竞争力和辐射力，需要集中多方力量，大力发展第三产业，提高其在国民经济中的占比。各个城市区域也应在全面考虑自身基础和空间优势条件的前提下，秉持分工合理、功能互补、突出特色的原则，进一步实践发展理念、深化改革，推动更多的资源向第三产业转移，激发社会各界力量积极参与第三产业的发展。另外，也应着力培育发展新兴第三产业，如具备连锁经营、特许经营特征的现代流通业；特色鲜明、核心竞争力突出的现代物流业；高速发展的信息服务业等，并推动保险、金融、信息技术、互联网等产业在空间上的协同发展。

最后，合理布局基础设施。基础设施尤其是公共基础设施的合理空间布局，可以积极促进城市空间治理效率的提高。第一，加大水力、电力等基础设施的投资力度，既可以促进企业生产效率的提高，又可以侧面推动其他生产要素的产出效率。此外，一个城市基础设施的完善有利于吸引外部资源转移流向该地，在一定程度上能够降低该地生产要素的投入成本和交易成本，促进生产要素的空间优化配置，改良生产环境，进而提高城市空间治理效率。例如，城市的道路交通设施，改善交通运行条件，一方面可以减少运输成本，推进信息在空间上的传播；另一方面也能够加强区域间的空间联系，推动区域经济空间一体化发展，进而共同推动生产要素产出效率的提高。第二，全面统筹协调城市空间内重大基础设施的建设，避免没有必要的重复建设。在推动城市空间基础设施建设一体化的过程中，要将重点确定为枢纽型、功能型、网络化建设，构建以铁路（城际铁轨）、高速公路、水路为核心的城市空间内的快速通勤网。同时，加大城市区域能源和信息基础设施建设，搭建高效的支持社会经济发展的能源供给体系和全面的空间信息体系。需要注意的是，应同步加强发展铁路、城际轨道等容量大、集约化的交通方式，搭建高速公路网络，充分利用通道和桥位资源，建设综合化的运输通道，进而推动交通结构的优化，提高交通运输效率，减少城市空间有效发展的阻碍。第三，在建设基础设施的过程中，要推进土地资源的合理利用，加强对耕地的保护力度，保证耕地和农田的数量，严控新增建设用地的规模和发展速度。另外，要充分考量土地的潜力，全面挖掘并发挥其作用，建设功能全面、持续发展、结构完善的土地资源体系。

第二节

打造适度紧凑型城市空间形态

城市空间形态对包括城市环境支出绩效的实证研究结果表明，城市空间形态的紧凑度对城市的综合效率的改善有积极作用。在剖析城市空间紧凑度对城市效率影响机理的基础上，借鉴美国及欧洲等发达国家的城市空间发展经验，打造适度紧凑型城市空间形态，有助于提升城市环境支出绩效，促进城市综合效率的提高。根据前面的实证结果可知，城市空间的紧凑度有利于提高城市综合效率，这表明“综合集约”的城市空间发展战略对于我国当前城市空间治理仍然非常重要。但是迫于高地价与高房价的压力，我国大部分城市尤其是省会城市，均出现了郊区蔓延式的开发。为了提高城市效率，应该摒弃无序的盲目蔓延，提升城市化的运行质量，实现城市空间的理性增长，打造适度紧凑型城市形态。

一、优化土地利用方式，促进城市功能用地融合

城市的土地利用方式直接影响城市的空间形态，包括城市空间的紧凑发展和蔓延式发展。空间紧凑型城市的特征之一是城市土地集约化利用，因此，应在满足城市发展需要的基础上，实行土地集约经营，优化土地利用结构，在保证各种用地比例合理的前提下，将土地进行多功能复合利用，通过将住宅、就业、商业、仓储、公园等功能用地结合在一起，强化土地利用的功能紧凑，缩短居民的出行距离，从而减少人们日常生活的重复交通。

因此各城市应完善土地集约利用制度，优化土地利用结构和土地多功能复合利用管理政策，从而提升城市空间的利用效率。

二、优化存量提高城市密度，推动土地精细化利用

对于我国各大省会城市，应由增量发展变为空间存量开发。一方面，对城市建成区内的老城区、旧厂区等土地开发强度低、基础设施配套不齐全的空间进行土地整理，以便进行土地二次开发，增加居住用地供应，提高城市人口容量。在土地利用过程中，加强对存量土地各种权益关系、闲置土地、未开发利用及利用低效率和不合理土地利用的明确界定，还要防止土地再利用过程中出现利用不合理和低效率的情况。另一方面，提高土地的出让条件，住宅开发应立足小高层或高层，避免多层和低层；工业用地出让时，应提高企业的准入标准，制定投入产出的门槛，避免企业土地闲置或是企业产值过低的现象发生。

三、秉持适度紧凑城市理念，探索因地制宜式发展

根据前面城市环境支出绩效的实证结果可知，我国三大区域之间的环境支出绩效存在较大的空间差异和不均衡性，表现为由东至西逐渐降低。这种地区

城市之间的环境支出绩效不平衡发展可能会导致“马太效应”，从而进一步制约城市经济与环境的可持续发展。

对于东部各大城市，人口空间集聚程度较高，可适当建立城市次中心、产业园区、大学城等城市功能区，适度有序地引导人口向郊区迁移与集聚，反而有助于减少城市环境污染和大城市病的治理。中、西部地区城市的环境支出绩效还存在较大改善空间，应被作为城市环境治理的重点资助和帮扶对象，并且针对城市发展的不同，制定不同的城市空间规划政策。对于中部地区城市来说，应严格把控城市增长边界，特别是在承接产业转移过程中，城市规划设计充分吸收“精明增长”“新城市主义”等国外城市规划理念，注重全面落实相关环保标准，纠正土地资源要素扭曲配置引发的注重土地忽视人口的城镇化发展模式，着力提升产业链价值和优化产业结构上，尽早实现城市经济增长和环境污染的“脱钩”。西部地区城市的生态环境条件相对较差，生态承载力比较脆弱，在城市开发过程中，应采取集约紧凑的土地开发模式，严格遵守生态保护红线。与此同时，城市更需要促进产业与人口的协同集聚，若是依赖于蔓延式发展路径，不仅会加剧环境污染，还会使边际治污成本日益增高。因此，城市化发展必须让位于环境保护，只有这样才能保证紧凑的城市形态，从而改善城市环境支出绩效。

城市形态在公共服务支出方面扮演着重要的角色，鉴于扩张型城市与公共服务支出的正相关特征，需要控制盲目的城市扩张，适度提高城市的紧凑度。城市蔓延会造成人与人之间缺乏交流，产生社会分离和贫富差距加大等现象，不利于社会安定团结，同时，城市用地扩张使集聚效应难以形成，公共服务发挥不出最大效用，因此在土地和住房开发方面需要进行更加合理的规划。相应地，城市空间布局集中会带来基础设施的利用效率和公共交通利用率的提高，以及土地利用的集约化，促进产生集聚效应等有利于减少城市公共服务支出的效果出现。建设紧凑型城市能减轻我国土地、能源等资源紧张的现状，提升公共服务的利用效率，同时为了避免出现城市用地过于紧凑而产生的精神压抑等现象，需要注意公共空间的开发、植物的栽种等。此外，在城市规划与管理过程中需要注意减少城市“飞地”的数目，实现城市区域集中连片发展，提升城市的趋圆性，保证城市空间形态的稳定。城市“飞地”在空间上与建成区分离，但是职能仍保持联系，这会增加交流成本，降低公共服务支出效率。最后，城市的规划与管理需要重视土地利用多元化和对耕地、绿地等区域的保护。土地利用多元化，防止区域功能单一，对减少城市内部的人员流动、经济活动和社会联系的成本起着重要作用。城市绿地能增强城市环境的自净能力，同时减少城市环境污染治理的成本；而作为人类赖以生存的基本资源保障，耕地直接保证了人们的温饱问题，占用耕地作为其他用途（如商业用地），不仅污染环境，而且影响人们的生活条件。为了能够提高公共服务支出的效率，更高可持续的经济发展模式也需考虑，从以工业为主向以服务业为主导产业的经济结构调整有助于减少不必要的公共服务支出。

此外，根据实证结果，城市伸延率（与城市蔓延类似）的增加确实引起了公共服务支出的增加，出现了一些不必要的资源和支出浪费，但是并没有显示城市紧凑度会显著影响公共服务支出。在塑造紧凑型城市时可能会出现某些社会问题，如城市紧凑一般伴随着高人口密度，容易产生拥挤现象，随之带来的社会治安、监督检查力度加大，也会间接增加公共服务的支出。城市紧凑也可能出现交通堵塞、环境污染、居民的满意度下降和土地价格上涨等问题，增加额外的公共服务支出。尤其在我国城市发展以高人口密度、私家车为导向、高工业聚集度为特征的现状下，城市紧凑带来的负面影响可能会更加明显。其中，城市人口的增加对公共支出的影响明显，既可能产生规模效应，也可能引起拥挤效应。城市规划过程中政府需要提升流动型人口的管理能力，有效控制紧凑城市的人口密度。因此，在提倡城市空间紧凑时也要寻求一个平衡点，不能无限度地进行城市紧凑发展。

第三节 全面发展绿色交通体系

城市空间的无序蔓延式发展，破坏了空间形态的紧凑和低碳的邻里结构，并带来了远程机动车出行的需求。绿色交通系统作为低碳城市规划的重要途径，它的意义已经不仅限于缓解交通问题，其在保护生态环境、抑制城市空间蔓延、提升城市空间治理效率等方面意义突出。

一、公共和慢行交通为主导

城市绿色交通主要指公共交通、步行和自行车等低耗能的交通方式，其中，公共交通又包括公交车、轨道交通、轮渡、索道等交通方式。绿色交通体系的核心建立起以公共和慢行交通为主导，并贯通整个城市的交通网络，以重要站点为中心，以短时间的步行距离为半径，建立集居住、工作、娱乐、医疗等多功能为一体的城区，从而实现土地混合利用与城市空间紧凑发展的协调模式。

因此，对于公交车而言，可以通过增加公交车数量、划定公交快速专线等措施来保障公共交通优先发展。对于轨道交通而言，其具有运量大、速度快、间隔时间短等优点，城市的交通拥堵问题对其没有影响，虽然轨道交通建设周期长，资金投入大，但从长远来看，轨道交通的建设对城市未来的发展极为有利。所以在建设轨道交通之前，要充分考察城市实际情况、合理规划线路、明确先后建设顺序、预留建设空间，最大限度地发挥轨道交通的优势，目前，除了北京、上海、广州、深圳等大城市的轨道交通较为发达外，其他城市的轨道交通发展还不完善，政府应大力支持轨道交通的发展，将轨道交通与城市地面的其他公共交通结合起来，形成适应城市发展需要、提高城市运行效率的城市绿色交通综合体系。此外，公共交通枢纽的建设对于城市空间的发展也有较大的影响。公共交通枢纽可以吸引大量人流，从而改变周边地区的土地利用结构，因此，可以将城市土地利用规划与公交枢纽的建设结合起来，引导城市土地结构的不断优化。

二、新老城区全覆盖

绿色公共交通体系对于新老城区均扮演着重要角色，对老旧城区来说，可以让人们在出行时更少地选择私家车，从而节约能源减少交通污染、减缓交通拥堵等问题；而对于新区开发来说，通过提前规划设计道路网络和公共交通系统的方式，建设基础设施完善的成熟地块，实现城市形态的调控。新旧城区之间的衔接问题也可由绿色交通体系实现，绿色交通可覆盖全城，长距离、高强度的出行需求可由公共交通承担；短距离的交通则可由自行车加步行的慢行方式解决。当前共享单车与绿色出行理念较为盛行，各大城市均入驻了大量的共享单车，为了更好地发挥共享单车的作用，各城市可拓宽自行车和步行的道路范围，提供安全的慢行环境，鼓励公众采用低碳出行方式，减少私家车的使用频率。

但是，完全发挥绿色交通体系的优势，还需要在公众环保意识方面多做工作。政府应注重环保教育方面的投资比例，提高大众对低碳教育的重视程度，通过提升公民的综合素质，提升公民的环保意识，让公民自觉加入低碳行列。政府也可通过制订相关政策、公益广告、新闻媒体等方式宣传环保，在全社会形成一种绿色生产、绿色生活的理念。

第四节 采取生态型城市规划战略

将新型城镇建设与生态文明建设结合起来，因此，打造紧凑型城市，还应以生态文明理念为指导，最符合生态文明理念的规划战略之一便是生态型城市。生态型城市的建设目的是打造和谐、高效、环保、可持续发展的人类宜居环境。采取生态型城市规划战略，应以“可持续发展理论”和“系统论”为指导，从自然生态、社会生态、经济生态三个方面入手，将生态理念融入城市规划中。

首先，关注城市的自然生态，在保护生态环境的前提下，充分考虑城市中的生产力布局和资源的开发利用程度，提高城市系统的自我调节、修复和可持续发展的能力，不能超越其自然承载力，并在规划时为后期的城市发展预留充足的发展空间。

其次，社会生态的原则是以人文本，应注重城市布局与自然环境的协调，城市不能只是高楼大厦、道路交通，还应有绿化景观、文化古迹、遗址建筑等，不仅可以满足人们物质和精神等多方面的需求，而且有利于实现城市建设的“重形又重魂”，促进城市的可持续发展。

最后，要实现经济生态，除了良好合理的规划外，还需要将城市形态特征与经济发展结合起来。城市经济发展的基础是产业发展，但如果保持城市经济的可持续发展，关键是城市主导产业的可持续发展。我国现今所处的阶段属于工业化中期，工业为城市以及国家的经济发展做出巨大贡献的同时，也给生态环境带来了破坏。为了提高城市环境支出绩效，各城市应优化产业结构，推动其向第三产业转移，落实供给侧改革政策，淘汰落后的产能。通过合理规划、统筹兼顾，协调城市自然、社会、经济之间的关系，发挥城市系统的整体功能，实现自然、经济、社会三大效益的同步增长，从而助力城市进一步的发展和城市环境支出绩效的改善。

附录

30 个城市 2007～2013 年的行政区划及调整情况

城市	市辖区
北京	东城区、西城区、朝阳区、丰台区、石景山区、海淀区、房山区、通州区、顺义区、昌平区、大兴区、门头沟区、怀柔区、平谷区
天津	和平区、河东区、河西区、南开区、河北区、红桥区、东丽区、西青区、津南区、北辰区、武清区、宝坻区、滨海新区*
石家庄	长安区、桥东区、桥西区、新华区、裕华区、矿区
太原	小店区、迎泽区、杏花岭区、尖草坪区、万柏林区、晋源区
呼和浩特	新城区、回民区、玉泉区、赛罕区
沈阳	和平区、沈河区、大东区、皇姑区、铁西区、苏家屯区、东陵区、沈北新区、于洪区
长春	南关区、宽城区、朝阳区、二道区、绿园区、双阳区
哈尔滨	道里区、道外区、南岗区、香坊区、平房区、松北区、呼兰区、阿城区
上海	浦东新区*、黄浦区、徐汇区、长宁区、静安区、普陀区、闸北区、虹口区、杨浦区、闵行区、宝山区、嘉定区、金山区、松江区、青浦区、奉贤区
南京	玄武区、秦淮区、建邺区、鼓楼区、浦口区、栖霞区、雨花台区、江宁区、六合区、溧水区、高淳区
杭州	上城区、下城区、江干区、拱墅区、西湖区、高新（滨江）区、萧山区、余杭区
合肥	瑶海区、庐阳区、蜀山区（含高新区）、包河区
福州	鼓楼区、台江区、仓山区、晋安区、马尾区
南昌	东湖区、西湖区、青云谱区、湾里区、青山湖区
济南	历下区、市中区、槐荫区、天桥区、历城区、长清区
郑州	中原区、二七区、管城区、金水区、上街区、惠济区
武汉	江岸区、江汉区、硚口区、汉阳区、武昌区、青山区、洪山区、东西湖区、汉南区、蔡甸区、江夏区、黄陂区、新洲区
长沙	芙蓉区、天心区、岳麓区、开福区、雨花区、望城区
广州	荔湾区、越秀区、海珠区、天河区、白云区、黄埔区、番禺区、花都区、南沙区、萝岗区
南宁	兴宁区、青秀区、江南区、西乡塘区、良庆区、邕宁区
海口	秀英区、龙华区、琼山区、美兰区

续表

城市	市辖区
重庆	万州区、黔江区、涪陵区、渝中区、大渡口区、江北区、沙坪坝区、九龙坡区、南岸区、北碚区、渝北区、巴南区、长寿区、江津区、合川区、永川区、南川区、綦江区、大足区
成都	锦江区、青羊区、金牛区、武侯区、成华区、龙泉驿区、青白江区、新都区、温江区
贵阳	南明区、云岩区、花溪区、乌当区、白云区、观山湖区
昆明	五华区、盘龙区、官渡区、西山区、东川区、呈贡区
西安	新城区、碑林区、莲湖区、灞桥区、未央区、雁塔区、阎良区、临潼区、长安区
兰州	城关区、七里河区、西固区、安宁区、红古区
西宁	城东区、城中区、城西区、城北区
银川	兴庆区、金凤区、西夏区
乌鲁木齐	天山区、沙依巴克区、高新技术开发区（新市区）、水磨沟区、经济技术开发区（头屯河区）、达坂城区、米东区

资料来源：中华人民共和国国家统计局、各省及地级市、直辖市的统计年鉴。

注：2009 年，天津市塘沽区、汉沽区以及从南郊区分设出的大港区三区被撤销，共同组成滨海新区，上海市撤销南汇区，并入浦东新区。2011 年长沙市望城撤县设区，重庆市万盛区撤销，綦江撤县设区，大足县与双桥区合并为大足区，昆明市呈贡撤县社区。2012 年，贵阳市小河区合并进入花溪区，设立观山湖区。2013 年，南京市下关区、鼓楼区被撤销，以原两区设立为新的鼓楼区，同年，高淳、溧水撤县设区。资料来源：中华人民共和国国家统计局、各省及地级市、直辖市的统计年鉴。

参考文献

中文参考文献

[1] 阿尔弗雷德·韦伯. 工业区位论 [M]. 北京：商务印书馆，2011.

[2] 鲍曙光，姜永华. 我国基本公共服务成本地区差异分析 [J]. 财政研究，2016 (1)：75-82.

[3] 边沁. 汉译世界学术名著丛书：道德与立法原理导论 [M]. 时殷弘译. 北京：商务印书馆，2000.

[4] 曹东，宋存义，曹颖，等. 国外开展环境绩效评估的情况及对我国的启示 [J]. 价值工程，2008，27 (10)：7-12.

[5] 曾鹏，蔡悦灵. 公共支出对城市群居民消费水平的影响机制分析 [J]. 统计与决策，2018，34 (9)：95-99.

[6] 陈光庭. 从观念到行动：外国城市可持续发展研究 [M]. 北京：世界知识出版社，2002.

[7] 陈浩，陈平，罗艳. 京津冀地区环境效率及其影响因素分析 [J]. 生态经济 (中文版)，2015 (8)：142-146.

[8] 陈伟民，蒋华园. 城市规模效益及其发展政策 [J]. 财经科学，2000 (4)：67-70.

[9] 陈玮. 对我国山地城市概念的辨析 [J]. 华中建筑，2001 (3)：55-58.

[10] 陈晓红，周智玉. 基于规模报酬可变假设的城市环境绩效评价及其成因分解 [J]. 中国软科学，2014 (10)：121-128.

[11] 陈竹，黄凌翔. 不同类型建设用地扩张的时序及空间特征——加速失效模型在天津市静海区的应用 [J]. 中国土地科学，2017，31 (7)：67-73.

[12] 陈璋，陈大权，徐宪鹏. 试论投入产出分析的若干方法论问题——

兼论总量方法与结构方法的基本特征 [C]. 中国投入产出学会年会, 2010.

[13] 成军. 中央与地方政府间的支出事项及责任划分研究 [J]. 经济研究参考, 2014 (16): 44-48.

[14] 程尔聪. 中国基本公共服务支出水平的实证分析——基于区域差异的视角 [J]. 安徽农学通报 (下半月刊), 2010, 16 (14): 193-195.

[15] 程兰, 吴志峰, 魏建兵等. 城镇建设用地扩展类型的空间识别及其意义 [J]. 生态学杂志, 2009, 28 (12): 2593-2599.

[16] 程宇丹, 龚六堂. 财政分权下的政府债务与经济增长 [J]. 世界经济, 2015, 38 (11): 3-28.

[17] 初善冰, 黄安平. 外商直接投资对区域生态效率的影响——基于中国省际面板数据的检验 [J]. 国际贸易问题, 2012 (11): 128-144.

[18] 储德银, 邵娇. 财政纵向失衡与公共支出结构偏向: 理论机制诠释与中国经验证据 [J]. 财政研究, 2018 (4): 20-32.

[19] 崔宇明, 代斌, 王萍萍. 城镇化、产业集聚与全要素生产率增长研究 [J]. 中国人口科学, 2013 (4): 54-63.

[20] 大治, 周国艳. 低碳导向下的城市空间规划策略研究 [J]. 现代城市研究, 2010, 25 (11): 52-56.

[21] 刁琳琳. 中国城市空间重构对经济增长的效应机制分析 [J]. 中国人口·资源与环境, 2010, 20 (5): 87-94.

[22] 丁嵩, 李红. 国外高速铁路空间经济效应研究进展及启示 [J]. 人文地理, 2014 (1): 9-14.

[23] 段进. 城市空间发展论 [M]. 南京: 江苏科学技术出版社, 1999.

[24] 范丹, 王维国. 中国区域环境绩效及波特假说的再检验 [J]. 中国环境科学, 2013, 33 (5): 952-959.

[25] 方创琳, 祁魏锋. 紧凑城市理念与测度研究进展及思考. 城市规划学刊, 2007 (4): 65-73.

[26] 房国坤, 王咏, 姚士谋, 陆林. 快速城市化时期的城市形态演变及其机制——以芜湖市为例 [J]. 经济地理, 2009, 29 (8): 1277-1281.

[27] 费移山, 王建国. 高密度城市形态与城市交通——以香港城市发展为例 [J]. 新建筑, 2004 (5): 6-8.

[28] 高鸿鹰, 武康平. 集聚效应、集聚效率与城市规模分布变化 [J].

统计研究，2007，24（3）：43-47.

[29] 高铁梅. 计量经济分析方法与建模：EVIEWS应用及实例［M］. 北京：清华大学出版社，2009.

[30] 谷凯. 城市形态的理论与方法——探索全面与理性的研究框架［J］. 城市规划，2001（12）：36-42.

[31] 顾朝林. 北京土地利用/覆盖变化机制研究［J］. 自然资源学报，1999（4）：307-312.

[32] 郭旭东，陈利顶. 土地利用/土地覆被变化对区域生态环境的影响［J］. 环境工程学报，1999（6）：66-75.

[33] 郭腾云，董冠鹏. 基于GIS和DEA的特大城市空间紧凑度与城市效率分析，地球信息科学学报，2009，11（4）：482-490.

[34] 国涓，刘丰，王维国. 中国区域环境绩效动态差异及影响因素——考虑可变规模报酬和技术异质性的研究［J］. 资源科学，2013，35（12）：2444-2456.

[35] 何冬琴. 合肥城市空间形态的演变与效率评价研究［D］. 安徽财经大学，2012.

[36] 何子张，邱国潮，杨哲. 基于空间句法分析的厦门城市形态发展研究［J］. 华中建筑，2007（3）：106-108，121.

[37] 胡达沙，李杨. 环境效率评价及其影响因素的区域差异［J］. 财经科学，2012（4）：116-124.

[38] 胡俊. 中国城市：模式与演进［M］. 北京：中国建筑工业出版社，1995.

[39] 胡双梅. 人口、产业和城市集聚在区域经济中的关系［J］. 西南交通大学学报（社会科学版），2005，6（4）：106-109.

[40] 黄少安，陈言，李睿. 福利刚性、公共支出结构与福利陷阱［J］. 中国社会科学，2018（1）：90-113，206.

[41] 黄泰岩. 转变经济发展方式的内涵与实现机制［J］. 求是，2007（18）：6-8.

[42] 洪开荣. 空间经济学的理论发展［J］. 经济地理，2002，22（1）：1-4.

[43] 蒋正良，李兵营. 西方建筑学领域的城市形态研究综述［J］. 青岛

理工大学学报，2008，29（5）：68－74.

［44］金凤君，武文杰．铁路客运系统提速的空间经济影响［J］．经济地理，2007，27（6）：888－891.

［45］金相郁，高雪莲．中国城市聚集经济实证分析：以天津市为例［J］．城市发展研究，2004，11（1）：42－47.

［46］金相郁．中国城市全要素生产率研究：1990～2003［J］．上海经济研究，2006（7）：14－23.

［47］金相郁．最佳城市规模理论与实证分析：以中国三大直辖市为例［J］．上海经济研究，2004（7）：35－43.

［48］蒯正明．推进城乡基本公共服务均等化问题研究：以浙江为例［M］．上海：上海社会科学院出版社，2014.

［49］匡文慧，张树文，张养贞等．1900年以来长春市土地利用空间扩张机理分析［J］．地理学报，2005，60（5）：841－850.

［50］李斌，范姿怡．新型城镇化对区域环境效率的影响——基于省际面板数据的空间计量检验［J］．商业研究，2016，62（8）：39－44.

［51］李斌，赵新华．科技进步与中国经济可持续发展的实证分析［J］．软科学，2010，24（9）：1－7.

［52］李斌，李拓，朱业．公共服务均等化、民生财政支出与城市化——基于中国286个城市面板数据的动态空间计量检验［J］．中国软科学，2015（6）：79－90.

［53］李红娟，曹现强．“紧凑城市”的内涵及其对中国城市发展的适应性［J］．兰州学刊，2014（6）：110－116.

［54］李建振．四川省地级市基本公共服务支出差异影响因素研究［D］．西南交通大学，2015.

［55］李静，程丹润．基于DEA－SBM模型的中国地区环境效率研究［J］．合肥工业大学学报：自然科学版，2009，32（8）：1208－1211.

［56］李强，高楠．城市蔓延的生态环境效应研究——基于34个大中城市面板数据的分析［J］．中国人口科学，2016（6）：58－67.

［57］李强．主动城镇化与被动城镇化［J］．西北师范大学学报（社会科学版），2013（6）：1－8.

［58］李慎明，邓纯东，李崇，等．公共服务蓝皮书——中国城市基本公

共服务力评价（2016）［M］．北京：社科文献出版社，2016.

［59］李书娟，曾辉．快速城市化地区建设用地沿城市化梯度的扩张特征——以南昌地区为例［J］．生态学报，2004，24（1）：55－62.

［60］李文军，李家深．中国财政公共服务支出的总量变化与结构演进（2001－2010）［J］．南京财经大学学报，2012（3）：44－49.

［61］李翔宇，张晓春．浅议城市生态规划及其在中国的发展方向［J］．城市研究，1999（2）：11－13，21－63.

［62］李小平，卢现祥，陶小琴．环境规制强度是否影响了中国工业行业的贸易比较优势［J］．世界经济，2012（4）：62－78.

［63］李岩．国家统计局：2017 年末全国城镇化率超 58%［EB/OL］．（2018－08－01）［2018－01－20］．http：//www.chla.com.cn/htm/2018/0120/266426.html.

［64］李英东，刘涛．地方政府公共支出行为与半城市化现象——基于 21 个大中型城市的面板数据分析［J］．财贸研究，2017（5）：67－76.

［65］李颖．我国城乡居民消费差距的成因及对策研究——基于财政基本公共服务支出视角［J］．经济问题探索，2010（6）：19－24.

［66］李忠．城市群呼唤生态补偿机制［N］．中国经济导报，2007.

［67］林炳耀．城市空间形态的计量方法及其评价［J］．城市规划汇刊，1998（3）：42－45，65.

［68］林筱文，陈静．工业聚集经济效果的计量与分析［J］．福州大学学报（哲学社会科学版），1995（2）：43－48.

［69］刘爱梅，杨德才．论我国三大城市群发展的“效率陷阱”——基于日本城市群发展的经验［J］．现代经济探讨，2010（7）：82－85.

［70］刘德吉．民生类公共服务财政支出规模的影响因素研究——基于中国省级面板数据的分析［J］．华东理工大学学报（社会科学版），2011，26（6）：66－74.

［71］刘国余．城市化与公共服务支出关系——基于河北省 11 城市面板估计［J］．黑龙江科技信息，2013（27）：279－280.

［72］刘纪远，王新生，庄大方，等．凸壳原理用于城市用地空间扩展类型识别［J］．地理学报，2003，58（6）：885－892.

［73］刘娟，王庆华．我国基本公共服务支出的贡献要素分析［J］．当代

经济研究，2018（1）：83－89.

［74］刘玮. 公共支出视阈的中国城市减贫效应分析［J］. 经济体制改革，2011（6）：161－164.

［75］刘晓芳，韦希. 近现代福州城市形态演变特征及动力机制解析［J］. 福建建筑，2009（6）：29－31，96.

［76］刘晓凤. 高等教育地区财政支出产出影响及差异分析［J］. 高校教育管理，2017，11（6）：32－40.

［77］刘雨平. 转型期城市形态演化的空间政策影响机制——以扬州市为例［J］. 经济地理，2008（4）：539－542.

［78］娄峥嵘. 我国公共服务财政支出效率研究［D］. 中国矿业大学，2008.

［79］卢小君，段霏. 中国中小城市公共服务支出的省际差异及其成因［J］. 城市问题，2015（7）：33－38.

［80］鲁炜，赵云飞. 中国区域环境效率评价及影响因素研究［J］. 北京航空航天大学学报（社会科学版），2016，29（3）：30－35.

［81］罗雪蕾. 江西贸易开放度对财政支出影响的实证研究［D］. 江西农业大学，2015.

［82］罗植. 中国地方公共服务拥挤性与财政支出结构优化［J］. 财经科学，2014（5）：113－123.

［83］马歇尔. 经济学原理［M］. 北京：商务印书馆，1964：280－301.

［84］牟凤云，张增祥. 城市形态演化研究［J］. 宁夏大学学报（自然科学版），2009，30（1）：97－100.

［85］牟凤云. 中国城市演化特征分析［D］. 北京：中国科学院研究生院，2007.

［86］牛煜虹，张衔春，董晓莉. 城市蔓延对我国地方公共财政支出影响的实证分析［J］. 城市发展研究，2013，20（3）：67－72.

［87］潘丹，应瑞瑶. 中国农业生态效率评价方法与实证——基于非期望产出的SBM模型分析［J］. 生态学报，2013，33（12）：3837－3845.

［88］齐心. 北京城市病的综合测度及趋势分析［J］. 现代城市研究，2015（12）：71－75.

［89］钱紫华. 西安城市边缘区土地利用研究［D］. 西安建筑科技大

学，2004.

[90] 容志. 公共服务支出的测算与比较 [J]. 上海行政学院学报，2017，18 (5)：70 - 80.

[91] 宋立. 经济发展方式的理论内涵与转变经济发展方式的基本路径 [J]. 北京经济管理职业学院学报，2011，26 (3)：3 - 7.

[92] 谭娟，陈晓春. 基于产业结构视角的政府环境规制对低碳经济影响分析 [J]. 经济学家，2011 (10)：91 - 97.

[93] 唐杰，张灿，李家川. 调整产业组织政策，提高经济效率——对天津产业组织政策的实证分析 [J]. 南开经济研究，1990 (4)：47 - 52.

[94] 唐杰. 城市产业经济分析：一项经济案例研究 [M]. 北京：北京经济学院出版社，1989.

[95] 陶佳佳. 安徽省城市化效率与经济发展水平的耦合协调发展研究 [D]. 安徽财经大学，2016.

[96] 汪冬梅，贺旭玲，董国强. 城市规模与城市经济效益关系的实证研究 [J]. 青岛农业大学学报 (社会科学版)，2002，14 (3)：36 - 40.

[97] 汪利锬. 地方政府公共服务支出均等化测度与改革路径——来自1995—2012年省级面板数据的估计 [J]. 公共管理学报，2014，11 (0)：29 - 37，140.

[98] 王兵，吴延瑞，颜鹏飞. 中国区域环境效率与环境全要素生产率增长 [J]. 经济研究，2010 (5)：95 - 109.

[99] 王恩才. 基于产业集群的城市与区域经济发展 [D]. 兰州大学，2007.

[100] 王锋，陶学荣. 政府公共服务职能的界定、问题分析及对策 [J]. 甘肃社会科学，2005 (4)：231 - 234.

[101] 王贺，刘云香. 中国社会保障财政支出的影响因素分析——基于省级面板数据的实证研究 [J]. 汕头大学学报 (人文社会科学版)，2015，31 (4)：79 - 87，96.

[102] 王红扬. 80年代以来苏州地区城镇土地演化特征与机制 [J]. 地理科学，1999，19 (2)：128 - 134.

[103] 王剑锋，城市空间形态量化分析研究 [D]. 重庆大学，2004.

[104] 王金南，曹东，曹颖. 环境绩效评估：考量地方环保实绩 [J].

环境保护，2009，426（16）：23－24.

［105］王伟．中国三大城市群经济空间宏观形态特征比较［J］．城市规划学刊，2009（1）：46－53.

［106］王伟齐．北京地区PM_（2.5）、PM_（10）与卫星AOD的相关性分析（S9）［A］．中国气象学会．第32届中国气象学会年会S9大气成分与天气、气候变化［C］．中国气象学会：中国气象学会，2015：3.

［107］王伟同，魏胜广．人口向小城市集聚更节约公共成本吗［J］．财贸经济，2016，37（6）：146－160.

［108］王伟同．城市化进程与城乡基本公共服务均等化［J］．财贸经济，2009（2）：40－45.

［109］王小鲁，夏小林．优化城市规模　推动经济增长［J］．经济研究，1999（9）：22－29.

［110］王小钱．城市化与经济增长［J］．经济社会体制比较，2002（1）：23－32.

［111］王新生，刘纪远，庄大方等．中国特大城市空间形态变化的时空特征［J］．地理学报，2005，60（3）：42－50.

［112］魏宏森，曾国屏．系统论［M］．北京：世界图书出版公司，2009.

［113］魏后凯．产业集群的竞争优势［J］．理论参考，2006（9）：17－19.

［114］翁俊豪，徐鹤．基于数据包络分析的城市环境绩效评估研究［J］．未来与发展，2016（3）：49－57.

［115］吴宏安，蒋建军，周杰等．西安城市扩张及其驱动力分析［J］．地理学报，2005，60（1）：143－150.

［116］吴冕．警惕：中国“大城市病”愈演愈烈——问诊中国“大城市病”（上篇）［J］．生态经济，2011（5）：18－23.

［117］吴伟平，刘乃全．异质性公共支出对劳动力迁移的门槛效应：理论模型与经验分析［J］．财贸经济，2016，37（3）：28－44.

［118］伍德里奇．计量经济学导论：现代观点第3版：英文［M］．北京：清华大学出版社，2007：688－670.

［119］武进．中国城市形态：结构、特征及演变［M］．南京：江苏科学技术出版社，1990.

［120］向敬伟，万沙，胡守庚．城市生态经济耦合协调发展的因子贡献

度分析——以武汉市为例［J］．中国地质大学学报：社会科学版，2015（6）：30－36．

［121］徐中生．政府规模与公共服务支出：来自中国省级水平的经验证据［J］．统计教育，2010（5）：37－43．

［122］徐斌，刘丹，杨立中．公路交通与生态环境保护［J］．环境科学与管理，2005，30（1）：50－52．

［123］许光清．城市可持续发展理论研究综述［J］．教学与研究，2006（7）：87－92．

［124］许崴．试论福利经济学的发展轨迹与演变［J］．国际经贸探索，2009（12）：28－31．

［125］许箫迪，王子龙，谭清美．知识溢出效应测度的实证研究［J］．科研管理，2007，28（5）：76－86．

［126］薛钢，陈思霞，蔡璐．城镇化与全要素生产率差异：公共支出政策的作用［J］．中国人口·资源与环境，2015，25（3）：50－55．

［127］严思齐，彭建超，吴群．土地财政对地方公共物品供给水平的影响——基于中国省级面板数据的分析［J］．城市问题，2017（8）：8－14．

［128］颜彭莉．全国九成城市“亚健康”［J］．环境经济，2016（19）：76－76．

［129］杨波，李秀敏．中国城市集聚与扩散转换规模的实证研究［C］．中国青年经济学者论坛，2007．

［130］杨丞娟，王宝顺．公共支出、空间外溢与圈域经济增长——以武汉城市圈为例［J］．现代财经（天津财经大学学报），2013（3）：119－129．

［131］杨俊，邵汉华，胡军．中国环境效率评价及其影响因素实证研究［J］．中国人口·资源与环境，2010，20（2）：49－55．

［132］杨荣南，张雪莲．城市空间扩展的动力机制与模式研究［J］．地域研究与开发，1997（2）：1－4．

［133］杨鑫．浅谈遥感图像监督分类与非监督分类［J］．四川地质学报，2008（3）：251－254．

［134］杨志勇，张馨．公共经济学（第3版）［M］．北京：清华大学出版社，2013．

［135］尹科，王如松，周传斌，等．国内外生态效率核算方法及其应用

研究述评 [J]. 生态学报, 2012, 32 (11): 3595 - 3605.

[136] 余剑, 杨忠伟, 熊虎. 主动城市化与被动城市化的比较研究 [J]. 城市观察, 2013, 23 (1): 142 - 149.

[137] 余瑞林, 王新生, 刘承良. 武汉城市圈城市空间形态特征及其变化 [J]. 资源开发与市场, 2008, 24 (6): 506 - 509.

[138] 俞雅乖, 刘玲燕. 我国城市环境绩效及其影响因素分析 [J]. 管理世界, 2016 (11): 176 - 177.

[139] 俞立平, 周曙东, 王艾敏. 中国城市经济效率测度研究 [J]. 中国人口科学, 2006 (4): 51 - 56.

[140] 张浩, 邓学良, 石春娥. MODIS 气溶胶产品在大气能见度监测中的应用 [J]. 环境科学与技术, 2015, 38 (8): 49 - 55.

[141] 张权, 钟飚. 城市化与城市公共支出关系研究 [J]. 商业研究, 2012 (3): 53 - 59.

[142] 张权. 公共支出效率促进产业结构升级的实现机制与经验辨识 [J]. 财贸经济, 2018, 39 (5): 146 - 159.

[143] 张荣天, 张小林. 国内外城市空间扩展的研究进展及其述评 [J]. 中国科技论坛, 2012 (8): 151 - 155.

[144] 张蕊, 王楠, 冯鑫鑫. 城市规模、经济发展与公共支出效率 [J]. 软科学, 2014, 28 (2): 11 - 15.

[145] 张斯琴, 张璞. 创新要素集聚、公共支出对城市生产率的影响——基于京津冀蒙空间面板的实证研究 [J]. 华东经济管理, 2017, 31 (11): 65 - 70.

[146] 张伟. 中国城市集群经济效率测度与治理研究 [D]. 华中科技大学, 2012.

[147] 张宪平, 石涛. 我国目前城市化典型特点分析及对策研究 [J]. 经济学动态, 2003 (4): 35 - 37.

[148] 张子龙, 逯承鹏, 陈兴鹏, 等. 中国城市环境绩效及其影响因素分析: 基于超效率 DEA 模型和面板回归分析 [J]. 干旱区资源与环境, 2015, 29 (6): 1 - 7.

[149] 赵春霞, 钱乐祥. 遥感影像监督分类与非监督分类的比较 [J]. 河南大学学报 (自然科学版), 2004 (3): 90 - 93.

［150］赵和生．城市规划与城市发展［M］．东南大学出版社，2005．

［151］赵璐，赵作权．基于特征椭圆的中国经济空间分异研究［J］．地理科学，2014，34（8）：979－986．

［152］赵璐，赵作权．中国沿海地区经济空间差异的动态演化［J］．世界地理研究，2014，23（1）：45－54．

［153］赵云伟．当代全球城市的城市空间重构［J］．国际城市规划，2001（5）：2－5．

［154］郑强．城镇化对绿色全要素生产率的影响——基于公共支出门槛效应的分析［J］．城市问题，2018（3）：48－56．

［155］周亮．城市集聚经济与城市经济增长的相关性分析［D］．西北大学，2011．

［156］周叔莲，刘戒骄．如何认识和实现经济发展方式转变［J］．理论前沿，2008（6）：5－9．

［157］周智玉．环境 DEA 模型改进及其在城市环境绩效评价中的应用［J］．科技进步与对策，2016（4）：112－118．

［158］朱军，许志伟．财政分权、地区间竞争与中国经济波动［J］．经济研究，2018，53（1）：21－34．

英文参考文献

［1］Abdelrahman H M. Product differentiation，monopolistic competition and city size［J］. Regional Science & Urban Economics，2006，18（1）：69－86.

［2］Altshuler A A，Gomez-Ibanez J A. Regulation for revenue：The political economy of land use exactions［M］. Brookings Institution Press，2000.

［3］Barro R J. Government Spending in a Simple Model of Endogenous Growth［J］. Rcer Working Papers，1988，98（5）：103－125.

［4］Black D，Henderson V. A Theory of Urban Growth［J］. Journal of Political Economy，1999，107（2）：252－284.

［5］Blocken B. 50 years of Computational Wind Engineering：Past，present and future［J］. Journal of Wind Engineering & Industrial Aerodynamics，2014，129（6）：69－102.

［6］Borrego C，Martins H，Tchepel O，et al. How urban structure can affect city sustainability from an air quality perspective [J]. Environmental Modelling & Software, 2006, 21 (4): 461 -467.

[7] Boubel R W, Vallero D, Fox D L, et al. Fundamentals of Air Pollution (Third Edition) [M]. 1994.

[8] Bradley Bereitschaft, Keith Debbage. Urban Form, Air Pollution, and COEmissions in Large U. S. Metropolitan Areas [J]. Professional Geographer, 2013, 65 (4): 612 -635.

[9] Brenner M H. Economic changes and heart disease mortality [J]. American Journal of Public Health, 1971, 61 (3): 606 -611.

[10] Breusch T S, Pagan A R. The Lagrange multiplier test and its applications to model specification in econometrics [J]. The Review of Economic Studies, 1980, 47 (1): 239 -253.

[11] Brueckner J K. Urban Sprawl: Diagnosis and Remedies [J]. International Regional Science Review, 2000, 23 (2): 160 -171.

[12] Burchell RW, Mukherji S. Conventional Development Versus Managed Growth: The Costs of Sprawl [J]. American Journal of Public Health, 2003, 93 (9): 1534 -1540.

[13] Burgess R, Jenks M. Compact Cities [M]. 2000.

[14] Camagni R, Gibelli M C, Rigamonti P. Urban mobility and urban form: the social and environmental costs of different patterns of urban expansion [J]. Ecological Economics, 2002, 40 (2): 199 -216.

[15] Cameron Speir, Kurt Stephenson. Does Sprawl Cost Us All? Isolating the Effects of Housing Patterns on Public Water and Sewer Costs [J]. Journal of the American Planning Association, 2002, 68 (1): 56 -70.

[16] Carruthers J I, Ulfarsson G F. Fragmentation and sprawl: Evidence from interregional analysis [J]. Growth and change, 2002, 33 (3): 312 -340.

[17] Carruthers J I, Ulfarsson G F. Urban sprawl and the cost of public services [J]. Environment and Planning B: Planning and Design, 2003, 30 (4): 503 -522.

[18] Carruthers J I. Evaluating the Effectiveness of Regulatory Growth Management Programs an Analytic Framework [J]. Journal of Planning Education and

Research, 2002, 21 (4): 391 -405.

[19] Carruthers J I, Ulfarsson G F. Fragmentation and Sprawl: Evidence from Interregional Analysis [J]. Growth and Change, 2002, 33 (3): 312 -340.

[20] Carruthers J. I, Ulfarsson G F. Does smart growth matter to public finance? Evidence from the United States [J]. Urban Studies, 2008, 45 (9): 1791 -1823.

[21] Chan C, Yao X. Air pollution in mega cities in China [J]. Atmospheric Environment, 2008, 42 (1): 1 -42.

[22] Charnes, A., Cooper, W. W., & Rhodes, E. Measuring the efficiency of decision - making units [J]. European Journal of Operational Research, 1978, 2 (6): 429 -444.

[23] Chen H, Jia B, Lau S S Y. Sustainable urban form for Chinese compact cities: Challenges of a rapid urbanized economy [J]. Habitat International, 2008, 32 (1): 1 -40.

[24] Chen Z, Kahn M E, Liu Y, et al. The consequences of spatially differentiated water pollution regulation in China [J]. Journal of Environmental Economics and Management, 2018 (88): 468 -485.

[25] Chi X, Liu M, Zhang C, et al. The spatiotemporal dynamics of rapid urban growth in the Nanjing metropolitan region of China [J]. Landscape Ecology, 2007, 22 (6): 925 -937.

[26] Chi X, Liu M, Zhang C, et al. The spatiotemporal dynamics of rapid urban growth in the Nanjing metropolitan region of China [J]. Landscape Ecology, 2007, 22 (6): 925 -937.

[27] Chiew Ping Yew. Pseudo - urbanization? competitive government behavior and urban sprawl in China [J]. Journal of Contemporary China, 2012, 21 (74): 281 -298.

[28] Chris C, Jay K. Controlling Urban Sprawl: Some Experiences from L Liverpool. Cities, 2006, 23 (5): 353 -363.

[29] Chuanglin F, Weifeng Q I, Jitao S. Researches on Comprehensive Measurement of Compactness of Urban Agglomerations in China [J]. Acta Geographical Sinica, 2008, 63 (10): 1011 -1021.

[30] Chung Y H, Färe R, Groddkopf S. Productivity and undesirable outputs: A directional distance function approach [J]. Journal of Environmental Management, 1997, 51 (9): 229 -240.

[31] Ciccone, A. Cities and the Economy: Aggregate Production, Urban Productivity and the Distribution of Economic Activity [D]. Mimeo, Stanford University. 1992.

[32] Coelli T, Rao D S P, Battese G E. Efficiency Measurement Using Data Envelopment Analysis (DEA) [M]. 1998.

[33] Cole, J. P. Study of major and minor civil division in political geography [M]. Mimeographed. 1960.

[34] Commission of the European Communities. Green paper on the urban environment [C]. 1990.

[35] Deng X Z, Zhan J Y, Chen R, et al. The patterns and driving forces of urban sprawl in China [C]. IEEE International Geoscience & Remote Sensing Symposium. IEEE, 2005.

[36] Dubey R, Gunasekaran A, Childe S J, et al. The impact of big data on world - class sustainable manufacturing [J]. International Journal of Advanced Manufacturing Technology, 2016, 84 (1 -4): 631 -645.

[37] Duranton G. and Puga D. Micro - Foundations of Urban Agglomeration Economies [A]. J. V. Henderson, and J. F. Thisse. Handbook of Regional and Urban Economics [C]. Volume 4, Amsterdam and New York: North Holland, 2004.

[38] Duranton G, Overman H G. Exploring the Detailed Location Patterns of U. K. Manufacturing Industries Using Micro - Geographic Data [M]. Journal of Regional Science. 2006.

[39] Ellison G, Glaeser E L. Geographic concentration in U. S. Manufacturing industries: a dartboard approach [J]. Journal of Political Economy, 1994, 105 (5): 889 -927.

[40] Jefferson G H, Jefferson G H, Singh I. Are China's rural enterprises outperforming state enterprises? Estimating the pure ownership effect. [J]. Enterprise Reform in China Ownership Transition & Performance, 1998.

[41] Ewing R H. Characteristics, Causes, and Effects of Sprawl: A Litera-

ture Review [M]. 2008.

[42] Ewing R. Is Los Angeles – style sprawl desirable? [J]. Journal of the American planning association, 1997, 63 (1): 107 – 126.

[43] Ewing, R. and Rong, F. The impact of urban form on U. S. residential energy use [J]. Housing Policy Debate, 2008, 19 (1): 1 – 30.

[44] Faere R, Pasurka C. Multilateral Productivity Comparisons When Some Outputs Are Undesirable: A Nonparametric Approach. [J]. Review of Economics & Statistics, 1989, 71 (1): 90 – 98.

[45] Färe R, Grosskopf S. Modeling undesirable factors in efficiency evaluation: Comment [J]. European Journal of Operational Research, 2004, 157 (1): 242 – 245.

[46] Feng J, Chen Y. Spatiotemporal Evolution of Urban Form and Land – Use Structure in Hangzhou, China: Evidence from Fractals [J]. Environment & Planning B Planning & Design, 2010, 37 (5): 838 – 856.

[47] Fernάndez – Aracil P, Ortuño – Padilla A. Costs of providing local public services and compact population in Spanish urbanised areas [J]. Land Use Policy, 2016 (58): 234 – 240.

[48] Forman, Richardt. T. Land mosaics: the ecology of landscapes and regions [M]. Cambridge University Press, 1995.

[49] Fujita M, Krugman P. The new economic geography: Past, present and the future [J]. Papers in Regional Science, 2004, 83 (4): 139 – 164.

[50] Fujita M, Mori T. Transport development and the evolution of economic geography [J]. Portuguese Economic Journal, 2005, 4 (2): 129 – 156.

[51] Fujita M, Thisse J F. Economics of Agglomeration [M] Cambridge University Press, 2002.

[52] Galster G, Hanson R, Ratcliffe M R, et al. Wrestling Sprawl to the Ground: Defining and Measuring an Elusive Concept [J]. Housing Policy Debate, 2001, 12 (4): 681 – 717.

[53] Hess G R, Daley S, Dennison B K, et al. Just what is sprawl, anyway [J]. Carolina Planning, 2001, 2 (26): 11 – 26.

[54] Glaeser, E. L., & Kahn, M. E. Sprawl and Urban Growth. In J. V.

Henderson, & J. E. Thisse (Eds.), Handbook of Regional and Urban Economics, Cities and Geography [J]. Amsterdam: Elsevier, 2004, 4 (56): 2481 - 2527.

[55] Gordon P, Richardson H W. Are Compact Cities a Desirable Planning Goal? [J]. Journal of the American Planning Association, 1997, 63 (1): 95 - 106.

[56] Grossman G M, Krueger A B. Environmental Impacts of a North American Free Trade Agreement [J]. Social Science Electronic Publishing, 1992, 8 (2): 223 - 250.

[57] Guindon B, Zhang Y, Dillabaugh C. Landsat urban mapping based on a combined spectral - spatial methodology [J]. Remote Sensing of Environment, 2004, 92 (2): 218 - 232.

[58] Gupta P, Patadia F, Christopher S A. Multisensor Data Product Fusion for Aerosol Research [J]. IEEE Transactions on Geoscience and Remote Sensing, 2008, 46 (5): 1407 - 1415.

[59] Kolars R B J. Locational Analysis in Human Geographyby Peter Haggett [J]. Economic Geography, 1967, 43 (3): 276 - 277.

[60] Hao J Q, Cao M M, Wang Y L. a research on the effect and space evolvement of industrial aggregation in urban aggregation. [J]. Human Geography, 2013, 8 (3): 96 - 100.

[61] Hausman J A. Specification Tests in Econometrics [J]. Econometrica, 1978, 46 (6): 1251 - 1271.

[62] Haynes R M. Crime rates and city size in America [J]. Area, 1973, 5 (3): 162 - 165.

[63] Henderson D J, Millimet D L. Pollution Abatement Costs and Foreign Direct Investment Inflows to U. S. States: A Nonparametric Reassessment [J]. Review of Economics & Statistics, 2007, 89 (1): 178 - 183.

[64] Henderson J V. The Sizes and Types of Cities [J]. American Economic Review, 1974, 64 (4): 640 - 656.

[65] Hoffren, J. Measuring the eco - efficiency of welfare generation in a national economy. The case of Finland [M]. 2001.

[66] Holden E, Norland I T. Three Challenges for the Compact City as a Sus-

tainable Urban Form: Household Consumption of Energy and Transport in Eight Residential Areas in the Greater Oslo Region [J]. Urban Studies, 2005, 42 (12): 2145 - 2166.

[67] Huang J, Lu X X, Sellers J M. A Global Comparative Analysis of Urban Form: Applying Spatial Metrics and Remote Sensing [J]. Landscape & Urban Planning, 2007, 82 (4): 184 - 197.

[68] Huang J, Lu X X, Sellers J M. A Global Comparative Analysis of Urban Form: Applying Spatial Metrics and Remote Sensing [J]. Landscape & Urban Planning, 2007, 82 (4): 184 - 197.

[69] Hui S C M. Low energy building design in high density urban cities [J]. Renewable Energy, 2001, 24 (3): 627 - 640.

[70] Jiang F, Liu S, Yuan H, et al. Measuring urban sprawl in Beijing with geo - spatial indices [J]. Acta GeographicaSinica, 2007, 17 (4): 469 - 478.

[71] Johnson M P. Environmental impacts of urban sprawl: a survey of the literature and proposed research agenda [J]. Environment & Planning A, 2008, 33 (4): 717 - 735.

[72] Johnson, I. China's great uprooting: Moving 250 million into cities [N]. The New York Times, 2013, 15.

[73] Jones C I, Romer P M. The New Kaldor Facts: Ideas, Institutions, Population, and Human Capital [J]. NBER Working Papers, 2010, 2 (1): 224 - 245.

[74] J E V. Megalopolis: The Urbanized Northeastern Seaboard of the United States [J]. Economic Geography, 1964, 39 (2): 183 - 184.

[75] Kenworthy J, Hu G. Transport and Urban Form in Chinese Cities [J]. DISP - The Planning Review, 2002, 38 (151): 4 - 14.

[76] Kibble A, Harrison R. Point sources of air pollution. [J]. Occupational Medicine, 2005, 55 (6): 425 - 431.

[77] Kim S. Expansion of Markets and the Geographic Distribution of Economic Activities: The Tends in U. S. Regional Manufacturing Structure, 1860 - 1987 [J]. Quarterly Journal of Economics, 1995, 110 (4): 881 - 908.

[78] Ko K W, Mok K W P. Clustering of cultural industries in Chinese cities

[J]. Economics of Transition, 2014, 22 (2): 365 - 395.

[79] Kortelainen M. Dynamic environmental performance analysis: A Malmquist index approach [J]. Ecological Economics, 2008, 64 (4): 701 - 715.

[80] Krawiec, A., & Szydlowski M. Economic growth cycles driven by investment delay [J]. Economic Modeling, 2017 (67): 175 - 183.

[81] Krugman P. Increasing Returns and Economic Geography [J]. Journal of Political Economy, 1991, 99 (3): 483 - 499.

[82] Krugman, Paul R. Geography and trade [M]. Cambridge, MA: MIT Press. 1991.

[83] Ladd H F, Yinger J. America's ailing cities: Fiscal health and the design of urban policy [M]. JHU Press, 1991.

[84] Ladd H F. Population growth, density and the costs of providing public services [J]. Urban Studies, 1992, 29 (2): 273 - 295.

[85] Lai L W, Cheng W L. Air quality influenced by urban heat island coupled with synoptic weather patterns. [J]. Science of the Total Environment, 2009, 407 (8): 2724 - 2733.

[86] Lehni, Devel M. State - of - Play - Report. World Business Council for Sustainable Levinson A, Taylor M S. Unmasking the Pollution Haven Effect [J]. International Economic Review, 2010, 49 (1): 223 - 254.

[87] Levinson A. Technology, International Trade, and Pollution from US Manufacturing [J]. American Economic Review, 2009, 99 (5): 2177 - 2192.

[88] Li B G, Ran Y and Tao P. Research on the distribution rule of aerosol and time change in Beijing [J]. Journal of Environmental Science, 2008, 28 (7): 1425 - 1429.

[89] Li XF, Zhang M J, Wang S J, et al. Variation characteristics and influencing factors of Air Pollution Index in China [J]. Huan JingKexue, 2012, 33 (6): 1936 - 1943.

[90] Liu J, Zhan J, Deng X. Spatio - temporal Patterns and Driving Forces of Urban Land Expansion in China during the Economic Reform Era [J]. Ambio, 2005, 34 (6): 450 - 455.

[91] Lober D J. Evaluating the Environmental Performance of Corporations

[J]. Journal of Managerial Issues, 1996, 8 (2): 184-205.

[92] Loon J V, Frank L. Urban Form Relationships with Youth Physical Activity: Implications for Research and Practice [J]. Journal of Planning Literature, 2011, 26 (3): 280-308.

[93] Lucas R E. Externalities and Cities [J]. Review of Economic Dynamics, 2001, 4 (2): 245-274.

[94] Mainardi S. Earnings and work accident risk: a panel data analysis on mining [J]. Resources Policy, 2005, 30 (3): 156-167.

[95] Maiti S, Jha S K, Garai S, et al. Assessment of social vulnerability to climate change in the eastern coast of India [J]. Climatic Change, 2015, 131 (2): 1-20.

[96] Manins P C, Cope M E, Hurley P J, et al. The impact of urban development on air quality and energy use [J] International Clean Air & Environment Conference, 1998 (14): 331-336.

[97] Marquez L O, Smith N C. A framework for linking urban form and air quality [J]. Environmental Modelling & Software, 1999, 14 (6): 541-548.

[98] Marshall A. Principles of Economics (8th ed.) [J]. Political Science Quarterly, 1947, 31 (77): 430-444.

[99] Martins H. Urban compaction or dispersion? An air quality modelling study [J]. Atmospheric Environment, 2012, 54 (4): 60-72.

[100] Mccarty J, Kaza N. Urban form and air quality in the United States [J]. Landscape & Urban Planning, 2015 (139): 168-179.

[101] Mcmillan T E. The relative influence of urban form on a child's travel mode to school [J]. Transportation Research Part A Policy & Practice, 2007, 41 (1): 69-79.

[102] Mikhed V, Zemčík P. Do house prices reflect fundamentals? Aggregate and panel data evidence [J]. Journal of Housing Economics, 2009, 18 (2): 140-149.

[103] Mills E S. An Aggregative Model of Resource Allocation in a Metropolitan Area [J]. American Economic Review, 1967, 57 (2): 197-210.

[104] Mindali O, Raveh A, Salomon I. Urban density and energy consump-

tion: a new look at old statistics [J]. Transportation Research Part A, 2004, 38 (2): 143 - 162.

[105] Moomaw R L. Firm location and city size: Reduced productivity advantages as a factor in the decline of manufacturing in urban areas [J]. Journal of Urban Economics, 1985, 17 (1): 0 - 89.

[106] Moretti, E. Human Capital Externalities in Cities [A]. J. V. Henderson, and J. F. Thiess. Handbook of Urban and Regional Economics [C]. Volume 4, Amsterdam and New York: North Holland, 2004.

[107] Narayan S, Rath B N, Narayan P K. Evidence of Wagner's law from Indian states [J]. Economic Modelling, 2012, 29 (5): 1548 - 1557.

[108] Newman P, Kenworthy J. Cities and Automobile Dependence [C] // Travel in the City - Making it Sustainable, International Conference, 1993, Duesseldorf, Germany. 1989: 795 - 801.

[109] Opment [R]. WBCSD Project on Eco - Efficiency Metrics&Reporting, 1998.

[110] Pan H, Shen Q, Zhang M. Influence of Urban Form on Travel Behavior in Four Neighbourhoods of Shanghai [J]. Urban Studies, 2007, 46 (2): 275 - 294.

[111] Pan, J. H. , Han, W. C. Research on the evolvement of Chinese urban form [J]. Journal of Nature Resource, 2013, 28 (3), 470 - 480.

[112] Peduzzi P, Concato J, Kemper E, et al. A simulation study of the number of events per variable in logistic regression analysis [J]. Journal of clinical epidemiology, 1996, 49 (12): 1373 - 1379.

[113] Pendall R. Do land - use controls cause sprawl? [J]. Environment and Planning B: Planning and Design, 1999, 26 (4): 555 - 571.

[114] Powell J L. Least absolute deviations estimation for the censored regression model [J]. Journal of Econometrics, 1984, 25 (3): 303 - 325.

[115] Qureshi I A, Lu H. Urban transport and sustainable transport strategies: A case study of Karachi, Pakistan [J]. Tsinghua Science and Technology, 2012, 12 (3): 309 - 317.

[116] Reinharda S, Thijssen G J. Environmental efficiency with multiple en-

vironmentally detrimental variables; estimated with SFA and DEA [J]. European Journal of Operational Research, 2000, 121 (2): 287 -303.

[117] Reynolds D J. Congestion [J]. The Journal of Industrial Eco - nomics, 1963 (2): 132 -140.

[118] Richardson, Harry W. The Costs of Urbanization: A Four - Country Comparison [J]. Economic Development & Cultural Change, 1987, 35 (3): 561 - 580.

[119] Ridder K D, Lefebre F, Adriaensen S, et al. Simulating the impact of urban sprawl on air quality and population exposure in the German Ruhr area. Part I: Reproducing the base state [J]. Atmospheric Environment, 2008, 42 (30): 7059 -7069.

[120] Romer P M. Increasing returns and long - run growth [J]. Journal of Political Economy, 1986, 94 (5): 1002 -1037.

[121] Sadownik B, Jaccard M. Sustainable energy and urban form in China: the relevance of community energy management [J]. Energy Policy, 2001, 29 (1): 55 -65.

[122] Schaltegger S, Burritt R, Publishing G. Contemporary environmental accounting: issues, concepts and practice [J]. International Journal of Sustainability in Higher Education, 2001, 2 (3): 288 -289.

[123] Schneider A, Seto K C, Webster D R. Urban growth in Chengdu, Western China: Application of remote sensing to assess planning and policy outcomes [J]. Environmentand Planning B, 2005, 32 (3): 323 -345.

[124] Schwarz N. Urban form revisited selecting indicators for characterizing European cities [J]. Journal of Landscape and Urban Planning, 2010 (96): 29 -47.

[125] Segal D. Are There Returns to Scale in City Size? [J]. Review of Economics & Statistics, 1976, 58 (3): 339 -350.

[126] Seiford L M, Zhu J. A response to comments on modeling undesirable factors in efficiency evaluation [J]. European Journal of Operational Research, 2005, 161 (2): 579 -581.

[127] Seinfeld J H, Pandis S N. Atmospheric Chemistry and Physics: From Air Pollution to Climate Change, 3rd Edition [J]. Environment Science & Policy

for Sustainable Development, 1998, 40 (7): 26 -26.

[128] Senlin L, Longyi S, Minghong W, et al. Chemical elements and their source apportionment of PM (10) in Beijing urban atmosphere [J]. Environmental Monitoring & Assessment, 2007, 133 (1 -3): 79 -85.

[129] She Q, Peng X, Xu Q, et al. Air quality and its response to satellite - derived urban form in the Yangtze River Delta, China [J]. Ecological Indicators, 2017 (75): 297 -306.

[130] Sierra Club Sprawl: the dark side of the American dream. Sprawl Report [R]. Sierra Club, 1998.

[131] Solow R M. A Contribution to the Theory of Economic Growth [J]. The Quarterly Journal of Economics, 1956, 70 (1): 65 -94.

[132] Song C K, Ho C H, Park R J, et al. Spatial and Seasonal Variations of Surface PM10 Concentration and MODIS Aerosol Optical Depth over China [J]. Asia - Pacific Journal of Atmospheric Sciences, 2016, 45 (1): 33 -43.

[133] Song J, Webb A, Parmenter B, et al. The impacts of urbanization on emissions and air quality: comparison of four visions of Austin, Texas [J]. Environmental Science & Technology, 2008, 42 (19): 72 -94.

[134] Song, Y. Impacts of urban growth management on urban form: A comparative study of Portland, Oregon, Orange County, Florida and Montgomery County, Maryland [J]. National Center for Smart Growth Research and Education University of Maryland. 2005.

[135] Steyerberg E W, Eijkemans M J C, Habbema J D F. Stepwise selection in small data sets: a simulation study of bias in logistic regression analysis [J]. Journal of clinical epidemiology, 1999, 52 (10): 935 -942.

[136] Stigson, B. A Road to Sustainable Industry: How to Promote Resource Efficiency in Companies. World Business Council for Sustainable Development (WBCSD). A speech in Second Conference on Eco - Efficiency, Dusseldorf, 2001.

[137] Stone B. Urban sprawl and air quality in large US cities [J]. Journal of Environmental Management, 2008, 86 (4): 688 -698.

[138] Sveikauskas L A. The Productivity of Cities [J]. Quarterly Journal of Economics, 1975, 89 (3): 393 -413.

[139] Tang U W, Wang Z S. Influences of urban forms on traffic – induced noise and air pollution: Results from a modelling system [J]. Environmental Modelling & Software, 2007, 22 (12): 1750 – 1764.

[140] Tereci A, Ozkan S T E, Eicker U. Energy benchmarking for residential buildings [J]. Energy & Buildings, 2013, 60 (6): 92 – 99.

[141] Thinh N X, Arlt G, Heber B, et al. Evaluation of urban land – use structures with a view to sustainable development [J]. Environmental Impact Assessment Review, 2002, 22 (5): 475 – 492.

[142] Tominaga Y, Stathopoulos T. CFD simulation of near – field pollutant dispersion in the urban environment: A review of current modeling techniques [J]. Atmospheric Environment, 2013, 79 (11): 716 – 730.

[143] Tone K. A slacks – based measure of efficiency in data envelopment analysis [J]. European Journal of Operational Research, 2001, 130 (3): 498 – 509.

[144] Torstensson J. Technical Differences and Inter – industry Trade in the Nordic Countries. [J]. Scandinavian Journal of Economics, 1996, 98 (1): 93 – 110.

[145] Tsai Y H. Quantifying Urban Form: Compactness versus Sprawl [J]. Urban Studies, 2005, 42 (1): 141 – 161.

[146] Vittinghoff E, McCulloch C E. Relaxing the rule of ten events per variable in logistic and Cox regression [J]. American journal of epidemiology, 2007, 165 (6): 710 – 718.

[147] Wai K M, Tanner P A. Extreme Particulate Levels at a Western Pacific Coastal City: The Influence of Meteorological Factors and the Contribution of Long – Range Transport [J]. Journal of Atmospheric Chemistry, 2005, 50 (2): 103 – 120.

[148] Wang J L, Zhang Y H, Shao M, et al. Quantitative relationship between visibility and mass concentration of PM2.5 in Beijing [J]. Journal of Environmental Sciences, 2006, 18 (3): 475 – 481.

[149] Wang, F. H., Jin, F. B., Ceng, G. Research on the population density function and growth model [J]. Journal of geography research, 2004, 23 (1). 97 – 103.

[150] Wheaton W C, Shishido H. Urban Concentration, Agglomeration Economies, and the Level of Economic Development [J]. Economic Development and Cultural Change, 1981, 30 (1): 17 - 30.

[151] Williamson J G. Regional Inequality and the Process of National Development: A Description of the Patterns [J]. Economic Development & Cultural Change, 1965, 13 (4): 1 - 84.

[152] WORLD BANK. China: Urban Transport Issues [R]. Washington, DC: The World Bank, 1994a.

[153] Wu, W. Reforming china's institutional environment for urban infrastructure provision [J]. Urban Studies, 1999, 36 (13): 2263 - 2282.

[154] Xie Y, Batty M, Zhao K. Simulating Emergent Urban Form Using Agent - Based Modeling: Desakota in the Suzhou - Wuxian Region in China [J]. Annals of the Association of American Geographers, 2010, 97 (3): 477 - 495.

[155] Xie Y, Fang C, Lin G C, et al. Tempo - spatial patterns of land use changes and urban development in globalizing China: A study of Beijing. Sensors, 2007, 7 (11): 2881 - 2906.

[156] Xu C, Liu M, Zhang C, et al. The spatiotemporal dynamics of rapid urban growth in the Nanjing metropolitan region of China [J]. Landscape Ecology, 2007, 22 (6): 925 - 937.

[157] Xu Y, Ren C, Ma P, et al. Urban morphology detection and computation for urban climate research [J]. Landscape and Urban Planning, 2017 (167): 212 - 224.

[158] Yeh, A. G. O., Li, X. The need for compact development in the fast - growing areas of China: The Pearl River Delta. In M. Jenks, & R. Burgess (Eds.), Compact cities: Sustainable urban forms for developing countries (pp. 73 - 90). E & FN Spon, 2000.

[159] Yuan M, Song Y, Huang Y, et al. Exploring the Association between Urban Form and Air Quality in China [J]. Journal of Planning Education & Research, 2018, 38 (4): 431 - 426.

[160] Yue W, Liu Y, Fan P. Polycentric urban development: The case of Hangzhou [J]. Environment and Planning A, 2010, 42 (3): 563 - 577.

[161] Yusuf S, Nabeshima K. Creative industries in east Asia [J]. Cities, 2005, 22 (2): 109 - 122.

[162] Zhang M. Exploring the relationship between urban form and nonwork travel through time use analysis [J]. Landscape & Urban Planning, 2005, 73 (2 - 3): 224 - 261.

[163] Zhang R, Jing J, Tao J, et al. Chemical characterization and source apportionment of PM2. 5 in Beijing: seasonal perspective [J]. Atmospheric Chemistry and Physics, 14, 1 (2014 - 01 - 08), 2014, 13 (14): 7053 - 7074.

[164] Zhang T. Land market forces and government's role in sprawl The case of China [J]. Cities, 2000, 17 (2): 123 - 135.

[165] Zhang X Y, Sun J Y, Wang Y Q, et al. Factors contributing to haze and fog in China [J]. Chinese Science Bulletin, 2013, 58 (13): 1178.

[166] Zhang, M. Exploring the relationship between urban form and no work travel through time use analysis [J]. Landscape and Urban Planning, 2005 (73): 244 - 261.

[167] Zhao K, Zhang B X, Zhang A L. The mechanism and demonstration of the impact of economic growth quality on urban land expansion [J]. China's population resources and environment, 2014, 24 (10): 76 - 84.

[168] Zhao P S, Dong F, He D, et al. Characteristics of concentrations and chemical compositions for PM2. 5 in the region of Beijing, Tianjin, and Hebei, China [J]. Atmospheric Chemistry & Physics, 2013, 13 (9): 4631 - 4644.

[169] Zhou M, Su W. The distribution rule of aerosol concentration and its relation with the synoptic pattern over Beijing city in late autumn [J]. Chinese Journal of Atmospheric Sciences, 1983, 7 (4): 450 - 455.

[170] Zaizhi Z. Landscape changes in a rural area in China [J]. Landscape and Urban Planning, 2000, 47 (1): 33 - 38.

后　　记

本书萌芽于2008年，当时我在中国科学院工作，参与了“中科院知识创新工程项目”，其中有涉及住区形态的变迁对城市代谢效率的影响方面的研究，使得我第一次开始真正关注空间结构所导致的效率差异问题。参与项目的人员来自各个学科，有地理、遥感、环境工程、生态景观、交通规划。正是这种跨学科的组合，使得我感受到对空间结构的研究不能仅仅基于社会和经济统计年鉴上的数据，然后建立数理模型进行分析。这种研究方法非常有可能导致对空间结构衡量的失真。面对这种情况，当时同组的成员宋晓东博士和宋瑜博士给我提供了非常有益的启示，他们建议采用地理信息系统和遥感技术，从实体的空间结构影像中获取数据，并与统计年鉴中获得的数据进行综合，这样能够更为全面地衡量城市形态。

在2010的夏天，我调往天津大学工作，但是对城市空间形态与效率的研究一直在进行中，我和两位宋博士的合作也有了成果，合作发表了多篇论文，本书也收录了这些论文的相关内容和结论。随着时间的推移，在城市空间形态和效率方面的研究也在不断深化和拓展，出现了许多新问题，比如城市空间形态对城市环境效率以及公共管理方面的影响。我指导了三名研究生对此进行研究，分别是薄纯明、王楠和李蔓婷，他们的研究内容体现在本书的第四章。

本书的真正成形是在2018年，我调往四川大学之后，熟悉的风土人情使我恢复了以往的精力，能够静心完成写作，并且四川大学为我提供了出版资金（中央高校基本科研业务费专项资金资助YJ201855）。

时至不惑，感恩颇多，特别是本书的最终成稿，除了感谢宋晓东博士和宋瑜博士的最初灵感以外，还要感谢我的三位勤奋而聪慧的研究生薄纯明、王楠和李蔓婷。更有我年逾古稀的父母，对我一如既往的支持和关爱，以及黄双蓉女士一贯高效率的工作。

感恩在沧海桑田，时空轮回之中与您们相遇，感恩在世事无常，病毒肆虐后，我们仍然存在，仍然健康。

刘勇　于重庆

2020 年 8 月